本书出版得到国家自然科学基金项目（40771063）、北京市属高等学校人才强教计划（PHR201007146）、北京哲学社会科学北京学研究基地的支持

OFFICE
SPACE IN CITY

城市办公空间

张景秋　陈叶龙　等　著

科学出版社

北　京

内 容 简 介

本书在系统阐述办公活动、办公空间和办公业相关理论与方法以及应用研究现状的基础上，以北京为主体研究对象，从政务性办公空间发展和商务性办公空间集聚以及办公郊区化等方面，重点研究北京城市内部办公空间结构特征、空间联系强度、迁移及区位选择影响因素等。本书立足城市转型期新的经济增长空间——办公空间的集聚与优化，以期为北京未来城市空间发展提供理论支撑和咨询建议。

本书可作为从事人文地理学、城市地理学、城乡规划学、城市管理、公共管理等相关领域研修的科研人员、高等院校师生以及政府部门相关人员的参考书籍。

图书在版编目（CIP）数据

城市办公空间／张景秋等著 . —北京：科学出版社，2012
ISBN 978-7-03-033833-4

Ⅰ. 城… Ⅱ. 张… Ⅲ. 城市 – 办公建筑 – 空间规划 Ⅳ. TU243

中国版本图书馆 CIP 数据核字（2012）第 042926 号

责任编辑：王 倩／责任校对：刘小梅
责任印制：徐晓晨 ／封面设计：耕者设计工作室

科 学 出 版 社 出版
北京东黄城根北街 16 号
邮政编码：100717
http://www.sciencep.com

北京中石油彩色印刷有限责任公司 印刷
科学出版社发行 各地新华书店经销

＊

2012 年 4 月第 一 版 开本：B5（720×1000）
2017 年 4 月第三次印刷 印张：18 1/2
字数：380 000

定价：68.00 元
（如有印装质量问题，我社负责调换）

序　言

现代人对城市的印象，无论是存在于脑海中的概念，还是现实看到的景观，总会与"车水马龙"、"高楼林立"联系在一起。在这些词语中，从地理学和城市规划研究的视角，学者往往关注到了交通，关注到了居住，却忽略了一种重要的功能空间——办公空间。也许这个词汇太具体，貌似不很学术，使得人们在提到这个词汇时想到的是办公室，一旦用另外的词汇如"写字楼"、"办公楼"解释这一功能空间时，又会被认为那只是一种建筑物，是和开发商有关的，好像与我们无关，与城市空间无关，与地理学研究无关。

如果再细想想，在我们的身边还会发现这样的一些词汇"总部基地"、"总部经济"、"楼宇经济"。这些词汇和概念的出现，又在向我们明示一种新的城市增长空间形式的存在。

对城市办公空间的研究兴趣源于一组 4 张纽约城市发展的照片。4 张照片分别反映了 1855 年、1906 年、1922 年和 2002 年"9·11"之前的纽约曼哈顿岛的景观特征，照片清晰地展示了曼哈顿岛从桅杆林立到烟囱林立，再到高楼林立的景观变化。从照片中，可以解读出一个大都市从港口转运，到制造业生产，到商务服务，再到全球财富中心的历程。

真正开始进行办公空间的研究是受到北京大学柴彦威教授的启发和鼓励，特别是由他介绍认识了日本研究办公空间、现在日本神户大学任教的山崎健教授。记得在 2004 年的春夏之际，山崎教授来北京访学，我当时已经博士毕业，在北京联合大学应用文理学院城市科学系讲授"北京规划建设"课程近 5 年了，他跟随我带的课外实习考察小组，沿着黄城根遗址公园走到菖蒲河公园，来到长安街上，他一路都表现出对写字楼极大的兴趣。后来在 2007 年他又一次来到北京，特意让我们带他去 CBD、金融街进行实地调研。在与柴彦威教授和山崎教授交流的过程中，我逐渐明确了研究北京城市办公空间的目标。自 2005 年开始以办公空间研究为主题申请国家自然科学基金项目，到 2008 年获得资助，在这 3 年的时间里，我得到了中国科学院地理科学与资源研究所张文忠研究员、华东师范大学宁越敏教授、中山大学薛德升教授、北京大学李国平教授的指点和帮助，对我研究目标和任务的进一步明确奠定了基础。

在随后的研究中，我逐步明晰办公空间是城市功能空间的重要组成部分，是随着城市发展，对城市经济和城市空间影响巨大的一种新的经济增长空间。由于区位条件、历史惯性、政策倾向等因素的差异，办公空间在城市地域范围内的分布状态呈现非均衡性。在西方国家，早期由于高频率的面对面交流，在交通成本的作用下，办公活动的区位选择倾向于交通可达性好的市中心区，办公空间分布表现出强烈的向心性，中心集聚特征明显。自20世纪90年代以来，伴随着中心城市高度集聚带来的高租金和交通压力，一些中小公司出现离心化和扩散现象。随后，通信技术和网络技术的迅猛发展，电话、网络、视频会议等在某种程度上取代了面对面交流的工作方式，加上城市交通网络的完善，进一步推动了办公区位向郊区转移，离心化与扩散在这一时期成为一种趋势，在美国甚至出现了脱纽约化。西方国家办公空间的分布状态，说明了办公空间从非均衡向均衡发展的趋势，极化效应促使办公集聚区的出现，又通过扩散作用，带动办公就业向周边地区扩展，进而对整个城市与区域的经济空间结构产生影响。

我国正处于社会经济转型时期，以北京、上海、广州为代表的特大城市开始进入服务业替代制造业成为城市经济主导发展的发展阶段。在城市内部，随着制造业功能调整、土地置换、企业外迁，以写字楼为物质载体的办公活动逐渐替代原有以厂房为物质载体的生产活动。城市土地大量被写字楼/办公楼所占据，居民工作场所也多位于各种大厦和写字楼内，可以说，这时一座楼宇创造的产值已经超过了一个厂房创造的产值。

本书即是基于这样的背景，重点研究北京城市内部办公空间的集聚特征及影响因素。同时，阐述北京办公业发展的经济背景，政务性办公空间发展和商务性办公空间集聚、办公集聚区之间的联系强度，基于行业特征的办公结构等。本书还就从业人员对北京办公空间的满意程度进行了调查分析，从商务性办公活动和政务性办公活动两个层面，选择发生过办公地点搬迁的典型案例进行分析，并就代表性样本展开深度访谈，以期对影响城市办公空间区位选择的因素进行界定和诠释。同时，本书就办公郊区化，特别是从世界城市的研究出发，研究典型世界城市金融办公业的发展经验，为北京城市未来发展提供咨询建议。以上各项内容构成了全书九章的主体框架。

全书由张景秋完成统稿，各章撰写人员分别是，第一章：张景秋、孟醒、于绍璐；第二章：孙颖、贾磊；第三章：张景秋、陈叶龙；第四章：陈卓、孟醒；第五章：贾磊；第六章：陈叶龙、杨云鹏；第七章：于绍璐、刘佳娣；第八章：第一节杨云鹏、郭捷，第二、第三节陈静，第四节陈卓、杨云鹏，第五节陈叶龙、陈卓，第六节陈叶龙，第七节张景秋、陈叶龙、陈卓；第九章：张景秋、陈叶龙。

感谢在研究过程中给予课题组帮助的各位同仁——孟斌、朱海勇、付晓、董恒年、刘剑刚、熊黑钢，他们在参与课题组讨论会上给课题研究提供很多好的建议，让研究少走弯路，特别是孟斌教授在研究方法上给予了很多具体指导，在此表示衷心感谢！

在研究过程中，研究数据的获取和采集是非常重要的环节，有幸的是在研究过程中得到了中国科学院地理科学与资源研究所高小路研究员、北京师范大学周尚意教授、北京大学曹广忠副教授的大力支持，共享了他们的研究数据，提高了课题研究的效率，这种学术研究的精神值得推崇和学习。课题组还得到北京市统计局的支持，他们对办公业统计指标研究提供了很好的建议。2009 年在我去澳大利亚 The Flinders University 访学期间，得到了大学图书馆的大力帮助，收集到一些经典的欧美国家地理学者对办公空间研究的文献。后来，我的硕士研究生于绍璐在 2010 年去美国 University of Connecticut 攻读博士学位，又为课题研究提供了很多有用的文献资料。还要特别提到的是北京联合大学应用文理学院城市科学系资源环境与城乡规划管理专业 2007 级、2008 级和地理信息系统专业 2007 级、2008 级的 98 名学生，在骄阳似火的北京城，认真负责地完成了数据采集和问卷调查任务，为研究的顺利进行提供了保障。

特别感谢科学出版社王倩编辑，她对本研究出版的选题和关注鼓励我将研究成果编写成册！

再次向给予北京城市办公空间课题研究组大力支持和帮助的各位师长、同仁和朋友表示最诚挚的谢意！

张景秋

2011 年 11 月于望京花园

目　　录

第一章 办公空间研究综述

　　整个 20 世纪，西方城市的特点完全由写字楼占据统治地位，无论是数量的激增，还是在城市经济功能和建成环境构成的重要性凸显方面，特别引人注目，尤其是中心城区发生了极大改变。北美的很多重要城市，突出的天际线特征主要是由多层写字楼构成的；欧洲公共建筑的轮廓线经常被办公大厦超过，这些大厦总是拔地而起遮蔽了年代更早的高楼。只在很罕见的情况下，才会有远见卓识的公共管理部门来保护城市免受如此激烈的重塑过程，即便是在这些地方，措施也往往采取得过迟。这个过程已经遍及西欧、北美、新加坡和中国香港，还有南半球的澳大利亚等。在这个过程中，写字楼不仅在物质实体上占据了统治地位，而且写字楼内的就业作为城市总就业中的一部分，其重要性一直在增加。在很多大城市，白领或者说写字楼职位占据了城市总就业的 50% 以上。

——摘自 Michael Bateman

第一节 办公活动、办公空间和办公业

　　处理信息和做决策的办公活动在城市出现时就诞生了。早期的办公活动四散在城市商人的贸易场所，如市场、咖啡馆以及法院、市政厅附近（Armstrong，1972）。现代办公业的产生离不开工业革命的影响。19 世纪工业革命高潮期，城市成为制造业中心，正是由于制造技术的改进、市场范围的扩大、交流的便捷、商业规模的扩大、组织机构的系统化以及资本与技术进步的联合作用，才产生了现代办公业（Cowan，1969）。办公业作为一种信息处理与决策管理活动从工商业部门中独立出来，并逐渐发展壮大，成为城市经济活动的重要组成部分。办公空间的变化受到了城市化进程的深刻影响，发展布局经历着由集中到分散的过程。

一、城市办公活动兴起与发展的经济背景

　　追溯城市发展的历史，在工业革命早期，城市的主要功能是防御、交易和政治宗教管理。尽管在这些功能中，需要一定数量的文件交换工作，但与生产制造和商品交易相比，办公活动在城市经济中的作用非常有限。随着工业革命进程的

不断推进，城市的作用发生了极大变化。从 18 世纪末，城市经济活动，特别是制造业开始在西欧和北美的城市中心区集中，并像吸铁石一样吸引着大量的劳动力从农村地区向城市迁移。与此同时，随着技术的进步，特别是福特主义经济的发展，产业规模和组织也发生了极大变革，小手工企业被大规模生产单位兼并，进而引发生产组织与产品设计和效率的改进。毫无疑问，劳动力和生产的高度集中导致分布在城市和区域的企业之间，其管理和交流需求的不断增加，也导致企业间信息交易处理的增加，至此，作为以处理信息采集、分析和交换的办公活动成为城市经济平稳运行的关键（Daniels，1975）。

综上，如果办公活动可以被界定为是那些对信息进行收集、处理和交换的活动（Goddard，1967），那么办公活动及办公业作为城市经济活动的组成部分，它源于制造业的分化，并最终独立于制造业成为一种新的经济活动形式和产业类型（图 1-1）。

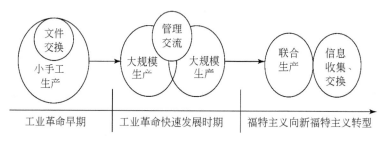

图 1-1　办公业与制造业间的关系示意图

二、新福特主义经济引导办公业快速扩展

20 世纪 70 年代后期，以英美为代表的在研发方面投资效率的失败，原材料成本上涨，大规模生产的产品迅速达到市场饱和，以及消费者对标准制式、质量平庸的产品的厌恶，特别是生产率的下降……以上种种因素导致一种新的经济革命的出现，即以信息技术和全球网络为核心，以柔性为特征的新的经济体系——新福特主义（或称为后福特主义）体系（Knox and Pinch，2010）。

新福特主义体系下的企业和劳动力与福特时期相比，表现出更大的灵活性和对市场需求的适应性，企业之间的竞争不再仅是成本之间的竞争，更多表现在诸如可靠性、风格、创新以及品牌等要素方面的竞争，从而形成了一种新的柔性的累积制度，劳动力供需双方则更关注能否提供良好的工作环境和公司福利，更关注对计算机技术及其辅助设计和制作技术的掌握和应用。此外，新福特主义体系下的劳动力雇佣和就业形式也趋于多元化，诸如兼职、临时、代理或转包等。

这些因素最终引导以办公业或生产性服务业为代表的第三产业快速发展，并在城市经济活动中逐渐替代制造业成为主导。相应地，在城市景观表现上，则从以制造业为表征的工厂景观逐渐被以生产性服务业为表征的摩天大楼替代，城市天际线不断增高，形成以中央商务区（central business district，CBD）为代表的城市经济功能核心区。

与此同时，美国以及其他一些后工业化国家和地区，其经济增长源自大量多功能和多地方就业供给组织的经济共享的增长。因此，从国家经济发展整体出发，考虑更多的是组织管理活动和与之相关的办公和信息处理功能（Pred，1976）。

三、作为一种职业的办公就业的增长——办公业的出现

办公活动随着西方城市经济的扩展和多元化而稳步增长，并成为城市经济发展的重要基础。仅从20世纪60年代来看，在西方国家办公就业的增长比例显著（表1-1）。在美国，1960～1970年十年间，办公就业人口增长率达到50%，英国的办公就业人口增长率则达到517.8%（Alexander，1979）。

表1-1　西方一些国家20世纪60年代办公就业增长

国家	办公就业占总就业的比例/%		增长率/%
	1960 年	1970 年	1960～1970 年
加拿大	31.1	32.2	35.3
美国	31.7	38.4	50.0
法国	20.2	25.6	206.8
瑞典	23.5	38.6	331.5
英国	24.0	31.7	517.8
澳大利亚	28.5	32.2	43.0
新西兰	27.9	31.1	44.0

资料来源：Alexander（1979）

服务业或第三产业就业人口的增长，不一定能完全说明就是因为办公活动而增加的就业岗位。戈特曼（Gottman，1974）认为办公活动应该属于"第四产业"，就职业而言，它是一种工作，而不是一种产业类型。鉴于这样一种观点，亚历山大（Alexander，1979）以英国职业划分为基础，定义属于办公的就业岗位，而就业岗位类型则构成了广义的办公活动（表1-2）。

表1-2　隶属办公的就业岗位

职业群		隶属于办公的职业类型
		隶属于办公的职业类型
	专业技术人员	建筑师、工程师、测量员、职业律师、绘图员、技术员
	行政管理和企业管理人员	政府管理人员、私企雇主、各类管理人员
	办事员	速记员、收银员、打字员、各类办公室辅助工作的人员
	销售人员	保险、房地产销售、拍卖、估价师、商业旅行者、生产代理
	信息联络员	电信、邮政
		白领但不属于办公的职业
	专业人士	科学家、医药代表、牙医、护士、其他专业医生、教师、牧师
	销售人员	店主、批发零售贸易销售人员、店面助理

资料来源：Alexander（1979）

　　丹尼尔斯（Daniels，1975）同样认为"办公就业"或"办公室就业"（office employment）是就个人职业而言，而非所属产业。由于办公岗位的构成在不同类型的组织或商务之间很难完全区分，因此对办公就业的统计分类十分有限。只有英国统计局在1968年制定了办公作为一种职业的统计标准（表1-2）。在美国等国家，则笼统地以区别于制造业工人的蓝领，将相对应的白领作为办公就业的通称。

　　对于办公业（office industry）的提法，最早见于阿姆斯特朗（Armstrong，1972），她认为办公业是指在相对独立的办公楼内，相对独立的经理雇佣一定数量的专业人员，是伴随着经济快速增长所产生的复杂性和专业性而发展起来的一种，以收集、处理和交换信息为主导的行业。由于办公业源于制造业，因此，它的发展进程与制造业的发展阶段相一致：第一阶段，就像制造业从农业中分离出来一样，办公业先成为一种相对独立的、具有较高专业人员比例的、特征鲜明的工作；第二阶段，随着制造业的成熟与精细化，办公业也逐渐成熟和精细；第三阶段，由于技术进步和白领工作的资本化，办公业成为生产制造业的对立面。从功能上来讲，办公业的增长为城市自身不断发展的基础，因为当城市失去了输出原材料和制造业生产产品的区位优势时，办公业则显示出以服务替代商品的优越性，为城市经济生存赚取收入，并逐渐占据了制造业工厂迁出城市中心区后的空间资源。

　　城市办公区位源自对制造业迁出后的空间填补和占据，因此，从一开始办公空间与城市空间结构就相辅相成。

四、办公区位的相关概念

　　对于办公活动（office activities）、办公空间（official space）和办公业（office industry）的界定，在西方研究文献中因研究者的出发点不同而各有差异，但总体来讲具有一些共性。概括起来，可以分为具有功能性的概念和具有物质实体的概念两种（Goddard，1976）。

（一）功能性的概念

（1）办公活动是指包含处理信息、构想或知识的个人工作，如信息收集、存储、检索和交换以及设计构想等。

（2）办公职业（office occupations）是指用相近方法处理相近类型信息的办公活动群。例如，一个研发方面的专家可以搜索出一条信息，一个立法会秘书可以存储和检索这条信息，同时一个管理者可以基于这条信息做出决策。

（3）办公业组织（office organizations）是不同于办公职业的官方机构。如一个政府部门、一个私人公司，或者一个大学管理部门。在不同办公活动之间的官方和非官方间的联系模式（信息交流对象）界定了办公业组织的结构。

（二）物质实体的概念

（1）办公楼/写字楼（office buildings）是办公型活动的首选工作场所，在这个工作场所中配备用于信息处理的相关设备，包括打印/复印机、电话、传真、网络、计算机终端等。

（2）办公场所（office establishments）是从实体上独立进行办公活动的地点。办公业组织机构可能有一个共同的办公场所，也可能被分割成几个办公场所（图1-2）。一个组织机构的场所可能并不是主要为办公活动服务的（如一个生产工厂），但一定会有一些场所是为这个组织提供独立的办公活动载体（如公司群的办公总部）。

(a)东京　　　　　　(b)新加坡　　　　　　(c)悉尼

(d)墨尔本

图1-2　城市办公空间景观

综上，在进行办公业、办公活动以及办公空间研究时，会利用职业分类、写字楼以及办公场所，特别是利用办公职业和办公场所的区位来分析解释办公活动的地理分布。

第二节　国外城市办公空间演变

办公空间和办公业研究的起源和主体在英国和北美地区，主要研究者包括 John Goddard、P. W. Daniels、Michael Bateman 以及 Peter Cowan、David Dowall 等。从直接以"office"为主题词设置标题的研究文献分析可以看出，对办公业及其空间区位研究成果相对集中的年代在 20 世纪 70 年代，这一时期的研究侧重对办公业概念、区位以及对城市与区域发展影响作用的研究。由于地理学作为空间科学认知的不断加强和数量革命的影响，在分析办公业就业特征的基础上，重点研究不同层次办公活动空间相互作用及其对城市发展的作用，研究的重点区域集中在英国；20 世纪 80 年代后，研究开始注重后工业化社会的城市经济特征，特别是通信和电子技术的发展使得后台办公成为推动北美地区郊区化进程的动力之一，办公活动成为牵制城市向心集中与离心分散的主要经济活动。20 世纪 80 年代的研究重点区域集中在北美地区，聚焦对美国的一些大城市办公活动的研究。到 21 世纪，对办公业的研究重点转向对总部办公区位的研究，这反映了知识密集时代的城市经济活动的特点及其对城市结构的影响。研究的重点区域也逐渐从核心区向边缘区扩散，如对挪威总部办公区位的实证研究。

办公业作为城市经济活动的重要组成部分，是随着城市服务业发展而对城市经济和城市空间影响很大的一种新兴的、具有办公职能的服务业部门；在职能上，办公业的发展已经成为城市自身增长的核心（Armstrong，1972）。办公业的空间格局的演变，也对城市的空间格局造成影响。

一、典型城市办公空间发展概述

（一）英国伦敦

英国的办公业以伦敦最具代表性，伦敦作为世界的金融中心，集中了大量的办公活动。伦敦办公业的空间分布经历了集中—分散—回迁的过程（Bateman，1985）。从第二次世界大战结束到 20 世纪 50 年代，伦敦迎来了办公业发展的繁荣时期，在伦敦中心城区兴建了大量的办公建筑，并在 20 世纪 50 年代中期达到顶峰。1955 年年末，伦敦中心区（Central London）批准了不少于 25.5 万平方米的办公空间，其中，38% 位于伦敦城（The City of London），20 世纪 50 年代后

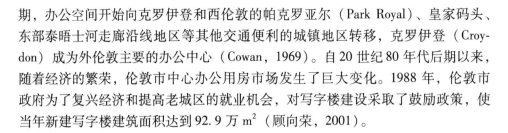

期，办公空间开始向克罗伊登和西伦敦的帕克罗亚尔（Park Royal）、皇家码头、东部泰晤士河走廊沿线地区等其他交通便利的城镇地区转移，克罗伊登（Croydon）成为外伦敦主要的办公中心（Cowan，1969）。自20世纪80年代后期以来，随着经济的繁荣，伦敦市中心办公用房市场发生了巨大变化。1988年，伦敦市政府为了复兴经济和提高老城区的就业机会，对写字楼建设采取了鼓励政策，使当年新建写字楼建筑面积达到92.9万 m^2（顾向荣，2001）。

（二）法国巴黎

在相当长的一段历史时期内，巴黎保持着单中心的城市空间结构。巴黎在法国商业、艺术和文化的历史性主导地位，导致巴黎办公业区位分布的明显不平衡。19世纪，巴黎成为仅次于伦敦的欧洲第二大金融中心，中心商务区位于第一、第八、第九区。到20世纪前半期，由于老城区出现实体性衰落，高收入阶层离开市中心向西迁移，在城市西侧形成高级住宅区，商务活动也随之向西移动。第二次世界大战结束后的经济恢复，尤其是以商务办公为主的新兴第三产业的快速发展，对商务写字楼需求增长迅速，推动了城市土地利用结构的转换。1954～1974年，就建筑面积而言，巴黎工业所占面积减少了近1/3，而商务及商业用房面积增长了22%，整个巴黎有变成商务中心的倾向。为满足迅速增长的商务办公活动对空间的需求，保护旧城区的历史风貌，1958年规划部门对商务办公活动"西移"倾向加以确认，并决定在城市轴线西端紧邻巴黎城的近郊区拉德芳斯建设新的商务区。经过30多年的开发建设，拉德芳斯已入驻公司1500余家，可容纳15万人就业，成为以商务办公为主，兼有会展、政府办公、商业、娱乐、居住功能的欧洲最大的商务办公区之一（肖亦卓，2003）。

（三）美国各主要城市

罗伯特（Robert E. Lang）等分析了1979～1999年美国最大的13个大都市的商业房地产市场的办公空间，发现这20年中，市中心在办公空间中所占份额明显降低，各个都市区的市中心与市郊的办公空间分布不一致，大致可分为三类：以市中心为核心（休斯顿、达拉斯、芝加哥、纽约和丹佛地区）；以市郊区域占主导（费城、亚特兰大、华盛顿、迈阿密和底特律）；市中心与市郊区所占份额基本一致（波士顿、圣弗朗西斯科和洛杉矶）。在都市区内部，商业办公空间不再仅集中在几个高密度区，1999年虽然38%的办公空间坐落于传统市区，但有37%的办公空间属于高度离散。纽约与芝加哥的办公空间主体仍位于市区，而费城和迈阿密已有50%以上的办公业位于城市的"边缘地区"（Lang and Foundation，2000）。

（四）日本东京

日本自第二次世界大战结束后，实施以重化工业建设作为引领经济发展的重要战略，太平洋沿岸成为重化工业集中布局的区域。但随着经济整体实力的提高，环境污染促使产业结构调整的紧迫压力，办公业逐渐在以东京为代表的大都市区显现其作用。20世纪60年代，东京确定了其作为全国经济综合管理中枢的地位，20世纪70～90年代，东京办公业就业人口占总就业人口的比例从41%上升到48.4%。办公场所高度集中的千代田区、中央区、港区、新宿区和涩谷区都心5区的写字楼面积，从1980年的2454.3万平方米增加到1992年的3994.2万平方米。此外，东京周边的18个区的写字楼面积也处于不断上涨的态势，从1980年的870.1万 m^2 增加到1992年的1740.5万 m^2。由此，可以看出，一方面，东京的办公活动高度集中在都心5区；另一方面，在20世纪80年代以后开始向东京周边地区扩散（山崎，2001）。

（五）韩国首尔

Nahm（1999）以首尔的写字楼为对象，发现后工业时期办公活动在首尔市区的变化特点：由首尔市中心的空间经济系统转向一个更灵活多变的系统，同一时期，权利在区域内集中，控制能力得到加强。大集团的总部和金融保险房地产公司坐落在首尔旧的CBD核心，而大量的创新中小型公司的办公楼倾向于沿江南区和永登浦区两个CBD边缘集中（Nahm，1999）。

（六）捷克布拉格

Sýkora（2007）对布拉格1993～2006年的办公业发展分析表明：布拉格的城市结构从单中心向多中心转化，形成了几个次一级的办公中心。但布拉格的多中心仍是以强大的市中心为特征，集聚了大部分的办公企业。布拉格市中心集中了金融和咨询服务，城市中心区域吸引了大量的电信、媒体、广告和旅游公司，而远离城中心的区域集中了IT和高科技公司以及银行和保险的后台办公机构（Sýkora，2007）。

二、办公郊区化的表现

（一）办公业的功能分化和后台办公的出现

企业的办公功能可分成两大块：制定核心决策的前台办公和处理日常信息事务的后台办公。两部分有不同的区位和空间需求，隶属前台办公的决策制定者和

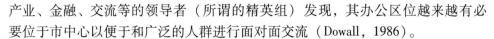

产业、金融、交流等的领导者（所谓的精英组）发现，其办公区位越来越有必要位于市中心以便于和广泛的人群进行面对面交流（Dowall，1986）。

与前台办公相比，后台办公在室内处理日常事务，经常依靠电脑进行信息处理操作，它对与外部进行面对面交流互动的需求十分有限，是生产导向型。后台办公的职业主要趋向于办事员和数据录入，经常是由女性担任的初级职位组成，收入水平低。后台办公需要面积较大的办公场所，以安置庞大的办公设备；同时，需要大量的经费维护后台办公设备和支付办公场所的租金。

办公业的快速扩张对企业的影响并非都是积极的。办公事务增加了，相应的办公活动产出并不一定同步增加，这在很大程度上提高了公司的运营成本。白领工资、写字楼租金的增加刺激了许多公司和政府机构重新考虑办公场所的区位和租赁策略，如探索如何将后台办公活动转移到郊区以减少租金成本（Dowall，1986）。

（二）企业向办公园区迁移

办公园区（office park）的建设与使用是办公业郊区化的典型代表。办公园区以其具有吸引力的环境和集合配套的设施，对准备迁往郊区的企业有很大的吸引力——公司被在郊区可能获得的草坪、树木和景观美化所吸引。20 世纪 50 年代早期，欧美国家的一些办公企业开始向郊区搬离，办公园区变得可行。总部的迁出鼓励了小规模的办公活动，包括研究、出版和其他专业服务紧随其后，这使得办公园区成为办公活动郊区化成功操作的样板。

尽管办公园区很大一部分是由位于郊区的办公楼集群组成的，但商业和其他设施的配套也是十分重要的。研究表明，首先，近郊区和 CBD 边缘地区、接近高速公路和主要干道的办公园区开发单元最受开发商和租用者的欢迎。其次，与机场的可达性也是一个重要因素。尽管对单个企业而言，很难评价机场区位的实际获益，但对于园区开发的后期销售来讲，临近机场区位是一个有利条件。最后，周围环境的质量在园区选择中是一个重要因素。同时，它也是树立办公园区声誉的一个重要因素，尤其是靠近或位于高档住宅区附近的办公园区。办公园区的劣势在于消耗了大量的土地。在郊区扩张的整个架构中，以汽车为基础的活动要求较大范围内高速公路网络的大量投资（Alexander，1979）。

（三）办公业离散化的机制

1. 城市内部经济结构的变化是办公业向郊区扩张的根本原因

大城市中心成本的增加及土地价格的上涨，迫使制造业首先搬离市中心，向郊区迁移，并在郊区形成新的制造业中心。与此同时，郊区良好的居住环境也吸引了大量人口特别是富裕阶层迁移到郊区，这使得商业也开始逐渐向郊区分散，郊区出现了大型的商业区和购物中心。制造业和商业的外迁迫使相关服务行业向外扩散，一系列的金融、保险、银行、事务所等服务部门不得不向郊区扩张以适应市场的变化。第二次世界大战后，美国大城市的制造业和商业大量外迁，城市的生产功能逐渐从中心向边缘、郊区乃至非城市地区迁移，使经济重心由城市中心转移到城市外围地区。制造业和商业移出后，大城市中为这些部门服务的事务所、大公司总部失去了众多的业务，最终也迁往郊区，形成了郊区的总部经济。从 20 世纪 70 年代起，美国郊区开始进行办公大楼的巨额投资，到 20 世纪 80 年代，城市外围的办公空间面积超过总数的 57%（徐和平和蔡绍洪，2006），在郊区形成的办公园区和研究中心，成了美国高科技实验室和制造的大本营。

经济结构的调整也导致了办公业内部不同行业离散化程度的不一致性。办公空间的分布与所从属的行业部门及公司规模等级联系密切。位于市中心的产业，主要包括大公司的总部、银行和其他要求精英和技术劳动力的金融服务业。这种类型的行业规模普遍较小，可以担负起 CBD 中心或周边的成本，市场是区域级的或者国家级的，中心区位对其至关重要。另一类则是位于郊区的交通干线周围，这类行业无法获得或不要求获得位于 CBD 内的办公区位，市场多为城市或次区域级的小公司。完全执行管理职能的办公部门则趋向于选择基础设施服务完善的郊区商业核心。这些郊区节点同样拥有与中心区和郊区的良好交通联系。

2. 市中心的高成本是促使办公部门搬离的直接原因

随着大量的办公机构在 CBD 积聚，市中心变得越来越拥挤，对企业来说，随着业务发展的需要，原来的办公空间已不能满足需要，然而高额的租金限制了企业的扩张。除了写字楼租金外，市中心的高成本还体现在雇佣工资、通勤时间等方面。然而郊区为办公活动扩展提供了足够的空间，工作环境的改善使得雇佣变得更加容易，同时也可以提供一系列的便捷条件，而在租金、税收与交通方面的花费也比中心城区更少。

3. 城市问题促使办公业向郊区转移

随着城市的发展，市中心出现一系列的城市问题：环境恶化对人的身心健康产生较大的负面影响；人口激增和交通拥堵增加了通勤时间；犯罪问题威胁着居民的生命和财产安全等。这些城市问题形成郊区化的推力，促使办公机构搬离市中心。与之形成对比的是，郊区良好的工作和生活环境对于办公部门，尤其是需要相对安静的办公环境的研发机构有很大的吸引力。

4. 科学技术与交通的发展为办公部门的离散化提供了必要条件

窦沃尔（Dowall，1986）将办公自动化和交流技术的发展对办公业的区位影响归结于以下几个方面。

（1）办公功能相互分离，不同功能的办公机构独立于其他机构选择其区位；

（2）改变了劳动力需求；

（3）使得相同或较大规模的中心与世界其他地区均等，从而增加了选择范围。

随着科技的发展，信息交流的手段与方式变得更加多种多样。从电话、传真到如今的电子邮件、视频会议，通信技术极大地促进了信息的交流与沟通，人员和信息的交换变得越来越容易，面对面交流可能会部分地被电话或者网络所取代。不同功能的办公部门可以从原来的总部独立出来而无需牺牲与总部的交流，尤其是对于大企业而言，信息技术被用于加强公司联系和帮助维护子公司的运营，这使得整个办公功能分散了。而在某种程度上而言，办公空间变得均质了。交通的发展使得不同部门间或者与外部公司间联系的通达性大大增强。

5. 政府的规划引导政策对办公业离散化的激励作用

政府往往会限制市中心的土地利用，转而提供开发郊区的相关优惠政策，引导新增的办公企业向郊区发展。限制政策是为了达到两个目的：①由于安全、美学、公共环境卫生的原因，控制建筑物的形式和计划；②控制土地利用，特别是拥挤和建筑物密集的城镇地区，以维持区域活动和服务的平衡，以及为那些有社会需求，但在自由经济市场中可能无法通过竞争获得空间的活动，提供必要的空间（Cowan，1969）。其直接影响是减少了市中心写字楼的供给，提高了写字楼的租金。郊区的引导政策则主要包括增强开发区道路交通基础设施建设、制定优惠政策吸引办公企业入驻、政府部门率先迁移至该地区等（Bateman，1985）。伦敦中心城的再定位和巴黎副中心拉德芳斯的成功，均得益于当地政府的强有力的区域调控。

三、城市办公业发展的特点

（一）CBD仍是办公业集聚的传统中心区域

办公业的发展与商业活动息息相关，作为中心经济活动的载体，CBD吸引了大量的办公机构、百货批发零售商店、娱乐场所以及其他公共建筑等活动，而办公功能是CBD的首要功能（温锋华等，2008）。在研究城市地域空间结构的三大著名理论——同心圆学说、扇形学说和多核心学说中，CBD均位于城市的相对中心区域。办公业发展初期，资金和对外贸易开始创造专门化的办公力量，大量有专业素能的劳动力成为共用资源，吸引了其他办公机构的加入，造成了"滚雪球"效应，最终创立了大规模的、功能定位为办公业的CBD（Alexander，1979）。大量集聚的办公机构共享基础设施和信息，产生了集聚效应，面对面交流成本较低，

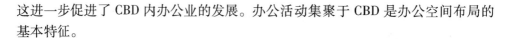

这进一步促进了 CBD 内办公业的发展。办公活动集聚于 CBD 是办公空间布局的基本特征。

（二）办公业集聚区从单核心向多核心发展

办公业集聚区的多核心特征与 CBD 内的功能分区密切相关。"联系成本最低"是企业进行区位选择时的基础理论。1926 年，黑格（Haig R. M）通过研究发现，人员和信息流动所需的巨大成本导致了曼哈顿地区不同功能的集中。他认为，在空间竞争过程中，CBD 分化成为与活动紧密相连的功能分区。20 世纪 50 年代早期，摩根（Morgan）指出在伦敦西区存在 11 处功能分区，并论证了不同类型的办公业该如何在特定的区域内集聚（Goddard，1967）。

（三）办公郊区化引导办公活动从市中心区向外分散

丹尼尔斯（Daniels，1975）将办公业的分散化定义为写字楼、办公空间、办公业从业人员由市中心向不具备同等集聚程度的地区进行再分布。随着大量的办公机构在 CBD 积聚，市中心变得越来越拥挤，郊区为办公活动的扩展提供了足够的空间，工作环境的改善使得雇佣变得更加容易，同时也可以提供一系列的便捷条件，而在租金、税收与交通方面的花费比中心城区更少。早在 20 世纪初，美国的办公业就出现了分散的趋势。而在其他国家，办公业的郊区化趋势也越来越明显。

办公业的分散和集中与其所属的行业类型有关。由于办公业涉及多种行业和部门，不同行业的经济活动也不尽相同，比较不同行业中迁出与未迁出市中心的公司比例，戈迭德（Goddard，1971）的研究表明：1963 ~ 1970 年，在英国伦敦办公业的分散化过程中，分散度最高的部门依次是能源、化学、保险、社会团体组织、建筑、餐饮、食品饮料和烟草、金属和金属制品、其他制造业、运输与通信、商品贸易、造纸印刷；而集中度最高的部门依次是零售业、娱乐、商业服务、金融、批发、私人服务、纺织服装和银行。对阿姆斯特丹办公市场的分析也显示，分散和集中与办公业的属性有关，银行、广告代理、会计等行业的办公企业仍然保持着大部分的集聚，在某些情况下集聚程度甚至有所增长；而电脑行业、保险和小型公司的总部则有分散的趋势（Brouwer，1989）。多伦多都市区内，1988 年全部办公业就业的行业分布显示法律服务、传媒、以银行为主的金融业及房地产业、政府机构都具有很强的向心集聚特征；而交通、建筑、公用事业、贸易及个人服务业、专业技术和医疗服务以及制造业都表现出很强的离心趋势（田文祝，1998）。

四、影响办公空间演变的因素

不同于传统产业的区位要求，办公业占地面积小、不直接进行产品生产和运输等环节，对其区位形成机制的分析则与传统经济区位分析不同，多从非成本因素出发。

（一）市场要素

与办公业有关的市场要素主要包括办公楼的供需、劳动力雇佣、成本、市场等。前人的研究表明，成本的上涨导致办公空间更加向市中心集中，公司更靠近输入供给和销售/出口市场，通勤者更接近他们的工作地。但有研究显示，能源价格上涨的长期影响是使商务区范围和密度减小，规模经济下降，从而导致 CBD 的优势不如从前（Tauchen and Witte，1983）。

办公业空间的分布及结构并不是均质的，而是由一系列不同功能、且具有不同地域市场的办公企业组成。市场的区位和集聚程度对特定的办公企业在都市区中所处的位置有着重大的影响。阿姆斯特朗（Armstrong，1972）将办公业市场分为总部（headquarters）、中型市场（middle market）和本地市场（local market），只有最高等级的市中心才能满足总部对外部经济的需求和体现集聚的优势，中型市场的办公企业则受到人口分布和总部区位的强烈影响，而本地市场的办公企业靠近服务人群。

（二）政策影响

政府往往会制定相关的政策对办公业的空间分布进行引导。主要包括：

（1）疏散政策。其目的在于减少市区拥挤的程度和交通的压力、改善居住和工作环境，部分历史名城也会出于对保护市中心文化遗产的目的制定相关政策。对中心区域限制发展的政策本身影响了市场。以巴黎为例，巴黎中心办公空间的持续供应短缺，致使第二中心区位租金上涨（Bateman，1985）。而保护市中心文化遗产的政策也会对中心城区的生活产生影响。另一个典型案例是在阿姆斯特丹的历史文化中心，由于公寓的租赁价格超过了办公空间的租赁价格，办公空间有被公寓住宅取代的趋势，而 CBD 则向历史保护区外转移（Ven and Westzaan，1991）。

（2）吸引政策。地方政府为了吸引希望发展的办公机构在当地落户，常常采取规划新城、完善基础设施建设、改善环境等方式吸引投资。伦敦中心城的再定位和巴黎副中心拉德芳斯的成功，均得益于当地政府的强有力的区域调控（Bateman，1985）。然而，西方国家的办公业选址受市场作用更加强烈，亚历山大（Alexander，1979）通过对西方办公业区位政策的回顾，得出政府控制只是影响空间结构的一个外在因素。

（三）交流沟通

办公业不直接生产产品，而是处理无形的服务和信息。办公企业需要通过面对面交流进行信息交换与处理，企业靠近市中心可以利用较少的成本和花费较少的时间与其他企业进行更多的联系。面对面交流是办公企业在中心城区形成空间集聚的重要推动力（Goddard，1976）。即使面对面交流可能在所有的联系中所占的比例很小，但这种联系的强度或重要程度也会促使公司选择留在核心区（Barrows and Bookbinder，1967）。随着通信技术和交通的发展，人员和信息的流通变得越来越容易，面对面交流可能部分会被电话或者网络所取代，尤其是对大企业而言，信息技术被用于加强公司联系和帮助维护子公司的运营，这使得整个办公功能得以分散，从而加速了后台办公的产生。

（四）科学技术

科学技术的迅猛发展对许多行业领域产生了重要的影响。对办公业发展以及办公空间布局的影响，关系最为密切的是信息技术和建筑技术。

信息技术的新发展趋向于优先进入公司主要聚集地区，而地理位置较远和组织中重要性较低的部门则较迟从中获益，因此，信息技术增强了办公组织的空间集聚。但应该认识到，交流网络和相关硬件的发展不能决定改变的模式，而是提供了重组和调整相关部门的机会。在国家层面，通信基础设施和规章制度可能是重要的。个案研究表明，信息技术其实可以用于支持无论是集中还是分散的办公活动，信息技术对办公空间的影响与办公企业现行的组织结构和公司战略有关（Marshall and Phil，1984）。

办公活动需要以写字楼作为载体，建造技术对办公空间分布影响的一般观点集中在，建造技术的增强可以花费较少的成本来建造高层建筑，这会增强中心区内的办公企业集中度。办公活动分为内部活动和外部活动两方面，内部活动对建筑物内部条件提出了要求，比如工作空间的大小、楼层能承受的重量、温度、是否布有电话线等（Rannals，1956）。洛（Louw，1998）的研究则表明，对于租用写字楼的公司而言，写字楼的属性和配套设施在决策过程中扮演了一个重要的角色，它也是影响办公区位的因素之一。而威利等（Wiley et al.，2008）考察了在商业房地产中，写字楼的节能设计和租赁/销售市场的关系，表明"绿色"建筑设计理念使产品达到更高的租金和维持较高的入住率。

办公业的空间分布往往还与企业组织结构和发展战略、社会制度变革、写字楼的信誉和知名度等密切相关。

在自由市场经济背景下，西方办公业的空间分布与城市经济空间结构密切相关，不同城市中的办公业发展程度并不一致。然而，办公业的空间区位都经历了先向大城市内的 CBD 和经济发达的区域中心集聚，再向郊区离散化的过程。尽管办公离散化的趋势有所增强，但在传统 CBD 地区形成高度集聚仍是办公空间分布的重要特征。

第三节　办公空间集聚区——CBD 研究综述

早期的 CBD 研究集中在 CBD 界定、CBD 内部结构和功能。到了 20 世纪 80～90 年代，随着城市郊区化和市中心退化等引起的一系列问题的出现，CBD 研究趋向于多元化，在地理领域、规划领域、经济领域等都有较大的拓展。包括在地租理论的基础上对地价和租金的研究，CBD 退化的原因、CBD 复兴的策略和机制等方面的研究和探索。20 世纪 90 年代后，经济全球化和信息技术作为城市发展的新动力，CBD 的研究也从传统的 CBD 本身的内部结构和功能的研究扩展到将 CBD 作为城市的一个组成部分，与整个大都市区空间结构关系的研究；研究方法从侧重定量研究到定量与定性相结合，且加入心理感知、行为特征和偏好等要素的分析；研究视角也逐渐趋于多样化，不仅仅局限于经济视角，还包括社会、环境、历史、文化等多维度的探索和阐释。

一、CBD 概念的演化

CBD 一词自提出以来，其概念、内涵和功能就随着世界和区域的经济环境的变化而演变。CBD 最早由伯吉斯（Burgess）于 1923 年在创立城市地域结构的"同心圆模式"时提出。伯吉斯以芝加哥为蓝本，提出空间结构分为 5 个圈层，CBD 即为城市的中心，是商业的集聚地，主要以零售业和服务业为主，相当于市中心（downtown 或 central area）。随着城市的发展，批发业、工业仓储、住宅等逐渐退出中心区，办公业则在 CBD 内集聚，到 20 世纪 70 年代，CBD 成为以商业和办公业为主，商业和商务功能并重的多功能中心。

20 世纪 80 年代以后，由于全球经济日趋一体化，某些城市的 CBD 就成为实现经济功能一体化的驱动中枢。有指挥和调控功能的跨国公司总部和机构在 CBD 高度集聚，多为金融、保险、法律、房地产等高级生产性服务行业，而低等级的办公机构和一般零售业外迁。其职能转变为高级商务为主，高档零售商业为辅，同时配有各种高档休闲娱乐设施。同时，CBD 也不再是某个城市的中心，而成为某区域乃至世界的中心。

进入 21 世纪以后，CBD 的概念逐渐向综合化、多元化、等级化、生态化发展。首先，针对郊区化带来的 CBD 空城现象，CBD 的规划和建设更加注重娱乐和文化功能，逐渐由商务中心向综合性商务、购物、旅游和文化娱乐多功能中心过渡。CBD 办公高度集中导致空间日益拥挤问题使得人性化办公环境逐渐受到重视，出现了生态办公区（EOD）、商务 SOHO、休闲商务区（RBD）等概念。其次，随着知识经济和网络经济时代的到来，以及全球金融危机和美国"9·11"事件引发有关 CBD 防御安全的考虑。信息基础设施和智能化水平的落后等，传统 CBD 已经不能适应当今经济全球化和全球信息化的格局。在此背景下，适应信息时代特征的 E-CBD 模式应运而生（刘涛，2007；樊绯，2000）。

同时，国际地域分工的加深，交通、通信方式的发达以及 CBD 发展空间的扩展，在全球、区域和城市范围内，分别形成了 CBD 等级系统。不同等级的 CBD，其职能结构不尽相同。一般情况下，等级越高，中心商务职能越突出。从全球范围来讲，CBD 等级系统包括国际性 CBD、区域级或者国家级 CBD 以及地区级 CBD；从大都市或者都市区范围而言，CBD 系统是由核心 CBD 和若干个 Sub-CBD 构成。Sub-CBD，也叫副中心商业区，是城市空间结构分散化过程中核心 CBD 的外延，具有疏解和互补核心 CBD 的功能。核心 CBD 的主导职能是中心商务职能，其不断退化的中心商业职能由 Sub-CBD 承担。

二、20 世纪 90 年代以前的传统 CBD 研究

（一）界定理论

想要研究一个地域，首先要对其进行界定。对 CBD 的研究也开始于界定理论。早期的定界靠经验假设，城市街区边界、河流、铁路线以及界内用地功能是确定界限的主要因素。这种方法主观性强，不具备普适性，不同城市的 CBD 无法横向比较。CBD 的界定理论关键点在于找到科学的普适性高的指标。有学者使用贸易额度、建筑物高度、人口分布、就业模式、交通流量、地价等指标，但都具备一定的局限性，而以用地功能界定更易操作且更加科学（王朝晖等，2002）。1954 年，墨菲（R. E. Murphy）和万斯（J. E. Vance）提出了基于用地功能的中心商务指数技术法，简称 CBI 技术（central business index technique）法，并用此法对美国九个城市的 CBD 进行了实证研究，是迄今为止 CBD 界定理论中最有影响力、最具普适性的一个方法。

CBI 技术法的基本在于区分中央商务职能和非中央商务职能。中心商务职能行业是指有利润动机的商品零售服务及各种金融和办公功能活动。而居住、政府办公和公共建筑、学校、工业设施、仓储等属于非中央商务职能用地。以街区为

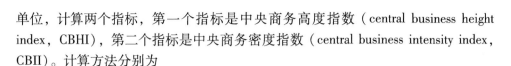

单位，计算两个指标，第一个指标是中央商务高度指数（central business height index，CBHI），第二个指标是中央商务密度指数（central business intensity index，CBII）。计算方法分别为

$$CBHI = \frac{中央商务楼面面积}{底层面积}$$

$$CBII = \frac{中央商务楼面面积}{总楼面面积} \times 100\%$$

CBHI 是指将中央商务功能楼面面积平均分配到整个街区的楼层层数。而 CBII 是指中央商务楼面面积占总楼面面积的百分比。CBHI≥1 且 CBII≥50% 的连续街区被认为是 CBD 范围（Murphy and Vance，1954a；1954b）。

戴维斯（Davis，1959，1960）运用 CBI 技术法对南非开普敦 CBD 进行研究。他根据开普敦特殊客观条件对 CBI 技术法进行了改进，并以 5% 地价线和 20% 交通线对 CBD 边界进行检验证实。同时，对边界形成原因和发展条件进行了解释和分析。他又将 CBHI≥4 且 CBII≥80% 作为 CBD 硬核的边界线，同时用 30% 地价线以及 80% 交通线进行验证。斯科特（Scott，1959）和扬（Young，1961）则用 CBI 技术法分别对澳大利亚 14 个城市 CBD，南非的伊丽莎白港 CBD 进行定界。马丁利（Mattingly，1964）用 CBI 技术法对美国宾州的哈里斯堡 1890 年、1929 年和 1960 年的 CBD 进行界定，并对 CBD 界限的历史变化进行解释。

CBI 技术法虽然比较科学和易于操作，但是对不同规模和特点的城市 CBD 定界时，都要进行一定的修改，特别是对于具有规模过大或者不规则街区的 CBD。此外，对于中央商务功能行业的包含范围也有很大的争议。同时，CBI 技术法提出之时，大部分建筑是高层建筑，而如今的 CBD 耸立着大批的高层和超高层建筑。因此，CBI 指标，特别是 CBHI 指数，也应该随着建筑物高度的增加而提高。

（二）CBD 的用地功能和内部结构

用地功能的调查分析是 CBD 内部结构分析的基础和切入点。墨菲和万斯（Murphy and Vance，1954a；1954b；1955）按照 CBD 的定义，将用地功能分为三类：①零售类用地功能；②服务、金融、办公功能；③非中心商务功能。在此基础上，对美国 9 个城市的 CBD 土地利用比例和分布模式进行比较研究。同时，在水平维度和垂直维度上分别对 CBD 内部结构予以分析。他们根据围绕峰值地价交叉点的距离将 CBD 划分为四个区域：一区（距峰值地价交叉点 100 码①），为零售业集聚区；二区（距峰值地价交叉点 200 码）以办公业和金融为主，并有一定的零售服务业；三区（距峰值地价交叉点 300 码）以办公为主，特别是公司

①　1 码 = 0.9144m

总部，还包括银行和旅馆等；四区（距峰值地价交叉点400码）多为大型超市、家具店、车行、批发等。在垂直维度上，零售业、金融机构、服务业等多占据底层，随着楼层的增加，这些行业逐渐减少，办公业逐渐增加。他们还提到了用地功能关联，即在功能上联系密切的行业会体现为空间上的相邻和集聚。如律师行、保险、房地产机构常常聚集到一起。这种功能关联也体现在垂直分布上，但并没有进行对其详尽的量化研究。

霍伍德和博伊斯（Horwood and Boyce，1959）在对美国11个城市CBD研究的基础上，提出了核-框理论，其中，核的内部还包括亚核，但并没有给出具体的定界方法。斯科特（Scott，1959）通过对澳大利亚6个州府城市CBD进行研究，将CBD分为内零售区、外零售区和办公区。内零售区主要是百货商店、杂货店、女装店等，外零售区主要包括家庭用品零售店和服务，办公区主要分布办公业和银行。斯科特后来运用竞租理论（bid-rent theory）对CBD内的零售业进行更深一步的研究，提出影响CBD零售业结构模式的三种可达性因子。布鲁克斯和扬（Brooks and Young，1993）将伊丽莎白港CBD内核分为中心区、南区和北区，还有一个外围商务区称作"次级CBD"。

1982年，赫博特和托马斯（Herbert and Thomas，1982）提出一个适用于中等规模城市的概念化CBD结构模式，将CBD结构的研究从"是什么"转变到"应该是什么"。这一模式包括六个区，分别是专业零售区、次级零售区、商业办公区、娱乐及旅馆区、批发及仓储区、公共管理及办公机构区。

综上所述，CBD内部结构实质上是亚区的分化。CBD结构是因地而异的，很难找出一个统一的CBD结构模式，原因在于影响CBD内部结构的因素复杂多样，包括自然条件、发展历史、地价、用地功能分布与联系、街道形态和街区规模、建筑物高度、交通条件等。

（三）其他有关研究

有关CBD研究的其他传统方向还包括CBD规模、形态、历史和演变等方面。关于CBD规模，墨菲和万斯（Murphy and Vance，1954a；1954b）在对美国9个城市的CBD做对比研究时，提到CBD规模的度量指标应该是三维的，而不是二维的，即应为总建筑面积，而不是建筑的占地面积，且应该去除非中央商务功能的用地面积。并提出由于副中心的存在，CBD规模与标准大城市统计地区人口数量的关系并不明显，而是与自治城市（incorporated city）人口有明显的关系。且可通过零售及批发业就业者进行预测和估算。

1950年，哈特曼（Hartman，1950）发表了首篇关于CBD地理形态的论文。他提出三种CBD的理论模式：圆形模式、星状模式和钻石模式。地形的限制、路网和街区的不规则以及交通流等因素是导致了 CBD 实际形状的扭曲和不对称。墨菲和万斯（Murphy and Vance，1954a；1954b）也通过对 9 个城市 CBI 定界之后的实际形状进行比较研究，认为中等城市的 CBD 形状更趋向于以峰值地价交叉点为中心的正方形十字架。同时也讨论了 CBD 的三维立体形状和阻碍 CBD 扩展的因素。

CBD 的范围、形状和空间结构是在不断变动的。墨菲和万斯（Murphy and Vance，1972）通过对美国 9 个城市 CBD 边界和峰值地价交叉点的动态研究，认为 CBD 的范围并不是简单的扩张和收缩，而是在某个方向伸展，而在另外的方向收缩，即存在同化区和废弃区。同时，峰值交叉点的位置也随着 CBD 中心的变动而变动，且并非平稳的移动，而是以街区为单位跳跃式的移动。沃特（Ward，1966）对 18~19 世纪美国波士顿 CBD 的发展历程和影响因素进行历史地理学研究，特别突出工业革命和交通的影响。马丁利（Mattingly，1964）则对 CBD 位置的迁移及其原因进行解释。

三、20 世纪 90 年代以来的 CBD 研究进展

（一）地理学方向

CBD 一直是城市地理学家们的研究方向。城市的单中心结构使得传统的 CBD 地理学研究集中在定界、用地功能和内部结构等方面。随着郊区化、全球化进程和大都市区的形成和发展，20 世纪 90 年代以来的研究更多以 CBD 为载体来探讨整个大都市区的郊区化、去中心化以及多中心城市结构等现象，即从 CBD 的内部结构和静态特征的研究，转向 CBD 内产业的集聚与分散的动态过程及其与城市空间重构的关系研究。研究的切入点也从单纯的零售业扩展到办公业，特别是金融、法律业等高端生产性服务业的空间转移和空间联系。研究的方法也逐渐多样化，除了传统的统计、建模和空间分析，还加入了问卷调查、深度访谈、文献分析和历史影像图片分析等多种方法（Deverteuil，2004）。

空间上的集聚和分散过程和机制是地理学家争论的热点。新兴起的 CBD 受到全球化和后工业经济的影响，表现出欧美发达国家传统 CBD 的早期特征。吉普尼斯（Kipnis，1998）通过对特拉维夫市 CBD 内办公业之间的空间联系的研究，包括企业—客户、企业—供应商以及企业内部的空间联系，认为这三种关系均在某种程度上依赖空间联系和空间距离上的临近。因此，集聚作用为 CBD 产业分布的重要作用力。西欧的某些小规模、高密度、历史悠久的城市，与拥有足够发展空间和密度发展模式的北美城市不同，没有明显的去中心化和多中心发展过程，CBD 依然体现出较强的规模集聚效应（Riguelle et al.，2007）。

北美和西欧的大都市区，存在明显的去中心化过程，体现在以下几个特征：

（1）即使远程通信技术得以广泛应用，集聚经济依然是区位选择的主导力量，可达性、外部经济效应和规划管理的作用仍然存在，因此去中心化的过程并非整体的无序的分散形式，而是体现为有序的多中心模式，且 CBD 与副中心之间的关系类似于城市体系的等级位序规则。

（2）不同性质的行业对外部经济效应的敏感度有差异。提供定制化的高端服务的小型企业趋向于在 CBD 内集聚向心发展，而提供标准化的大规模生产的大型企业则趋向于去中心化分散。因此，去中心化过程促进了各种行业的空间分化，但并没有减弱 CBD 的中心性，反而增加了某些行业在 CBD 内的专门化，如金融业、法律业、保险业和房地产等高级生产性服务业。

（3）多中心大都市区的格局也促进了劳动力市场的整合和分割（Daniels，1974，1977；Davies，1959，1960；Deverteuil，2004）。这种多中心模式成为整个北美大都市区的普遍模式，它依赖于发达的城市道路交通，并受完善的土地市场和公共基础设施供给效率的影响（Bogart and Ferry，1999；Ingram，1998）。也有学者以人口密度和就业密度为切入点研究大都市区去中心化过程和多中心的发展模式（Bunting，2004；McDonald and Prather，1994）。少量研究沿承 CBD 商业功能研究的传统，探讨在城市多中心发展的模式下，CBD 零售业的生存和 CBD 商业功能结构的演变规律、原因及城市间的比较研究（Curtis，1993；Milward，1997）。伴随着金融化背景下经济、文化和人才结构的转型，有学者从人本主义视角对 CBD 办公工作、工作者及办公空间的重构以及三者的关系进行社会诠释，认为这种重构促使办公空间从私密性向公共性转变（O'Neill and Guirk，2003）。

（二）经济学方向

CBD 的经济学研究方向以地租理论为基础对 CBD 的租金和地价进行研究。研究学者的背景多为土地经济学家、经济地理学家、商业金融和房地产研究人员。发表期刊主要集中在 *Journal of Urban Economics*、*Journal of Real Estate Finance and Economics*、*Urban Studies* 等。大量的学术文章通过实证研究，确定 CBD 地价及办公业租金的影响因素，并建立模型进行解释和预测（Enstrom and Netzell，2008；Ozus，2009；Mundy and Kilpatrick，2000；Colwell and Munneke，1999；Parker，1992；Webb and Fisher，1996；Öven and Pekdemir，2006；Gunnelin and Soderberg，2006；Wiley et al.，2008）。诸多研究在时间维度上对租金和地价进行分析，空间和区位仅仅作为租金和地价的众多影响因素之一被提及，专门对地理因素进行具体分析或者在空间维度上研究租金和地价分布规律的文章并不多见，这些文章围绕地价距离梯度和集聚经济效应是否减弱进行讨论。阿塔克和马古（Atack and Margo，1998）对纽约 1835～1900 年的城市空地地价及 CBD 地价进行历史研究，认为由于城市化的作用，以 CBD 为中心的城市地价距离梯度有平缓趋势。斯威塔尼杜（Sivitanidou，1995，1997）在传统竞租理论的基础上，加入供给方变量研究办公—商业地价的空间变化规律。并通过对洛杉矶的研究，认为随着信息技术的进步，办公—商业地租距离梯度在减弱，办公区位呈现分散化趋势。博林杰和伊尔兰菲尔特（Bollinger and Ihlanfeldt，1998）对亚特兰大地区 1990～1996 年的办公业租金的研究，将影响租金空间变化的因素总结为工资、交通的空间分异，以及办公业从业人员集中地和服务设施集聚地的临近程度。同时，通信技术的进步并没有减弱集聚经济效应，因此，CBD 依然具有副中心不可比拟的优势。

20 世纪 90 年代后期至今的文献主要围绕在影响因子的确定、数据的完善以及模型的选择与优化等方面作进一步探讨。同时，随着"9·11 事件"的发生，发达国家的 CBD，特别是国际城市的 CBD 防御安全问题及其对 CBD 经济集聚效应的负面影响也引起相关学者关注（Abadie and Dermisi，2008）。从研究地域上来讲，20 世纪 90 年代以前主要集中在北美和欧洲国家的传统 CBD，20 世纪 90 年代后在全球化进程中新崛起的亚洲 CBD 地价和办公楼租金市场也受到关注（Nagai et al.，2000；Webb and Tse，2000；Sasaki，1999；Jin，2007）。但仍然缺乏对投资者心理和行为因素的影响因子分析，不同国家和地区城市之间也缺乏比较性研究。

（三）城市规划方向

第二次世界大战结束之后，随着零售业、办公业、居住的郊区化和交通的发展，欧美国家的 CBD 逐渐衰退，CBD 和内城的复兴、更新问题成为城市规划学家和地理学家的关注热点。有关城市规划和城市设计的期刊中涌现了大量关于 CBD 退化的原因、CBD 复兴的策略和机制等方面的研究和探索。早期的文章多侧重 CBD 经济和物质复兴，如零售业和旅游业的刺激、交通等基础设施硬件的改善等。20 世纪 90 年代以来提出的策略则更加全面化、软化和人文化。其中，零售业的复兴仍然是学者们关注的焦点并被认为是基本策略。但零售业的概念已经不再局限于传统的购物中心和购物商场的建立，而是扩展到一个完整的体系，包括娱乐、饮食、艺术、特色店铺、夜生活等一系列内容（Steinmann，2009；Padilla，2009）。

同时，CBD 居住和工作空间的更新与优化（Rosenburg and Watkins，1999）、公共空间设计和绿色空间的创建、用地功能多样化等问题也开始受到关注，旨在吸引人群回迁，提升 CBD 人气。莫伊荣古（Moirongo，2002）从人类活动和 CBD

公共空间模式之间的相互作用出发，研究 CBD 公共空间人性化和可持续 CBD 的建立。此外，由于 CBD 内中产阶级居民被低收入人群所替代，CBD 的"夜死城"现象、犯罪和安全问题也成为学者们的关注焦点。托马斯和布罗姆雷（Thomas and Bromley，2000）从 CBD 居民、工作人员和旅游购物者对 CBD 的安全感知入手，研究"24 小时城市"的建设障碍并提出对策。

20 世纪 90 年代，出现了明显的文化历史转向，即从单纯的经济复兴转而关注历史文化要素的保护和继承、提倡保留城市文脉、注重人文关怀，如 CBD 文化艺术要素的植入和历史特点的保护策略。更新机制除了政府的政策导向与企业利益的追逐之间的平衡与合作，还包括历史保护主义团体等非营利组织的协助和监督（Eyubolu et al.，2007；Gregory，2009；Brooks and Young，1993）。早期的文章集中在对个案城市的研究，近期出现了对多个城市的比较性研究和更新策略的整合分析（Padilla，2009；Filion et al.，2004）。且研究对象除了传统 CBD，也对发展中国家以及中小城市 CBD 更新的特点和针对性策略开始有所关注（Moirongo，2002；Filion et al.，2004；Hoogendoorn et al.，2008；Tomlinson，1999）。研究方法除了深度访谈、问卷调查以及历史文献分析等定性的方法，也加入了空间句法、建模和地图分析等定量方法（Moirongo，2002；Eyubolu et al.，2007）。

（四）交通出行方向

交通、通勤和城市结构的相互作用是城市经济学家、地理学家和规划师的研究热点。主要期刊有 *Transport Research*、*Urban Studies* 等。自 20 世纪 90 年代以来，CBD 内部的交通问题仍然受到关注。学者们多从 CBD 停车供需分析和交通规划、私人和公共交通方式的平衡、停车税和公共交通费用交通政策等角度进行研究，旨在解决 CBD 交通拥堵、规划不合理和交通空间不足等经济集聚带来的交通负面问题（Hensher and King，2001；Voith，1998；Swanson，2004；Meredith and Prem，2001）。研究方法在传统的经济计量建模的基础上，加入了对 CBD 就业人员出行、通勤的行为特征、偏好和决策的分析（Öven and Pekdemir，2006；Gunnelin and Soderber，2006；Sivitanidou，1995）。同时，随着办公业去中心化、居住郊区化及私人汽车的普及，城市通勤逐渐由单中心、紧凑式公共交通导向模式转变为多中心、分散式私人汽车导向模式。就业分散化和居住郊区化，远程办公等通信技术的发展，新兴办公模式对 CBD 就业人员通勤和交通行为、交通需求模式的影响，以及由此产生的社会和环境意义也逐渐成为研究热点（Asensio，2002；Cervero and Wu，1998；Rhee，2008）。

四、国内 CBD 研究综述

改革开放之后，国外的 CBD 概念逐渐引入中国，并受到政府和城市规划学、地理学、经济学等各领域学者的重视。20 世纪 90 年代之前，是 CBD 概念和理论的引入期以及建设实践的探索期。20 世纪 90 年代之后，随着上海陆家嘴 CBD 和北京朝阳区 CBD 建设和规划的提出，广州、西安、重庆等城市均提出要建设自己的 CBD。这一时期该方面的学术论文数量明显增加，一些学者还出版了有关 CBD 的研究专著。不仅包括国外研究的介绍，还出现了基于国内城市 CBD 的理论探索。进入 21 世纪之后，随着经济全球化趋势的影响，国内的大城市更多地参与到国际经济体系中。CBD 建设也相应地有了新的进展和成果，同时也出现了一系列问题。这一时期该方面的学术文章也进入了一个反思期，对国内 CBD 的建设和发展存在的问题进行审视和反思。总体来说，国内 CBD 的研究主要集中在以下几个方面：CBD 概念的辨析及国外相关研究和规划实例的介绍评述；CBD 区位；CBD 的用地功能、空间结构的特点及其发展演变机制与规律；CBD 的空间、产业及交通规划等方面。受国外 CBD 传统研究和国内 CBD 发展阶段背景的影响，CBD 的用地功能和空间结构及其发展演变机制与规律是国内地理学家们和城市规划者们关注的焦点。

楚义芳（1992）、章兴泉（1993）等通过对国外 CBD 的研究，探讨其结构、集聚与分散的利弊及 CBD 与城市发展之间的关系。丁健（1994）讨论了 CBD 的功能特征，并从产业发展和市场的角度将 CBD 的增长机制分为基础性机制、强动力型机制和功能性机制。孙一飞（1994）从功能、地价、环境、技术和行为五个因素探讨 CBD 空间结构的演化机制。樊绯（2000）从城市地域结构与功能分区的角度，讨论了 20 世纪欧美城市 CBD 功能的演变，并将其分为以下三个阶段：以商业为主的混合功能阶段；专业功能分区的综合功能阶段；商务功能升级并向综合化、生态化发展。陈瑛等（2001）分析了 Sub-CBD 的形成机制，进而提出国内城市建设 Sub-CBD 的建议和措施。戴德胜（2006）等将 CBD 发展阶段划分为商业和办公混合阶段、CBD 和商业中心分化阶段、CBD 和商业中心相脱离阶段以及 CBD 网络形成阶段。

国内城市 CBD 的实证研究多以上海、北京、广州、重庆为例。上海是国内大陆最早提出建设 CBD 的城市之一。对上海 CBD 的实证研究也开始的较早。丰东升（1994）指出 CBD 发展中存在的问题并提出解决对策。汤建中（1995）对上海 CBD 形成和演化的历史进行回顾，并用 CBI 技术法对上海 CBD 进行界定，分析其职能结构特点并提出空间和职能结构的调整方案。

阎小培等（1993；1995；2000a，2000b）对广州 CBD 有较为详尽全面的研究，是国内 CBD 实证研究中比较有代表性的。包括界定 CBD 的范围、探讨其平面和垂直结构特征及形成机制，并对广州新、老 CBD 的土地利用差异进行对比并分析原因。

也有不少学者对重庆 CBD 做了较为深入的研究。孟凌（2000）认为重庆 CBD 的发展轨迹是形成、发展、萎缩、再发展四个阶段，城市经济发展水平、地形及历史机遇是其发展的动力机制。秦波（2003）等以重庆 CBD 为例，综合考虑基准地价、功能单元分布、墨菲指数、用地存量等因素给 CBD 定界，并进行比较和解释。郑伯红（2004）对重庆大都市区 CBD 系统进行实证研究，对新时期 CBD 系统形成及发展的动力机制，以及大都市 CBD 系统演变的一般规律进行了初步分析。

学者们对北京 CBD 的研究多侧重于产业与 CBD 建设，而对 CBD 用地功能和空间结构及其发展演变机制与规律研究较少。张景秋（2002；2004）等对北京 CBD 的发展阶段进行分析，界定了 CBD 的范围，并对其内部空间结构和土地利用特点进行了分析。

综上所述，国内的 CBD 相关研究数量较多，但多是套用国外已有的理论基础和分析方法，缺少基于国内实际情况下的理论探索和系统化的总结。同时，对城市个案的研究较多，但是缺少城市间的比较研究。

第四节　国内办公空间研究综述

我国对办公活动的研究，较之西方国家起步更晚，是在 20 世纪 90 年代中后期随着城市经济功能的不断扩展而兴起的。特别是处于转型期的中国城市，大城市产业升级后，新的经济增长空间——办公活动空间在城市功能空间替代、演变及发展中的作用越来越显著，从而促进我国学者对城市办公空间进行有益的探索和研究。

田文祝（1998）较早使用"办公业"这一概念介绍了加拿大办公业发展及其研究成果；宁越敏（2000）则最早从办公场所——写字楼研究入手，通过对上海写字楼布局的研究，奠定了对以写字楼为物质载体的办公活动空间分布进行研究的方法基础；柴彦威（2000）从概念、区位因素、空间类型等方面对办公业进行了综合介绍；张文忠（2000）从研究服务业的角度介绍了国外相关研究成果等。

随后对办公空间的研究内容多集中在对大城市办公活动的时空间差异、办公楼区位以及办公业发展与城市变化阶段等方面的研究，涉及广州、上海和北京等（闫小培等，2000a，2000b；宁越敏，2004；张景秋和蔡晶，2006）。

近年来，国内学者对办公业的研究视角从中心商务区特定区域研究转向城市办公活动空间结构与形态分布研究。如张景秋等（2010）探讨了北京城市商务性办公空间格局变化特点，其"西北—东南"向的空间格局标示着北京城市办公功能空间布局的主导方向，并经历了离散—极化—扩散—稳定四个发展阶段；分析界定了北京城市办公活动存在明显的集聚特征，城市内部四个代表性办公集聚区之间的空间联系强度差异显著，且呈现随距离衰减特征，其空间联系方向性明显，总体表现为由外城区向核心区流动的特征；进一步探索了写字楼租金对北京城市经济空间结构的影响，认为呈同心环状分布的写字楼租金，与基准地价的综合地价在空间分布态势上基本吻合，并在一定程度上映射出北京城市经济空间结构特征，即总体上呈现同心环状向心集聚，并沿交通干道和对外放射状道路延伸。石忆邵和范胤翡（2008）通过相关分析和回归分析，探讨了办公楼的租金差异及空间分布特点，解释了影响上海办公楼租金的主要因素。吴一洲等（2010）分析了杭州写字楼的空间分布特征及其演化机制。

此外，方远平和闫小培（2007）、温锋华等（2008a，2008b）则通过文献法对西方办公活动区位以及办公空间研究进展和20世纪90年代以来我国商务办公空间研究进行了较为全面的归纳总结，为我国城市办公业及办公空间研究提供了支撑。

第二章　统计指标与研究方法

通过第一章对办公活动、办公空间和办公业相关概念和研究的分析来看，目前从经济统计及其指标体系上并没有一个公认的界定。一般多从职业类型上进行分析和界定。本书对办公业的概念可以理解为在以写字楼为主要载体的办公场所或办公空间内进行办公活动的机构组织，以及为这一类机构组织服务的个人共同构成办公业的组成部分。办公活动是指所有工作都在基于信息平台的办公空间内进行，不参与实体产品的生产和制造，而主要从事管理、联系和沟通交流，对需要的资料数据进行收集、加工、整理等。

第一节　办公业统计指标

对办公业统计指标体系研究的目的：一是为了辨析办公业的概念；二是为了调查研究方案的确定；三是为了进一步辨析与生产性服务业之间的区别与联系。通过与国家统计局和北京市统计局统计指标的对应研究，在与国家标准保持一致和在数据权威与共享的原则指导下，初步形成了本书研究应用的办公业统计指标框架。

一、我国三次产业分类

国家技术监督局 1994 年 8 月 13 日发布了《国民经济行业分类和代码》标准（GB/T 4754—1994），并于 2002 年 5 月 10 日修订后颁布了新的《国民经济行业分类》标准（GB/T 4754—2002）。根据 2002 年的标准，我国的产业统计划分类分为三大类。

第一产业，是指通过人类劳动直接从自然界取得产品的部门。我国规定专指农、林、牧、渔业。

第二产业，是指对第一产业和本产业提供的产品（原料）进行加工的部门。我国规定专指采矿业，制造业，电力、燃气及水的生产和供应业，建筑业。

第三产业，是指对消费者提供最终服务和对生产者（包括三个产业的生产者）提供中间服务的部门。指除第一、第二产业以外的其他行业。

由于第三产业包括的行业多、范围广，根据我国实际可分为两部分：流通部门和服务部门。具体又可分为四个层次：第一层次为流通部门，包括交通运输、邮电通信、商业、饮食业、物资供销和仓储业。第二层次为生产和生活服务的部门，包括金融保险业，地质普查业，房地产业，公用事业，居民服务业，咨询服务业和综合技术服务业，农、林、牧、渔、水利服务业和水利业，公路、内河（湖）航道养护业等。第三层次为提高科学文化水平和居民素质服务的部门，包括教育文化、广播电视、科学研究、卫生、体育和社会福利事业等。第四层次为社会公共需要服务的部门，包括国家机关、政党机关、社会团体、军队和警察等。

二、生产性服务业的统计指标

（一）国外的统计指标

目前联合国正式公布的国际标准行业分类（ISIC/Rev. 3，1994），将全部行业划分为17个门类、60个大类、159个中类和292个小类，共四个层次。按照产性服务业界定标准，共有7个门类、13个大类、30个中类和49个小类可归入生产性服务业的范畴。

这49个小类主要涉及：①金融业，包括金融媒介业务、保险和抚恤基金业务、金融辅助活动。②电信业。③不动产、租赁和商业活动，包括房地产业、计算机及相关活动、研发活动、市场中介活动、工程技术服务活动等。④教育业，包括中等教育、高等教育和成人教育等。⑤医疗及其社会工作，包括人类医疗和兽医。⑥其他社会公共和个人服务活动，包括影视娱乐活动、新闻出版活动、体育活动、专业文体组织活动等。⑦涉外组织和机构。

世贸组织统计和信息系统局按照一般国家标准（GNS）将全部服务活动划分为12个部门、155个分部门，并采取三级编码方式。按照生产性服务业界定标准，主要有9个部门、28个服务类别、51个分部门可以归入生产性服务业的范畴，包括：①商务服务，包括专业服务（法律、会计税收、医疗等服务）、计算机及相关服务、研发服务、不动产服务、其他职业服务（广告服务、咨询服务、技术检测服务等）。②通信或电信服务，包括电信服务、视听服务。③建筑及有关工程服务。④教育服务，包括中等教育、高等教育和成人教育。⑤金融服务包括银行、保险和其他金融活动服务。⑥健康与社会服务，包括医院服务和社会服务。⑦娱乐、文化和体育服务，包括新闻社、图书馆、博物馆、文艺活动、体育活动等。⑧旅游服务。⑨环境服务（潘海岚，2008）。

（二）我国的统计指标

我国对于生产性服务业的统计指标根据1994年和2002年的国标，具体涉及行业见表2-1。

表 2-1　中国生产性服务业统计指标 1994 年与 2002 年比较

1994 年国标——生产性服务业行业	2002 年国标——生产性服务业行业
G 交通运输、仓储及邮电通信业	F 交通运输、仓储及邮政业
52 铁路运输业	51 铁路运输业
53 汽车运输业	52 道路运输业
54 管道运输业	53 城市公共交通业
55 水上运输业	54 水上运输业
56 航空运输业	55 航空运输业
57 交通运输辅助业	56 管道运输业
58 其他交通运输业	57 装卸搬运和其他运输服务业
59 仓储业	58 仓储业
60 邮电通信电信业	59 邮政业
	G 信息传输、计算机服务和软件业
	60 电信和其他信息传输服务业
	61 计算机服务业
	62 软件业
H 批发、零售贸易和餐饮业	H 批发零售业
61 食品、饮料、烟草和家庭用品批发业	63 批发
62 能源、材料和机械电子设备批发业	65 零售业
63 其他批发业	I 住宿餐饮业
64 零售业	66 住宿业
65 商业经纪与代理业	67 餐饮业
67 餐饮业	
I 金融、保险业	J 金融业
68 金融业	68 银行业
70 保险业	69 证券业
	70 保险业
	71 其他金融活动
K 社会服务业	L 租赁和商务服务业
75 公共设施服务业	73 租赁业
76 居民服务业	74 商务服务业
78 旅馆业	
79 租赁服务业	
80 旅游业	
81 娱乐服务业	
82 信息、咨询服务业	
83 计算机应用服务业	
84 其他社会服务业	

续表

1994 年国标——生产性服务业行业	2002 年国标——生产性服务业行业
A 农、林、牧、渔业	M 科学研究、技术服务和地质勘查业
5 农、林、牧、渔服务业	75 研究与试验发展
	76 专业技术服务业
	77 科技交流及推广服务业
	78 地质勘查业
	N 水利、环境和公共设施管理业
	79 水利管理业
	80 环境管理业
	81 公共设施管理业

资料来源：根据 GB/T 4754—94 和 GB/T 4754—2002 整理而得

三、办公业的统计指标

根据张文忠（2000）的研究，对办公业的界定可以从职能和产业结构两个方面确立研究对象。

（1）从办公职能划分。可以将办公业分为三类：第一类是进行管理业务的办公职能。具有这种职能的办公业以民间企业的总部和国家与地方的重要行政机构为代表，收集必要信息，进行最高层的决策，并将其下达给下级组织。第二类是民间企业的分公司、营业所和政府机构的办事处等所执行的职能。就企业而言，这主要是指进行营业活动的职能，一般位于市场区域的中心；就政府机构来说，这是管理一国之内各大区域派出行政职能。第三类是从外部支援企业活动的各种职能。这包括从传统的金融、保险、房地产业到新兴的信息服务业、设计服务业、广告业等。

（2）从产业结构划分。可以划分为四类：第一类是第三产业中以办公形式存在的大多数行业及其他行业的办公机构，如金融、保险、房地产、法律、会计、广告、信息咨询、研究设计、管理服务等。第二类是第二产业中以制造业为主的办公机构。第三类是第一产业中矿业、石油业的公共机构。第四类是包括国家政府办公机构。

本书确定的统计指标。从对办公业的整体研究来看，由于国内外缺乏对办公业统计指标的统一明确界定，并且在我国国民经济统计分类中，也没有将办公业划为单独的行业分类，加上中外统计口径的差异，很难找到一个现成的统计指标体系。与此同时，从办公业的性质来看，办工业与生产性服务业联系密切，均是从制造业中分离出来的，但办公业的外延要大于生产性服务业。因此，办公业包含生产性服务业。

对办公业统计指标的确定，在本研究之初，将办公业分类及统计指标体系设置为三个层面，即商务性办公业、政务性办公业和制造业属独立办公活动，结合我国的国家统计局颁布实施的《国民经济行业分类》指标体系初步构建办公业分类与统计指标体系（图2-1）。

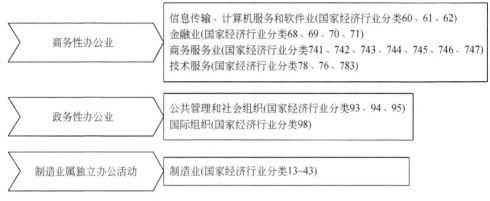

商务性办公业	信息传输、计算机服务和软件业(国家经济行业分类60、61、62) 金融业(国家经济行业分类68、69、70、71) 商务服务业(国家经济行业分类741、742、743、744、745、746、747) 技术服务(国家经济行业分类78、76、783)
政务性办公业	公共管理和社会组织(国家经济行业分类93、94、95) 国际组织(国家经济行业分类98)
制造业属独立办公活动	制造业(国家经济行业分类13~43)

图2-1 办公业分类指标体系初步设定

随着研究的深入，在进一步调研和分析过程中，结合专家座谈的建议，重新审视原有的指标体系后，项目组认为原有分类存在标准不对等问题。将制造业属独立办公活动从商务性办公业中分离后，在从统计年鉴中获取行业数据时很难将生产与服务功能产生的经济效益指标分开，反而增加了研究的难度和困惑；实际上，制造业属独立办公活动在国家统计分类中已经分解形成不同的服务业组分。因此，项目组在多次研讨后，认为应紧紧依托办公业的概念和特征——"办公活动是特指从事收集、记录、加工、生产和传递信息，并占有一定空间的生产活动。写字楼是办公活动的重要载体。由此，随着城市经济的发展，在城市某些特定区域内，集聚规模、外部经济联系等因素作用，使得以写字楼为载体的城市内部办公活动空间分布在地理空间上相当集中，从而产生的一种新兴的城市经济功能集聚区，即城市办公集聚区，它是产业集聚区的一种重要组成形式。"——结合中国统计数据标准，将办公业分类指标体系设定为两大类，即商务性办公活动和政务性办公活动（图2-2）。其中商务性办公活动中包含在行业隶属于制造业，但在写字楼里从事信息收集、记录、处理、加工、生产和传递的职能部门，其在国家经济行业分类中应属于制造业大类，因此，依然命名为"制造业属独立办公活动"，属于商务性办公活动的行业组成部门。

特别需要说明：在政务性办公业中，"国家及省市自治区政务办公机构"从办公职能来说属于第一类进行管理业务的办公职能，这类办公业并不直接创造经

商务性办公业
信息传输、计算机服务和软件业(国家经济行业分类60、61、62)
金融业(国家经济行业分类68、69、70、71)
商务服务业(国家经济行业分类741、742、743、744、745、746、747)
技术服务(国家经济行业分类78、76、783)

政务性办公业
公共管理和社会组织(国家经济行业分类93、94、95)
国际组织(国家经济行业分类98)
国家及省市自治区政务办公机构

图 2-2　办公业分类指标体系设定修改

济效益，看似与经济功能分离，但实际上从办公业的基本属性——信息收集与处理来讲，这类办公活动即是收集必要信息，进行高层决策，并将其精神下达给下级组织，是办公业最重要的组成部分。

第二节　办公业相关研究方法

办公业研究的理论方法主要基于实证主义，包含区位论、城市等级体系理论、空间相互作用理论等。如戈迭德（Goddard，1971；1973；1976）的研究理论框架就是基于城市等级体系理论假设的空间结构。丹尼尔斯（Daniels，1975）的研究框架基于级差地租理论，分析办公区位模式。盖德（Gad，1985）则运用联系系统及空间联系模式，分析区域内不同城市之间办公活动的联系强度和路径，得出城市空间相互作用强弱，进而解释区域发展动力。同时，在研究过程中将个人联系作为一个区位选择要素，具有了行为地理学流派的一些研究框架。杰克比森和翁萨格（Jakobsen and Onsager，2005）运用阿明和思里夫特的节点方法，基于世界城市的研究框架将城市看做是中心点和知识集聚与创新节点，等级越高的节点其中心性越强，成为总部办公区位的竞争力就越强。

当代城市经济发展的景观标识已经从工厂转向写字楼，相应地，就业人口和吸纳率的增长也不仅是依赖对商品的生产和加工环节，而是更加偏向工业生产和加工过程中产生的办公就业以及满足消费者所有需求的办公活动。这种以收集、组织、处理和传递信息为主体，以写字楼为地点的办公就业是与各类经济活动相联系的基础。而作为城市经济功能空间的一个重要支撑，以写字楼为实体表现的办公活动研究成为地理学研究的重点内容，包括对办公集聚区的界定、办公空间联系性以及办公活动经济结构研究等。

一、办公空间集聚的研究方法

(一) 点状数据空间集聚分析方法

目前，对基于点状数据进行空间集聚分析的方法运用较为广泛的有两种，一种是最近邻距离层次分析法，另一种是核密度（kernel density）分析法。利用最邻近距离去判断办公活动在空间分布上是否属于集聚型，并可以进一步探索集聚区内的热点。

1. 最近邻距离层次分析法

先定义一个"聚集单元"（cluster）的"极限距离或阈值"，然后将其与每一点对的距离进行比较，当某一点与其他点（至少一个）的距离小于该极限距离，该点被计入聚集单元，也可以指定聚集单元的点数目来强化聚集规则。以此类推，可以得到不同层次的热点集聚区（王劲峰等，2000；2006）。

最邻近距离法计算步骤：

（1）计算研究区的任意一点到其最邻近点的距离，然后取它们的均值作为评价模式分布的指标，即

$$\bar{d}_{\min} = \frac{1}{n} \sum_{i=1}^{n} d_{\min}(s_i) \tag{2-1}$$

式中，$d_{\min}$ 为每一点到其最邻近点的距离；s_i 为研究区域的点；i 为研究点位；n 为点的个数。

（2）在随机模式下获得的平均最临近距离期望

$$E(\bar{d}_{\min}) = \frac{1}{2\sqrt{n/A}} \tag{2-2}$$

式中，A 为研究区域面积。

（3）计算最临近指数

$$R = \frac{\bar{d}_{\min}}{E(\bar{d}_{\min})} \tag{2-3}$$

如果 $R=1$，说明空间点是随机分布模式；如果 $R<1$，说明空间点是集聚分布模式；如果 $R>1$，说明空间点是均匀离散分布模式。

显著性检验：

$$Z = \frac{\bar{d}_{\min} - E(d_{\min})}{SE_r}, \text{其中 } SE_r = \frac{0.261\ 36}{\sqrt{n^2/A}} \tag{2-4}$$

若 Z 值为负且越小，则要素分布越趋向于聚类分布，相反为离散分布。

例如，利用 ArcGIS 软件中的 Average Nearest Neighbor Distance 模块对政务性办公楼进行平均最近邻分析结果如图 2-3 所示，得出 $R=0.23$，$Z=-134.92$，

在1%显著性水平下通过检验，属于显著的聚集性模式，这表明北京城区范围内的政务性办公空间集聚特征非常显著。

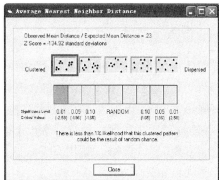

图 2-3　ArcGIS 平均最邻近分析计算结果图

2. 核密度（kernel density）分析法

核密度分析法是借助一个规则移动样方对点的分布集聚程度进行估计的空间分析方法，是空间分析中运用最广泛的非参估计技术（图 2-4）。该方法通过落入搜索区内的点具有不同的权重，靠近格网搜寻区域中心的点或线会被赋予较大的权重，权重的大小随着数据点、线与格网中心距离的远近成反比变化（汤国安和杨昕，2006）。其数学表达式为

$$\lambda_h(s) = \frac{1}{nh^d} \sum_{i=1}^{n} k\left(\frac{s - s_i}{h}\right) \tag{2-5}$$

式中，$k(\ )$ 为核密度方程；h 为阈值；n 为阈值范围内点的数量；s 为数据点线的位置；s_i 为格网中心点位置；i 为研究对象，即数据点；d 为数据的维数。

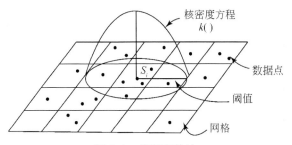

图 2-4　核密度估计

比较两种方法可以看到，两种方法的共同之处在于找寻一个适宜的距离阈值，测算在这一阈值范围内的点的分布状态。不同之处在于，最近邻距离层次分析法在对点状数据空间集聚状态进行描述时，还可以对空间点位分布的方向特征进行描述；而核密度分析法则反映的是一种空间点位分布的相对集中程度（王法

辉，2009）。

（二）空间自相关分析方法

对办公空间集聚特征的研究多采用空间自相关（spatial autocorrelation）分析方法。

空间自相关的指标和方法很多，主要有连接统计（join count statistics）、Moran's I、Geary's C 和 Getis' G 等，其中最常用的是 Moran's I。王劲峰等（2000）本书采用 Moran's I 指标进行显著性检验。通过全局空间自相关检验办公场所（写字楼）基于某类属性特征（租金）的空间分布是否具有显著性集聚；通过局域空间自相关（LISA），运用 Geoda 软件探测出集聚区的具体空间位置。

空间自相关是就某一属性值，运用统计学方法，计算空间单元与其周围单元间的自相关性程度。分为全局与局域两个指标来度量属性值的空间分布特征。全局空间自相关用于描述某一属性值的整体分布状况，以及空间要素针对某一属性值所表现的相关联程度。其计算公式如下：

$$Global = \frac{n}{\sum\limits_{i=1}^{n}\sum\limits_{j=1}^{n}W_{ji}} \times \frac{\sum\limits_{i-1}^{n}\sum\limits_{j-1}^{n}W_{ij}(x_i - \bar{x})(x_j - \bar{x})}{\sum\limits_{i=1}^{n}(x_i - \bar{x})^2} \tag{2-6}$$

式中，n 为研究对象的数目，此处为办公场所点位数目；i、j 为研究对象，即写字楼空间位置；x_i、x_j 为某属性特征 X 在空间位置 i、j 上的观测值，此处为各场所研究的属性数据，如写字楼租金；$\bar{x}$ 为 x_i 的平均值；W_{ij} 是研究对象 i、j 之间的空间权重矩阵。

全局 Moran's I 的取值介于 $-1 \sim +1$。通过 I 值可以判断研究区的集聚水平。当 $I>0$ 时表示空间正相关，即研究区内办公场所属性数据（如租金）间具有显著的集聚水平；当 $I<0$ 时表示空间负相关，即相邻办公场所之间某类指标数据（如租金）间存在明显差距；当 $I=0$ 时表示空间不相关，即研究区内各办公场所研究属性（如租金）间呈现无规律的随机分布状态。

全局空间自相关只能说明研究范围中某种社会经济现象的整体分布状态及关联程度，不能说明属性相似集聚区的空间分布位置（邱灵等，2008）。而局域空间自相关可以揭示一个区域单元与其邻近单元就某一特征值所表现出来的相关程度，并可以采用地图等可视化表达（孟斌等，2005）。局域空间自相关的计算公式如下：

$$Local\ Moran's\ I = \frac{n(x_i - \bar{x})\sum\limits_{j=1}^{n}W_{ij}(x_j - \bar{x})}{\sum\limits_{i=1}^{n}(x_i - \bar{x})^2} \tag{2-7}$$

采用全局空间自相关，计算办公场所某类属性特征（如写字楼租金）空间分布的整体相关性；通过局域自相关，探测集聚空间与异质空间的具体位置，分析办公场所该类属性特征分布的空间格局。

（三）产业集聚分析方法

1. 区位商

区位商又称为区域规模优势指数或区域专门化率，是由哈格特（P. Haggett）提出的一种衡量某产业在空间上的分布模式及专业化程度的方法。可以用来衡量某一产业的某一方面，在特定区域内的相对集中程度。在衡量某一区域要素的空间分布情况，反映某一产业部门的专业化程度，以及某一区域在高层次区域的地位和作用等方面，是一个很有意义的指标。区位商不仅能测出某一产业在空间上的分布情况，还能反映出这个产业在某一区域的专业化程度及其对这个区域的影响作用，因此在产业结构分析中应用很广，运用区位商指标可以分析区域主导专业化部门的状况（崔功豪等，1999）。

区位商的计算公式为

$$\mathrm{LQ}_{ij} = \frac{E_{ij}\Big/ \sum_{j=1}^{n} E_{ij}}{\sum_{i=1}^{n} E_{ij}\Big/ \sum_{i=1}^{n} \sum_{j=1}^{n} E_{ij}} \tag{2-8}$$

式中，E_{ij} 为 i 地产业 j 的就业人数或增加值；$\sum_{j=1}^{n} E_{ij}$ 为 i 地总就业人数或增加值；$\sum_{i=1}^{n} E_{ij}$ 为样本总体产业 j 的就业人数或增加值；$\sum_{i=1}^{n} \sum_{j=1}^{n} E_{ij}$ 为样本总体的总就业人数或增加值。当 $\mathrm{LQ}_{ij} > 1$ 时，表明 j 行业在 i 地相对集中，有行业发展优势；当 $\mathrm{LQ}_{ij} = 1$ 时，表明 j 行业在 i 地与样本总体水平相差不大，当 $\mathrm{LQ}_{ij} < 1$ 时，表明 j 行业在 i 地的发展水平较为落后。

2. 空间基尼系数

基尼系数是意大利经济学家基尼基于洛伦兹曲线提出的一种空间测度方法，是用来描述某产业在空间上的集散程度指标。空间基尼系数是由基尼系数发展而来。其计算公式为

$$Q_{ir} = \frac{V_{ir}}{V_i} \tag{2-9}$$

$$G_r = 2 \sum_{i=1}^{n} \left(\frac{V_{ir}}{V_{nr}} \times \sum_{k=1}^{i} \frac{V_k}{V_{nk}} \right) - 1 \tag{2-10}$$

式中，i 为地区数；r 为行业数；k 为第三产业行业数；G_r 为 r 行业的空间基尼系

数；n 为地区个数；这里为 6（北京城六区）；Q_{ir} 是 r 行业在全市总就业中的比重；V_{ir} 为 i 地 r 行业就业人数；V_i 为 i 地第三产业总就业人数；V_{nr} 为全市 r 行业总就业人数；V_k 为 i 地第三产业总就业人数；V_{nk} 为全市第三产业总就业人数。空间基尼系数在 0～1 取值，越接近 1，表明空间分布模式越集中（宋玉静，2009）。

二、办公空间联系及可达性研究回顾

可达性评价方法的研究是从可达性概念的研究开始的，随着对于可达性研究的深入，可达性研究方法也不断丰富，国外对于可达性评价方法的回顾和拓展层出不穷，很多学者从不同的角度进行了研究。

（一）可达性评价度量方法回顾

詹姆斯（James，1999）针对 1993 年艾伦的文章提出了自己所认为的可达性评价指标的历史和评价体系，他认为通过一系列点之间的平均距离不能够代表可达性，这种方法已经过时也不实用，现在最适合可达性研究的方法是回归模型中，并从各个方面对提出的问题进行了阐述。

赛马克（Siamak，2001）等首先认为可达性度量方法的选取是由理论基础、结构的复杂性和数据要求所决定的；然后运用了出行成本法和重力模型法对 4500 个主要的欧洲城市进行了实证研究，绘制了可达性地图；最后说明了度量方法选取在可达性研究中的重要性。

地理信息系统（geography irrformation system，GIS）技术不断成熟，为可达性研究提供了更强有力的支持。古塔瑞兹等（Gutierrez and Urbano，1996）对 1992 年和 2002 年欧洲地区基于交通网络的经济活动中心的可达性进行了计算，根据这两年可达性的变化得出结论，欧洲道路网规划将会对整个欧共体的可达性产生巨大影响。

可达性模型在可达性研究中具有举足轻重的作用，根据不同的研究，对可达性模型也可以进行相应的修正以适合研究对象，重力模型是可达性研究中最为常用的模型，特别是在出行和就业可达性的很多研究中都使用了重力模型法。哈森（Hasen，1959）通过重力模型来衡量土地发展的比例和密度，在某个区位的可达性可以通过其他区位的规模和区位之间的空间分离来确定。

在可达性研究中，出行方式、出行费用、出行时间等出行方面的研究历来是学者们研究的重点，基于出行的可达性模型也不断完善，把出行作为研究的基础可以从一个独特的角度来分析居住、就业、通勤等方面的可达性。戴维和马丁（Dalvi and Martin，1976）使用了 1962 年伦敦的出行普查数据，调查人群限定在伦敦内城的拥有车辆的居民，运用哈森的空间可达性模型对伦敦的私人可达性做了分析，他把总就业量、零售业就业量、居民和人口作为影响可达性的因素。凯尼格（Koenig，1980）先对已经存在的各种可达性理论体系进行了回顾，研究了可达性和出行率之间的关系，并且重点关注那些可以更好地评价可达性指标，并且对指标体系的构建和使用提供理论基础的行为方法研究。贝雷舍曼和帕斯维尔（Berechman and Paaswell，2001）对纽约南布朗克斯地区进行了可达性实证研究，结论表明改变可达性会对研究区域劳动力市场的可进入性产生影响，但是在微观层面上，研究对象的属性如技能、收入和住房状况等的差异会导致这种影响的不同。

就业可达性是一种基于居住和通勤的可达性研究新领域，就业可达性的变化会直接影响到城市通勤能力的提升。赫林（Helling，1998）的研究结论表明，适当的居住密度对住宅价值、通勤时间等方面有积极的影响，从理论和实证两个方面对城市内部可达性在影响居住密度方面的重要性进行了论证。沈（Shen，1998）回顾了以往的可达性评价方法，通过研究交通和通勤的关系，从新的角度对城市空间结构的研究方法进行了拓展，以美国的远程办公为研究对象，提出了一种综合考虑出行和远程通勤的可达性衡量方法。高等（Gao et al.，2008）在研究中使用了结构方程模型，在概念模型的约束下，将隐含的协方差矩阵和已有的协方差矩阵进行匹配，探究了就业可达性和收入、机动车拥有量之间的联系。

（二）办公活动空间联系相关研究综述

戈迭德（Goddard，1973）通过运用伦敦中心区 32 000 个公司的会议和电话联系数据，研究了大城市内部办公活动空间联系特征和模式，以期解决什么类型的办公活动必须留在中心区、什么类型的办公活动可以从中心区迁出，为疏解城市中心区压力、平衡区域的差异提供政策支持。弗尼（Fernie，1977）则通过问卷调查的方法，对位于爱丁堡、都柏林和利兹三个城市的不同类型办公活动基于面对面联系的相对频次进行了研究，得出经纪、代理、金融、咨询和法律等类型的办公活动面对面联系强度高于其他办公活动，且向心集中明显。而丹尼尔斯（Daniels，1975）对办公区位的联系类型、相互作用、联系指标以及区位变迁对联系的影响等方面均进行了相应的研究。亚历山大（Alexander，1979）通过分析瑞士国内城市的办公联系得出，办公联系主要集中在斯德哥尔摩和几个主要的南部城市，并且外部联系与个人的地位和收入有关。托恩温斯特（Tornqvist，1968；1970；1973）通过潜在联系指数计算得出一个城市在区域发展中的潜力，结果表明面对面联系机会的减少有利于办公活动的分散布局。索恩格伦（Thorngren，1970；1973）研究了斯德哥尔摩办公机构之间的商业联系，结果表明办公联系对于办公业发展非常重要，虚拟联系正在逐步取代面对面交流。普雷德

（Pred，1973a；1973b）着重研究多重办公机构中各个等级的机构之间的联系，结果表明，很多办公活动的空间指向是指向公司总部的，传统的办公活动已经开始从总部所在地不断地向外扩散。

上述可达性研究成果显示，国外对可达性的研究主要是关于社会经济发展的基础问题，通过对城市空间中就业、劳动力、土地利用、土地价值、商业布局、出行和居住、办公空间联系等方面可达性的研究，能够深刻认识到城市中存在的问题，为以后的交通基础设施规划、城市空间布局规划、城市行业格局演变和城市经济发展等重要方面提供研究理论依据。

三、可达性度量常用方法比较

可达性研究方法选取的重要原则是以研究目的和研究对象为前提，选取适当的方法进行研究对研究结果有非常大的影响，随着对可达性研究的不断深入，可达性的度量方法也不断丰富和完善。

（一）距离度量法

1. 简单距离度量

矩阵 L 表述为

$$L = l_{ij} \times n \tag{2-11}$$

l_{ij} 获得的法则如下：$l_{ij} = 0$，当 $i = j$ 时 $l_{ij} = l_{ij}^0$，当城市 i 与 j 为相邻节点时，l_{ij}^0 为两城市间的运输距离。

其余的 l_{ij} 用最短路径方法获得

$$l_{ij} = \min\{(l_{ik} + l_{kj}) \, \text{all} k\} \quad (k = 1,2,\cdots,n) \tag{2-12}$$

式中，l_{ij} 为从 i 城市到 j 城市的最短公路运输距离，单位为 km。

由此，可算出某一节点的可达性

$$A_i = \sum_{j=1}^{n} l_{ij} \tag{2-13}$$

曹小曙等（2005）用此方法分析了中国干线公路网络可达性的分布情况。金凤君和王娇娥（2004）用此方法分析了中国 20 世纪铁路网扩展及其空间通达性的关系。

2. 加权平均度量法

加权平均度量法的表达式为

$$A_i = \frac{\sum_{j=1}^{n} (T_{ij} \times M_j)}{\sum_{j=1}^{n} M_j} \quad (j = 1,2,\cdots,n) \tag{2-14}$$

式中，A_i 为节点 i 的可达性；T_{ij} 为节点 i 通过交通网络中通行时间最短的路线到达经济中心 j 所花费的时间；M_j 为终点经济中心的质量（职位或人口）。

杨涛和过秀成（1995）对城市可达性提出了可动性指标、易达性指标、通达性指标，这些指标的计算也都是基于加权平均距离模型。

（二）拓扑度量法

拓扑度量法是用于网络中各个节点或者整个网络的通达性的度量，它将现实中的网络抽象成图，通常只考虑点与点之间的连接性，而不考虑它们之间的实际距离，每一对互相连接的节点之间的距离被认为是等值的（杨家文和周一星，1999）。

拓扑度量法的表达式为

$$A_i = \sum_{i=1}^{n} D_{ij} \quad (i = 1,2,\cdots,n) \tag{2-15}$$

式中，A_i 为顶点 i 在网络中的通达度；D_{ij} 为顶点 i 到顶点 j 的最短距离；n 为顶点个数。A_i 越小，可达性越好，反之则越差。

（三）累计机会法

累计机会法用在设定的出行距离或出行时间之内，从某地点出发能接近的机会的多少来衡量通达性，这里的机会既可以是就学机会、就业机会、购物机会，也可以是就医机会、休闲机会，完全可以视需要而定。其数学表达式为

$$A_i = \sum_{j^*} D_j \tag{2-16}$$

式中，j^* 为某一范围内，可达到的终点的总数；D_j 为终点 j 处的机会数。

（四）潜力模型法

潜力模型法借用了物理学中的重力模型，认为城市等地理实体的空间效应随距离而衰减，与万有引力有相似的数学表达方式。20 世纪 40～50 年代斯图瓦特等（Stewart and Warntz，1958）将万有引力定律中的势能公式引入地理学，通过计算某度量点以外的所有吸引点施加到该点的势能总和来评价该点的可达性。两地之间的空间相互作用或者交通流量随着距离的增加而减少。其表达式为

$$A_i = \sum_{j=1}^{n} D_j f(c_{ij}) \quad (j = 1,2,\cdots,n) \tag{2-17}$$

式中，A_i 为 i 点的吸引力；D_j 为 j 点的吸引力，可以是工作岗位数、人口数等；c_{ij} 为区位 i 到区位 j 交通摩擦或阻力因子，因而和两点之间的交通成本成正比；f 为交通摩擦因子的函数；$f(c_{ij})$ 为 c_{ij} 的连续的单调递减函数，一般采用 $f(c_{ij}) =$

$(c_{ij})^{-\lambda}$ 或 $f(c_{ij}) = e^{-\lambda c_{ij}}$，为正的参数，当 $c_{ij} \leq \lambda$ 时，$f(c_{ij}) = 1$，否则 $f(c_{ij}) = 0$。

　　地理学和其他学科本身就存在着很多方面的联系，将物理学的重力模型引入空间可达性的计算中是这种联系的实际体现，这对于地理学的发展和今后与其他学科的结合及交流有着重要的意义。

（五）可达性度量方法对比分析

　　从几种对于可达性的研究方法对比来看（表2-2），潜力模型法充分考虑了两地之间的距离衰减，加入了研究对象本身的吸引力，结合本书研究内容及研究

表2-2　可达性度量常用方法对比分析表

可达性度量方法	距离度量法		拓扑度量法	累计机会法	潜力模型法
	简单距离度量	加权平均度量法			
地理学解释	某一点的可达性即为这一点和其他点之间最短距离的和，结果越小可达性越高		通过交通网络联系起来的两个研究对象的距离	考虑了以人为代表的研究对象本身的一些属性和适于进行研究的特性	将重力模型引入空间可达性的计算中，对于地理学的发展和今后与其他学科的结合及交流有着重要的意义
数据要求	研究对象之间的直线距离	研究对象之间的距离和联系时间	道路交通网络节点之间的距离	研究对象的机会属性	研究对象之间的距离、摩擦系数、研究对象的本身属性
优点	便于理解，计算过程较为简单，数据获取相对容易	可以用距离和时间两方面来衡量，计算结果容易解释	更加准确地反映研究对象的空间可达性	充分考虑到了研究对象的意愿，易于理解和计算，和其他方法相比需要的数据量较小	充分考虑了两地之间的距离衰减，加入了研究对象本身的吸引力（规模、人口数、面积等）
缺点	忽略了被研究地区和人员的属性，忽略了时间可达性	忽略了距离衰减，对研究区域的选择有很高要求	拓扑网络上的各个节点之间的实际距离被忽略	结论并不能全面深入地体现出研究对象的实际空间可达性	忽略了联系时间的差异性，在研究对象距离较小时，潜力模型的计算结果往往会偏大

对象，认为潜力模型法是这几种方法中最适合进行办公空间可达性的基础模型。

第三节　本书研究框架和数据说明

一、研究框架与内容

本书是以城市办公空间作为研究的主体内容，选择北京城市作为典型案例研究对象，研究遵循从研究文献梳理—概念指标界定—研究区办公空间分布现状分析—研究区办公空间格局分析—研究区办公空间区位选择影响因素分析—对策建议的逻辑路径，形成了全书的主体研究框架（图2-5）。

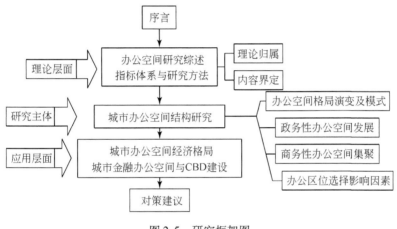

图 2-5　研究框架图

二、数据来源与说明

本书研究所涉及的数据来源包括以下几个方面。

（一）一手数据

一手数据包括写字楼点位数据、办公空间可达性及行业联系分析数据、办公空间满意度分析数据、政务性和商务性办公区位迁移分析数据、金融办公空间及CBD内部结构和垂直分布分析数据均由课题组实地采集而得。

1. 空间数据

写字楼作为城市办公空间研究的重要物质载体，在研究中，重点以北京市五环以内的六个城区（以下论述中简称为"城六区"）。特别需要说明的是，2009年之前的研究数据在行政区划分是按照行政区划调整之前的八个行政区（简称

"城八区")为底图进行分析的。

（1）课题组于 2009 年 7 月和 2010 年 7 月利用 Trimble Juno SB 手持 GPS 采集北京城市五环以内的写字楼的空间点位信息，共采集写字楼点位信息 1921 个，其中包含总部基地独栋办公建筑 188 个。

（2）写字楼属性信息获取：入住时间、写字楼等级及租金等属性数据，主要通过搜房网（http：//www.soufun.com/）与焦点写字楼网（http：//office.focus.cn/），查找对应写字楼的租金信息，对于租金信息缺失的样本，采用电话查询的方式予以补充，最终获得有效数据样本 1775 个。行业类型及企业从业人数的数据主体来源于易拜资讯数据供应商，同时，结合问卷调查、实地抄水牌和网络查询相结合的方式，获得有效数据 21 903 个，并运用 ArcGIS 建立写字楼空间数据库。

（3）研究底图：对北京主要道路和行政区划的底图进行数字化处理，得到地理信息系统分析底图。

2. 问卷数据

结合办公空间点位数据采集，课题组分别于 2009 年 7 月和 2010 年 7 月在北京五环以内城区范围内，选择以写字楼为主要载体的办公场所进行基于办公活动和区位选择影响因素的问卷调查和深度访谈，发放问卷 5300 份，获得 4711 份有效数据，这其中交叉包含有满意度 2880 份、办公活动空间联系 2400 份、金融办公 883 份、深度访谈 7 份。

（二）二手数据

二手数据主要包括国家统计局、北京市统计局和中国统计出版社权威发布和出版的国家和北京市年度统计数据、中国基本单位统计年鉴；北京市第二次全国经济普查数据；2004 年北京市国土资源和房屋管理局组织编著的《北京地价》中发布的北京市基准地价数据，其中基准地价级别图选取综合地价图为底图（综合地价包括商务写字楼等办公科研类用途的地价信息）。

二手数据还包括易拜资讯数据供应商和高德数据供应商提供的北京市企业公司名录和各类办公场所地理位置数据。

全书各章节所用数据和图表除特别说明外，均来源于课题组实地调研获得的一手数据，文中就不再专门标注。

第三章 北京办公空间发展格局及模式

1949 年前，北京属于传统的消费型城市，生产力水平低，工农业发展缓慢。新中国成立之初，在计划经济体制下，中央政府对资源要素具有绝对的配置权，大量投资投入北京，促使北京形成了以工业为主的经济结构，尤其是优先发展重工业，形成了包括以冶金、机械、电子、汽车、化工等为主的支柱产业，实现了从"消费城市"向"生产城市"的转变（陈孟萍等，2007）。

改革开放以来，北京的产业结构进行了大规模的调整，第二产业比重逐年下降，第三产业比重持续上升。产业结构不断升级，逐渐形成了以第三产业为主导的经济结构，实现了变"生产城市"为"服务城市"的转型。图 3-1 为 1978 ～ 2008 年北京市三次产业产值比重变化图。

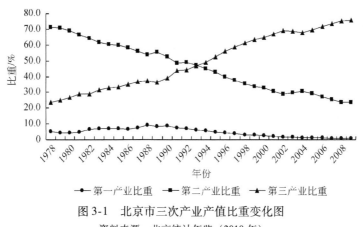

图 3-1 北京市三次产业产值比重变化图

资料来源：北京统计年鉴（2010 年）

1994 年开始，北京市第三产业的产值比重开始超过第二产业，形成了"三、二、一"的产业结构。1995 年第三产业比重超过 50%，1998 年第三产业比重超过 60%，2006 年第三产业比重超过 70%，2009 年第三产业比重达到 75.5%，第三产业成为北京市经济发展的主导力量。

第一节 北京城市经济职能演变与布局调整

城市的发展是与城市的经济职能密不可分的。自新中国成立以后，北京城市性质及功能发生了较大改变。不同历史时期对北京城市性质以及经济职能的定位不同，导致不同经济活动空间布局的调整转变，这些对北京城市办公空间结构以及城市发展的影响是十分显著的。

一、北京城市经济职能演变

1949年新中国成立后，北京要从消费城市变为生产性城市，北京城市的定位最终决定了北京城市功能空间分布的格局。根据北京城市总体规划的相关文献资料，可以将北京城市经济职能演变从以下几个方面进行归纳（董光器，1998；张敬淦，1997）。

（一）1953年——强大的工业基地和科学技术的中心

根据中共北京市委规划小组在1953年11月制定的《改建与扩建北京市规划草案的要点》中指出：行政中心区设在旧城中心区，将天安门广场扩大，在其周围修建高大楼房作为行政中心。将中南海往西扩大到西黄城根一线，作为中央主要领导机关所在地。把北京建设成为全国的政治、经济和文化的中心，特别要把它建设成为强大的工业基地和科学技术的中心，为工业发展创造条件。

（二）1957年——建设成一个现代化的工业基地和科学技术的中心

1957年3月北京市都市规划委员会在《北京城市建设总体规划初步方案》中进一步指出：北京不只是我国的政治中心和文化教育中心，而且还应该迅速地把它建设成一个现代化的工业基地和科学技术的中心。在这次规划制定过程中强调了要坚持建设现代化工业基地的思想。

此方案是以后诸方案的基础，其所制定的道路骨架、铁路枢纽、电源分布、供排水骨干工程以及城市基础设施总分布等大部分已经实现，至今未有大变动。

（三）1958年——再次重申现代化工业基地和科学技术中心

1958年9月由北京市都市规划委员会提出的《北京市总体规划说明》是对北京城市建设与发展影响较大的一次规划。在这次规划说明中再次指出要把北京建设成为全国的政治中心和文化教育中心，还要把它迅速地建设成为一个现代化的工业基地和科学技术中心。

城市建设着重为工农业生产服务，特别为加速首都工业化、公社工业化、农业工厂化服务，要为工、农、商、学、兵的结合，为逐步消灭工农之间、城乡之间、脑力劳动与体力劳动之间的严重差别提供条件。

城市布局上提出了"分散集团式"布局形式，即由一个以旧城为核心的中央大团，与 40 多个边缘集团组成市区，各集团之间由绿化带相隔，并形成了以旧城为单中心，向外建设环线扩张的城市发展模式。集团与集团之间是成片的绿地；一些对居民无害、运输量和用地都不大的工业，可布置在居住区内，新住宅一律按照人民公社的原则进行建设；工业发展提出控制市区、发展远郊区的设想。

（四）1983 年——经济建设要适合首都特点

改革开放后，北京城市建设重点开始从工业向以房地产开发为主的第三产业转移，1983 年出台的《北京城市建设总体规划方案》确定北京城市性质为"全国的政治中心和文化中心"，不再提"经济中心"和"现代化工业基地"。同时，又提出经济建设要适合首都特点。

（五）1993 年——全面提出首都经济职能的重点

《北京城市总体规划》（1991～2010 年）提出人口、产业的两个战略转移以及"分散集团式"布局原则。其指导思想是促进经济发展的战略部署，进一步优化城市布局，强化首都功能，加快城市现代化，促进适合首都特点的经济更加繁荣，把北京建设成经济发达的高度文明的现代化国际城市。

对于适合首都特点的经济，在规划中明确城市经济建设要集中力量发展微电子、计算机、通信、新材料、生物工程等高新技术产业，办好北京市新技术产业开发试验区，建设上地信息产业基地、丰台科技园区、昌平科技园区以及亦庄北京经济技术开发区。同时，带动各区、县经济技术开发事业的发展。大力发展第三产业，建立起服务首都、面向全国和世界的功能齐全、布局合理、服务一流的第三产业体系。适应进一步扩大国际、国内经济活动的需要，建设具有国际水平的商务中心区和现代化的商业服务设施，逐步形成发达的消费资料市场、生产资料市场、房地产市场、金融市场、技术文化市场、信息服务市场和劳务市场。同时把北京建设成一流的国际旅游城市。

通过对北京城市经济功能演变的历史可以看出，北京的经济职能是影响北京城市空间布局的关键要素，因为经济的发展是关系到一个城市各项功能能否正常运行的最核心要素之一。从新中国成立之初到 20 世纪 90 年代，北京城市经济职能走过了从原始积累向产业高度化转型的艰难历程，应该说，在某种意义上，这是城市发展的必然过程。

二、北京城市产业布局调整

新中国成立后的首都北京，随着各个时期、各个阶段城市性质以及经济职能

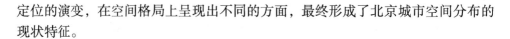
定位的演变，在空间格局上呈现出不同的方面，最终形成了北京城市空间分布的现状特征。

（一）新中国成立至改革开放前的北京城市产业布局

1. 传统工业在市区布局

新中国成立后，在当时的历史背景下，特别是要将北京建设成为现代化工业基地的规划思想指导下，在市区布局了一些传统工业。依据 1953～1958 年的城市总体规划，在北京城区形成了一些特色鲜明的工业集中区域。1953 年北京市新建工厂 50 多个，初步形成了东北郊酒仙桥电子工业区、东郊东八里庄纺织工业中心、通惠河西岸工业集中区以及南郊易燃、易爆有碍卫生的工业区。而城区在 1958 年"城市建设将着重为工农业生产服务和消灭三大差别"的指导细想下，在市区分布了众多的工厂，内城还设置了街道式工厂，造成了内城功能混杂的局面。

2. 远郊区县工业布局侧重资源型产业

1958 年规划中首次提出"分散集团式"布局思想，虽然出发点是为了消灭三大差别，却为远郊区具工业的建立奠定了基础。根据规划，在密云、延庆、平谷、石景山布局大型冶金工业基地，在怀柔、房山、长辛店、衙门口、南口布局大型机械电机制造工业，在门头沟发展煤矿，在丰台大灰场、房山周口店、昌平布局大型建材工业，在顺义、通县、大兴布局大型轻工业。

（二）改革开放以后的北京城市产业布局调整

1. 实施了"退二进三"工程

改革开放后，北京城市性质中不再提工业基地，也不再提经济中心，但对一个特大城市而言，人口就业是必须面对的问题，为了适应产业升级的需要，腾出空间，北京实施了"退二进三"工程，将市区中的第二产业用地逐渐置换到郊区县，空出来的土地重新布局，重点发展第三产业。

2. 高新技术产业布局呈现"一区七园"的空间格局

发展首都经济的重点是发展高新技术产业，在这一指导思想下，高新技术产业试验区成为北京产业布局的新起点。高新技术产业空间布局经历了"试验区"—"一区三园"—"一区五园"的演变历程，产业发展空间不断拓展，形成了以中关村海淀园为主体，丰台园、昌平园、电子城科技园、亦庄科技园为支撑的高新技术产业空间格局，后来又发展成为"一区七园"，包括德胜科技园区和健翔科技园区两个科技园区。

3. 在市区初步形成了第三产业等级分布格局

以城市功能区为发展重点的第三产业布局在全市展开。如突出金融功能的北京商务中心区（CBD）、西单金融街；以王府井和西单为重点的现代化商业中心区，以前门—大栅栏为重点的传统特色商业区、中关村商业区以及三环路周边翠微路（公主坟）、木樨园、马甸等以零售商业为主的商业圈，四环路周边以大型专业批发市场和新型零售业为主的商业圈；以开发传统文化资源为特色的琉璃厂文化产业区等；以奥运村和亚运村为代表的体育、会展等功能区；以天竺、马驹桥等为代表的综合现代化物流功能区。20世纪90年代开始，北京市加大了危旧房改造和经济适用房的建设，建成了望京、回龙观、天通苑等大型居住区（图3-2）。

(a)首钢——制造业　　(b)王府井——商业　　(c)新发地——物流　　(d)奥运村——体育文化

图3-2　北京城市职能景观照片

三、城市经济职能与布局调整的关系

城市是人类文化发展的一个新阶段的重要标志，从文明古国出现城市到现在已经有四五千年的历史。"城市"这个词，从中文组成来讲，是由"城"和"市"两个字组成，"城"是指城池，在过去是由高高的城墙所包围，其目的是为了防卫安全；"市"是指集中买卖货物的固定场所，两者组合成的"城市"则是这两种功能在地域结合的产物。概言之，现代城市的含义，主要包括三方面的因素：人口数量、产业结构和行政意义（周一星，1997）。

因此，现代城市含义的三方面因素角度分析，产业布局是关系北京城市未来发展的关键，但产业布局又是在城市性质定位，特别是经济职能定位的指导下进行的。两者的关系相辅相成。

（一）城市经济职能定位是产业布局调整的依据

城市的发展是离不开城市经济职能的，一个好的切合实际的经济职能定位对城市的发展将起到事半功倍的作用。

从北京城市发展演变的历程可以看到，北京目前所面临的一些问题产生的根源就在于当时的历史时期对北京城市经济职能定位的偏颇所致。经济中心不等同于重化工业，现代化工业基地也不等同于经济中心。世界上许多国家的首都不仅是政治文化中心，也是经济中心，如巴黎、伦敦、东京等。这些首都城市作为全国的经济中心或世界城市，不只是工业，关键在于如何认识经济中心，如何发展经济，选择什么样的产业作为城市经济发展的重点，特别是随着产业结构的不断提升，经济中心的含义将更趋于全面。

（二）优化产业布局为城市经济职能演变留出空间

一个城市不是孤立的，而是与周围区域密切相关的，城市经济的发展在全球化、区域化的大趋势下将更加依赖于区域合作分工。

合理优化的产业布局不仅限于满足静态和近期的发展需求，而是要面向中远期，要以动态的思想指导产业布局，要为城市经济职能的不断升级演变留出一定的发展空间。

从北京产业布局现状看，城市对未来发展空间考虑不够，会导致城市发展受空间资源限制严重，而缺乏区域合作分工的实质性规划会导致北京城市经济职能难以跳出小空间限制，进而影响到对经济中心职能的认识和把握。

（三）"两轴两带多中心"与产业布局

《北京城市总体规划（2004～2020年）》中提出"两轴两带多中心"的空间发展战略，"两轴"是指传统中轴线和长安街的延伸；"东部发展带"是指沿顺义、通州、亦庄等重点发展产业的地带；"西部生态带"是指沿昌平至沙河、门城至首钢以及长辛店、良乡、黄村等地重点以生态为主题的建设和发展；"多中心"是指选择适当的空间重点规划建设新城，分别承担不同的城市功能，以提高城市的服务效率和分散交通压力。

对于该城市空间发展战略来讲，关键在于处理好城市经济职能定位与产业布局调整之间的关系，要充分认识到合理优化的产业布局一定要为城市经济职能的演变留出发展空间，要将北京城市经济职能的定位放在世界性城市中应起到的经济中心作用的角度出发，以区域经济一体化的发展趋势为指导进行产业布局，留出区域分工接口。基于此，未来北京城市的东部和东南部将是产业重点布局的区域。

综上所述，城市经济职能演变是一种必然，是与产业结构升级相一致的。而对于城市来讲，城市空间资源是有限的，如何在有限的空间不断提升城市经济职能是城市发展必须面对的问题，合理优化的产业布局一定是为城市经济职能演变留出空间的布局，北京城市办公空间则将成为未来北京城市建设的重点。

第二节　基于写字楼载体的城市办公业发展历程

在中国城市经济转型过程中，办公活动逐渐替代制造业成为城市经济的主体，包括中央商务区（CBD）在内的办公区的规划建设成为提升城市功能的重要方面。当代城市经济发展的景观标识已经从工厂转向写字楼，相应地，就业人口和吸纳率的增长也不仅是依赖对商品的生产和加工环节，而是更加偏向工业生产和加工过程中产生的办公就业以及满足消费者所有需求的办公活动。这种以收集、组织、处理和传递信息为主体，以写字楼为地点的办公就业是与各类经济活动相联系的基础。写字楼作为办公活动的物质载体和城市经济功能空间的重要支撑，在北京城市发展变化中经历了如下几个阶段（图3-3）。

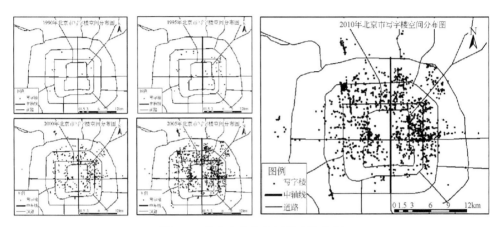

图 3-3 北京市办公空间分布演变图

资料来源：课题组实地调研获取

一、萌芽期（1990 年以前）

新中国成立后至改革开放前，北京城市大力发展工业，变消费城市为生产城市。这一时期由于政治上的原因，外商驻京机构很少；而国内金融、保险、房地产、信息行业基本处于萌芽阶段。因此，该时期无真正意义上的办公业。

新中国成立初期，国家百废待兴，由于国家的各项建设离不开政府各职能部门的管理，而在北京政府办公场所明显不足，因而在 20 世纪 50 年代北京集中兴建了一大批政府办公楼（表3-1）。此外，一些古代王府也成为了这个时期政府的办公场所。在这个时期，中央政府以及国家各大部委办公楼大部分位于东城、西城、崇文、宣武这四个城区内，尤其以东城区和西城区居多。

从经济发展看，1990 年以前，北京市第三产业产值比重不足40%，而第二产业比重则高于50%。这一时期，北京市经济发展仍以第二产业为主导。虽然改革开放确立了市场经济体制，跨国公司和企业纷纷登陆北京，但是，这段时期真正意义上的写字楼却寥寥无几。写字楼空间分布呈零星散布状态，多数商业企业主要选择高档酒店和宾馆为其办公地点。

表3-1　北京城市各时期办公楼竣工面积（1949～1988年）

时期	办公楼竣工面积/万 m²
1949～1952	90.4
1953～1957	223.6
1958～1962	99.3
1963～1965	20.9
1966～1970	14.8
1971～1975	35.5
1976～1980	74.8
1981～1985	113.6
1986～1988	135.2
其中：1949～1978	529.2
1979～1988	278.8

资料来源：据1980年、1985年、1990年．北京市统计年鉴整理

二、起步期（1990～1995年）

改革开放后至20世纪80年代中后期，北京向现代化城市迈进，商务管理职能为主体的办公业开始萌芽，城市经济结构发生了变化，第三产业中生产性服务业开始兴起。1994年，北京市第三产业比重首次超过第二产业，1995年第三产业比重超过50%，北京市的产业结构发生了根本性的变化。

（一）政务办公业的发展

进入20世纪80年代，北京的行政办公业处于稳步发展阶段。在这个时期，兴建办公楼的数量并不如改革开放前那么集中，而建筑风格、样式却比老的办公楼更加新颖、功能更加完善，如外经贸部、司法部、全国政协等办公楼。

同时，在区位选择上也不仅仅局限于城区，而在城近郊区均有分布，如农业部即位于朝阳区东三环以东、国家税务总局位于海淀区羊坊店等。

（二）商务办公业的发展

改革开放以后，尤其是市场经济体制逐步完善以来，国外跨国公司、企业纷纷登陆北京，建立驻京机构。

在20世纪80年代前期，由于北京还没有真正意义上的专门以办公为功能的楼宇，即写字楼。因而，各种高档宾馆、酒店成为外商机构办公的主要场所。由

于朝阳门外至建国门外地区涉外资源较为丰富，其周边云集了除俄罗斯、卢森堡之外的所有各国驻华使馆。此外，这里通过机场高速路可以直达首都机场。因此朝阳门外至建国门外地区在改革开放初期逐步成为北京的外事服务区，使该地区成为高档酒店聚集地，如北京早期的涉外酒店——建国饭店、长城饭店以及昆仑饭店等。同时，该地区也是未来北京 CBD 的核心地区。

进入 20 世纪 80 年代后期，北京兴起一种集宾馆、公寓、写字楼、餐饮、娱乐等设施于一栋建筑或一组建筑的"综合大厦"。由于实行"开放、搞活"政策，外资或合资的建设项目源源不断而来，把其中某些项目有机地组合起来，对投资者来说既便于管理，又可提高经济效益，对城市来说则有利于节约城市用地和美化城市环境，而且也方便了来京的国内企业家、投资商、驻京人员和旅游者。这种"综合大厦"多位于朝阳门外至建国门外的第一使馆区一带（表3-2）。这些办公楼成为当时外企在京公司及办事处的主要办公场所。

表 3-2　20 世纪 80 年代北京兴建的具有代表性的写字楼

项目名称	竣工时间/年	区域
国际大厦	1985	朝阳区（建国门外地区）
赛特大厦	1987	朝阳区（建国门外地区）
国贸大厦	1989	朝阳区（建国门外地区）
京广大厦	1989	朝阳区（朝阳门外地区）

三、发展期（1996~2000 年）

从 20 世纪 90 年代中后期至 21 世纪早期，北京开始向国际化大都市靠近，相对形成了几个办公区域，如 CBD 商务办公区域、中关村高科技办公区域、复兴门金融办公区域等，生产性服务业占据主导地位。这一期间，北京市写字楼发展迅速，兴建了一大批写字楼。写字楼的建设依托各区域发展条件，形成了 CBD 商务办公区、中关村高科技办公和复兴门金融办公区等办公集聚区域，北京市写字楼空间分布形态初步成型。

（一）政务办公业的发展

随着北京对外交往加深，北京城市形象的改变，政府办公机构也随着发生变化。国家级、市级、区级的政府机构办公场所进行了相应的改造，纷纷建起较高水准的办公楼。同时在区位选择上以四环以内为政府办公区选择范围，但主要集中在城区，从而形成城区集中，外围点状分布的政府办公区位特点。

（二）商务办公业的发展

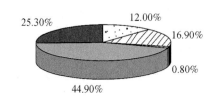

图 3-4　2000 年北京各行政区写字楼供应量比例图
资料来源：课题组调查数据

□东城区　□西城区　□崇文区　■朝阳区　■海淀区

20 世纪 90 年代以来，北京加大了对外开放的步伐，经济发展突飞猛进，驻京的外资机构越来越多。在该时期，北京办公业的载体——写字楼像雨后春笋一般大量地建设，尤其在 1996～1998，先后兴建了一大批高档、综合写字楼。在这十年内兴建的甲级写字楼约占目前北京甲级写字楼市场的 80% 以上，可以说北京办公业在 20 世纪 90 年代后进入了发展期（图 3-4）。

在该时期北京相对形成了几个办公区域，如 CBD 商务办公区域、中关村高科技办公区域、复兴门金融办公区域等。这几个办公区域的形成是具有其自身的区位条件，如 CBD 周边为使馆区，这里聚集了设在北京 60% 以上的外国商社和 3000 多家各国公司；177 家驻京海外新闻机构中的 167 家、1/3 以上的北京市星级饭店宾馆、一半以上的五星级饭店宾馆分布在东三环一线；中关村区域由于紧邻高校聚集区，科研优势较为明显，因而形成了高科技园区。

随着办公业的快速发展，在金融、保险、房地产等行业的就业人口越来越多，同时办公业的就业人口在整个行业中的比重也越来越大。由表 3-3 可以看出仅金融保险业一个行业其就业人口在 20 世纪 90 年代这 10 年间就增长了 65.4%。与此同时房地产业就业人口增长了 1 倍左右。

表 3-3　狭义办公业就业人口统计（1991～2000 年）　　　　　　单位：人

办公业	1991 年	1992 年	1993 年	1994 年	1995 年	1996 年	1997 年	1998 年	1999 年	2000 年
金融保险业	43 085	44 333	47 416	53 257	58 835	63 726	73 737	77 978	73 842	71 246
房地产业	—	—	—	54 460	62 590	68 874	69 605	74 926	106 306	125 113
政府机构	357 663	349 870	365 251	329 357	306 421	314 563	318 423	330 900	300 849	247 244

资料来源：北京市统计年鉴（1992～2001 年）

随着办公业的快速发展，在金融、保险、房地产等行业的就业人口增多，整体比重增大。因此，北京办公业是带动就业、拉动经济的重要行业，已经成为推动北京城市变化的动力之一。

四、飞跃期（21 世纪以来）

进入 21 世纪，北京开始向国际化大都是迈进，写字楼建设飞速发展，城区内部主要交通干线上布满写字楼。上一阶段形成的办公集聚区，写字楼更加密集，同时，在上地、亚运村和机场高速路一带，形成新的办公密集区，北京市写字楼空间结构基本形成（图3-5）。

　　由表3-4所示，综合办公业中的办公机构在各个行政区的比重都比较大，其占各行业总数量的28.4%。所谓综合办公业即为制造业，由于其涉及国民经济的各个制造行业，即包括重工业、轻工业以及机械、电子产品的制造，范围较为广泛，在此称其为综合办公业。由于其涉及行业较广，所以各个制造行业的办公机构在办公业中占有很大比例。

表3-4　北京市办公业功能空间分布抽样调查统计一览表　　单位：个

行业	东城	西城	崇文	宣武	朝阳	海淀	丰台	石景山	合计
保险业	4	5	1	1	4	—			15
采掘业	1	1	—	4	15	1			22
代理业	4	6	1	—	8	4			23
房地产业	11	11	5		21	2	4		56
广告业	10	7	—	7	18	3	2	2	49
计算机应用服务业	26	41	2	4	67	134	3	3	280
交通运输业	4	1		1	9				15
教育业	2	1			4	2		1	10
金融业	7	24	—	1	19	7	2		60
旅游业	4	1	3	1	9	1	—	19	
批发和零售贸易业	10	28		2	23	30	1		94
文化艺术业	8	3	—	3	10	6	3		33
邮电通信业	4	11		2	13	10	—	1	41
综合办公业	24	59	10	2	155	65	4	1	336
装饰装修业	1	7	1	1	5	1			16
咨询服务业	11	49	3	6	55	16	—	1	141
综合技术服务业	1	13	1	—	5	4			24
合计	132	268	27	51	440	286	19	11	1183

注：办公业选取行业为广义办公业（即各产业中以办公形式存在的行业）；"—"表示无数据

资料来源：根据对北京市2004年甲级写字楼调查整理而得

　　计算机应用服务业办公机构是紧次于综合办公业的办公机构数量。特别在海淀区和朝阳区最为明显，分别占这两个区各行业总数量的 15.2% 和 46.9%。由于计算机应用服务业涉及网络、软件开发等，属于高新技术行业，且北京科研力量浓厚，因而该行业是北京办公业发展最为快速的行业。

咨询服务业涉及律师业、会计、审计以及咨询等行业。这些行业在北京主要分布在朝阳和西城两区。尤以律师事务所、会计师事务所所占比例较大。

由于西城区金融街地区拥有众多金融、保险办公机构，因而在该区域金融、保险等行业所占比重较大，约占西城区各行业的 10.8%。此外，朝阳区也拥有众多金融、保险、房地产业的办公机构。

批发和零售贸易行业主要分布在海淀、朝阳、西城三个区。在海淀区中关村地区由于拥有众多电脑软、硬件的销售企业，因而在该区域批发和零售贸易行业的办公机构较为集中；在朝阳区和西城区还涉及其他零售贸易企业，其在这两个区各行业占一定比例。

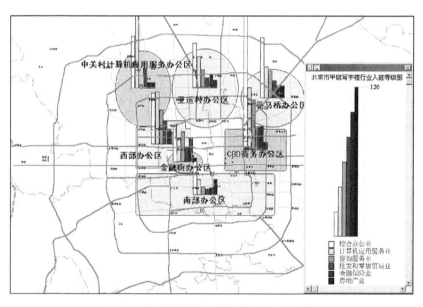

图 3-5　北京市甲级写字楼行业入驻等级图

资料来源：根据 2004 年实地调查

2006 年北京市第三产业比重超过 70%，2009 年更是达到 75.5%，第三产业无疑成为北京市经济发展的主导力量。2006 年以来，北京城区内部写字楼建设"见缝插针"，有限的土地资源基本开发完毕，向外扩散成为这段时期的主要特点。北五环外的上地、南四环的总部基地、京西商务区一带，成为写字楼开发的新热点区域。

2008 年奥运申办成功后，北京城市发展进入一个新的阶段。对城市性质的表述更突出现代化国际城市，从国际城市的内涵看，办公业是城市功能的重要组成之一。这一时期，北京办公业发展呈现类型多样、重点突出、布局清晰的特点。

第三节 北京城市办公空间格局

为了考察北京城市办公业的空间格局特征，将研究区域按照1千米格网进行划分，计算单位格网内写字楼数量并分级（图3-6）。可以看出，北京市写字楼的空间分布具有明显的集聚特征，密集程度最高的"热岛"区域主要集中在朝阳区CBD、西城区金融街、海淀区中关村及海淀区上地四个区域。此外，朝阳区亚运村、朝阳区望京、丰台区中关村丰台园区、亦庄开发区以及内城的西单、王府井、体育馆路、东直门等地的写字楼也相对密集。总体上，长安街以北地区的写字楼密集程度明显高于以南地区，依托交通干道，尤其是交通节点处布局是写字楼空间分布的明显区位特征。

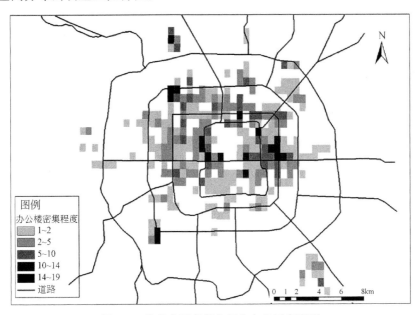

图3-6 北京市写字楼空间分布格网密度图

进一步运用ArcGIS中的Spatial Statistic Pattern模块中的平均最近邻分析法，可以定量判断写字楼空间分布模式是集聚还是离散。其计算公式如下：

$$d_{obs} = \frac{\sum d_i}{n}, \quad d_{exp} = \frac{1}{2\sqrt{\dfrac{n}{A}}}, \quad R = \frac{d_{obs}}{d_{exp}} \qquad (3-1)$$

式中，n 为点数；A 为研究区域面积。

R 值测算的是点的实际分布模式与随机分布模式间的关系。如果 R 值小于 1，说明 $d_{obs} < d_{exp}$，点的分布模式比随机分布模式更加聚集，可以判断其空间分布为集聚模式；若 R 值大于 1，则为离散分布模式。计算结果显示：北京城市写字楼空间分布 R 值为 0.4，Z 值得分为 −32.82，在 1% 显著性水平下通过检验，呈显著的集聚分布模式。

一、办公空间分布的重心变化

运用空间统计方法，针对实地调查获取的写字楼点位及入住年份数据，可以定量分析北京城市办公业的空间格局演变状况。需要说明的是，由于本次研究的主要对象是传统意义上的写字楼，因此不包含办公园区及其具有独栋冠名权的楼宇，如丰台总部基地和亦庄的国际企业大道。

写字楼重心即某一区域内写字楼空间分布的平衡点，是度量写字楼分布的一个重要指标。假设城市为均质区域，其内部的写字楼质量相同，那么写字楼重心也就是支起城市内部所有写字楼的平衡点，所有写字楼到该点距离之和最小。各时间段，写字楼数量的变化，必然会引起写字楼重心的移动，因此，研究写字楼空间分布重心的移动方向和距离，对预测未来城市办公活动的空间移动方向及强度，制定科学合理的规划，具有重要意义。

写字楼重心采取空间点坐标的平均值进行定量化表达，其计算公式如下（Chang，2009）：

$$\bar{x} = \frac{\sum_{i=1}^{N} x_i}{N}, \quad \bar{y} = \frac{\sum_{i=1}^{n} y_i}{N} \tag{3-2}$$

式中，(x_i, y_i) 为写字楼 i 的坐标；N 为写字楼数量；$(\bar{x}, \bar{y})$ 为写字楼重心坐标。

从图 3-7 可以看出，1990 年北京城区的写字楼空间分布重心位于长安街以北，中轴线以西；1995 年写字楼重心向东北方向移动，幅度较大，位于中轴线以东；2000 年写字楼重心继续北移，此期间 CBD 商务办公区域及中关村高科技办公区域的形成与兴起，拉动了写字楼重心的东北向移动；2005 年写字楼重心向西北方向移动，基本位于中轴线上，亚奥地区办公业的兴起及上地办公集聚区域的形成，拉动了写字楼重心向西北向移动；2010 年南四环及亦庄成为写字楼新热点区域，受到两者的牵引，2010 年写字楼重心较 2005 年略微南移，预示了向南发展成为办公区位选择的新方向。而 2010 年与 2005 年写字楼重心大体一致，也说明了各办公集聚区域发展态势均衡，北京市办公业空间格局趋于稳定。

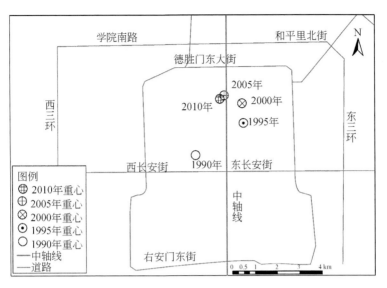

图 3-7　北京市写字楼空间分布重心

二、办公空间分布的主要方向及离散趋势

采用标准离差椭圆法进一步分析办公业空间分布的离散程度和方向性差异。标准离差椭圆主要计算两个差异最大的正交方向的标准离差，其形状主要由三部分决定：长轴长度、短轴长度和旋转角度，计算式为（Wong and Lee，2008）

$$\tan\theta = \frac{\sum\limits_{i=1}^{N}(x_i - \bar{x})^2 - \sum\limits_{i=1}^{N}(y_i - \bar{y})^2 + \{[\sum\limits_{i=1}^{N}(x_i - \bar{x})^2 - \sum\limits_{i=1}^{N}(y_i - \bar{y})^2]^2 + 4[\sum\limits_{i=1}^{N}(x_i - \bar{x})(y_i - \bar{y})]^2\}^{\frac{1}{2}}}{2\sum\limits_{i=1}^{N}(x_i - \bar{x})(y_i - \bar{y})}$$

$$(3\text{-}3)$$

长短轴方向的标准离差计算式为

$$S_x = \left[\frac{\sum\limits_{i=1}^{N}\left[(x_i - \bar{x})\cos\theta - \sum\limits_{i=1}^{N}(y_i - \bar{y})\sin\theta\right]^2}{N}\right]^{\frac{1}{2}} \qquad (3\text{-}4)$$

$$S_y = \left[\frac{\sum\limits_{i=1}^{N}\left[(x_i - \bar{x})\sin\theta - \sum\limits_{i=1}^{N}(y_i - \bar{y})\cos\theta\right]^2}{N}\right]^{\frac{1}{2}} \qquad (3\text{-}5)$$

椭圆的中心表示写字楼的空间分布重心，X、Y方向上的标准离差为椭圆的长轴和短轴，分别刻画写字楼分布在长、短轴上偏离重心的程度。椭圆的旋转角刻画方向趋势，长轴为空间分布最多的方向，短轴为空间分布最少的方向。由各年份的写字楼空间分布数据，计算 1990～2010 年每隔 5 年写字楼的旋转角 θ，X、

Y 方向上的标准离差 S_x、S_y 如表 3-5 所示。

表 3-5　标准离差椭圆各项数值表

年份	θ	S_x/m	S_y/m	S_x/S_y
1990	9.4	7439.0	4982.9	1.49
1995	94.6	8110.6	5462.7	1.48
2000	105.2	7481.5	6311.9	1.19
2005	111.5	7753.2	6328.9	1.23
2010	101.9	7891.6	6523.5	1.21

由表 3-5 可以知，1990~2010 年，椭圆的长轴呈现波动变化，除 1995 年变化异常外，基本保持缓慢增长的状态；而短轴数值持续上升，由 2000 年的 4982.9 米增加到 2010 年的 6523.5 米，长短轴比值总体呈下降趋势，说明北京城市的办公空间分布总体上朝着均衡方向发展。1990~2000 年，椭圆长轴变化先增后减，表明北京市办公空间分布由相对离散转向相对集聚的分布态势（图 3-8）；2000~2010 年，椭圆的长轴长度与短轴长度均持续上升，覆盖城区的范围扩大，表明北京城市办公业空间分布开始出现一定程度的扩散（图 3-9）。

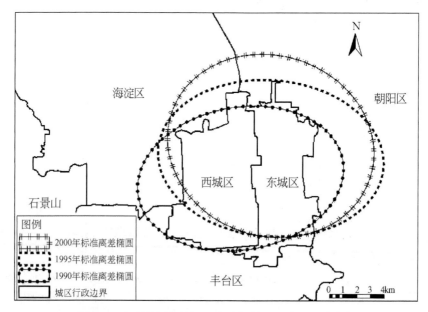

图 3-8　北京市写字楼标准离差椭圆（1990~2000 年）

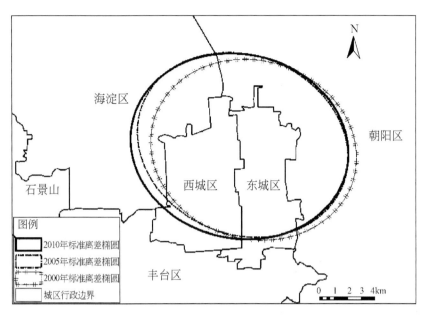

图3-9　北京市写字楼标准离差椭圆（2000～2010年）

三、办公业发展各个阶段的空间特征

（1）1990年以前，北京城市办公业处于萌芽起步期，写字楼数量较少，且空间分布较为分散，由于此期间写字楼数量稀少，并未形成办公业空间主要导向。从20世纪90年代中后期至21世纪早期，北京开始向国际化大都市迈进，初步形成了几个办公集聚区，如CBD商务办公区、中关村高科技办公区、复兴门金融办公区等，促使写字楼空间分布由离散状态转向相对集聚分布，标准离差椭圆相应呈现缩小形态。除东城区和西城区外，写字楼主要分布在朝阳区东二环至东三环间的长安街沿线以及海淀区的中关村一带，受到这两个方向的牵引，写字楼空间分布呈西北—东南方向。

（2）2000～2005年，写字楼空间分布重心位移不明显。一方面，在原有办公集聚区的基础上，增加写字楼的建设数量，表现为金融街、中关村和CBD的写字楼数量剧增，土地开发强度大大提高；另一方面，写字楼空间分布向近郊推进，椭圆长短轴均有扩大的趋势。2000年标准离差椭圆基本上覆盖了金融街和CBD的建设范围，由于中关村写字楼数量剧增及上地办公集聚区的出现，直接拉动了2005年标准离差椭圆的长轴向西北方向延伸。

（3）2005年以来，写字楼向外扩展的趋势较为明显，北五环望京及机场高速一带、南四环总部基地一带和亦庄开发区，均出现一定数量的写字楼，同时，受到朝阳CBD东扩的影响，推动了长短轴进一步向外延伸。

总体来看，以 2000 年为界，北京城市写字楼的空间分布经历了分散—集中—扩散的过程。历年旋转角度（除 1990 年外）大致相同，与正东方向大约成100°角，说明北京市写字楼的空间分布呈"西北—东南"的分布模式，在这个方向上分布着北京市绝大部分写字楼，是北京城市办公功能空间布局的主导方向。写字楼分布重心明显位于长安街以北，进一步揭示南北城经济发展严重失衡的问题。城区内部已形成的办公集聚区，其空间承载量有限，未来一段时间内，办公活动将继续向外扩展。由此，办公活动郊区化将对缓解中心城区高度集聚、平衡城郊发展不均衡的矛盾和优化城市功能空间分布起到积极作用。

第四节　城市办公业空间格局演变模式

北京城市办公业的发展与城市经济发展、产业结构调整及社会发展密切相关。改革开放以来，北京市产业结构发生重大变化，第三产业比重逐年升高，而第二产业比重持续下降。办公业作为城市经济活动的重要组成部分，已然替代制造业成为北京市经济活动的主体。

根据写字楼空间分布的重心、方向和离散趋势分析，借鉴已有研究成果，概括总结出北京城市办公业的空间格局演变模式先后经历了离散—极化—扩散—稳定发展四个阶段（图 3-10）。

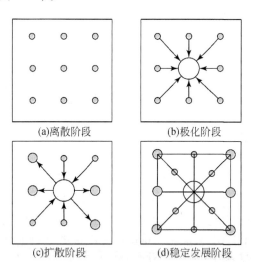

图 3-10　北京城市办公业的空间格局演变模式

资料来源：依据许学强，周一星，宁越敏. 城市地理学. 北京：高等教育出版社，2009：223～226 修改而得

一、离散阶段

新中国成立至改革开放前，北京市大力发展工业，变消费城市为生产城市。这一时期由于政治原因，外商驻京机构少，而国内金融、保险、房地产、信息等行业基本处于萌芽阶段。因而，该时期无真正意义上的办公业。改革开放以后到20世纪80年代中后期，北京向现代化城市迈进，商务管理职能为主体的办公业开始萌芽，写字楼在区位选择上不仅局限于内城区，在近郊区也有分布。由于写字楼数量少，且空间分布较为分散，1990年前北京城市办公业处于低水平均衡发展阶段。

二、极化阶段

2000年前后，北京向国际化大都市迈进的过程中，部分区域的办公活动得到强化，办公区位选址相对集中，形成了CBD、中关村和金融街等有代表性的办公集聚区。

三、扩散阶段

2005年前后，写字楼沿交通干线向外扩散，交通的轴向带动作用明显，亚运村、上地及远郊亦庄开发区等区域的办公业有所发展。此阶段，写字楼的空间分布呈现出热点地区集聚，外围点状分布的空间特征。

四、稳定发展阶段

2010年前后，北京城市办公业的空间分布将处于相对稳定发展阶段。CBD东扩、金融街西扩、丽泽商务副中心的建设、南城发展战略和新城建设的实施都将在一定程度上推动办公活动在市域范围内扩散，各功能区相对均衡布局，并通过交通干线串联呈网状，集聚与扩散并存，"小集聚大分散"空间结构趋于稳定。

形成这一模式的主要原因在于：

（1）规划引导作用显著，空间布局形成显著的集聚区。CBD与金融街的规划建设引导了大量写字楼的落成，使这些区域成为北京市经济发展的核心区域，形成了显著的办公集聚区。

（2）办公业分布重心的迁移轨迹持续北移，空间偏向性显著。1990～2005年，办公业空间分布重心持续北移，南北城办公业发展不均衡；在总部基地和亦庄开发区建设的带动下，2010年办公业分布重心略微南移，预示着南城发展战略和新城建设实施将在一定程度上推动办公活动在市域范围内的扩散。

（3）办公业空间分布的主导方向为"西北—东南"。2000年以来，"西北—

东南"方向上分布着北京市绝大部分写字楼，是北京城市办公功能空间布局的主导方向。虽然椭圆的长短轴有略微的变化，但是旋转角度大体相同，也说明了北京城市办公业空间格局趋于稳定。

（4）办公区位的交通指向性显著，并沿交通干线向外延伸发展。办公活动的空间区位选择倾向于沿交通干线布局，尤其是交通节点处，更容易形成办公集聚区。交通干线支撑起北京城市办公业空间分布的基本骨架，并在一定程度上带动了办公业的郊区化延伸。

（5）集聚与扩散存在于办公业空间格局演变的全过程。北京市写字楼空间分布经历了分散—集中—再分散的过程，极化效应促使办公集聚区的出现，又通过扩散作用带动周边地区办公业的发展，进而形成新的集聚空间。

未来一段时间内，在中心城区内部已形成的办公集聚区空间承载量有限的情况下，办公活动将向外扩展、办公活动郊区化将对缓解中心城区高度集聚、平衡城郊发展不平衡的矛盾和优化城市功能空间分布起到积极作用。

第四章　北京政务性办公空间特征

从对办公活动和办公业的界定出发，带有管理职能的政务性办公活动及其空间结构是城市办公空间研究的重要组成部分。

北京作为国家首都和地方政府所在地，从中央到地方各级各类机关、办事处和单位都聚集在这里，形成了庞杂的系统。鉴于调研和数据获取的条件，本书依据北京政务性机构点位数据进行总体空间分布特征分析，并重点对中央在京机关办公空间特征进行案例分析。

数据选取指标参照国家统计局 2002 年的行业分类标准，对政务性办公所涉及的行业分类如图 4-1 所示。

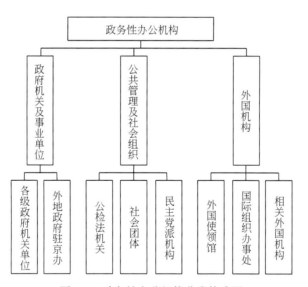

图 4-1　政务性办公机构分类构成图

对中央在京机构的办公空间研究则根据国务院机构名录，选取中央在京国务院机构部分作为主体研究对象。这部分国家机关包括：国务院组成部门、国务院直属特设机构（国务院资产监督管理委员会）、国务院直属机构、国务院办事机构、国务院直属事业单位、部委管理的国家局。不包括：各民主党派、团体及协会等。

第一节 政务性办公空间结构特征

北京作为我国的首都，是全国的政治中心、文化中心，是中央党政军领导机关所在地、邦交国家使馆所在地、国际组织驻华机构主要所在地，并分布有大量的公共管理和社会组织。因此，北京的政务性办公楼具有数量多、分布广、职能齐全的特点。本章研究的政务性办公主要包括：各级政府机关、公共管理及社会组织、外国机构，数据主要由高德数据供应商提供，结合课题组实地利用手持GPS 定点采集数据，共计 8496 个，以此为基础建立北京城市政务性办公机构数据库，主要由各机构名称、地理位置、机构类型等要素组成（图 4-2）。

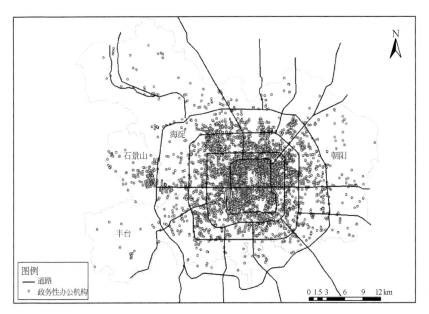

图 4-2　北京城市政务性办公空间分布图

一、政务性办公空间圈层分析

根据北京城市交通格局，以天安门为中心，利用到各个环路的距离为参考依据，分别以 5 km、10 km、15 km、20 km 为半径，对政务性办公空间进行缓冲区分析，统计落在每一个圈层的政务性办公机构的数量，由此探索北京的政务性办公机构分布是否符合圈层结构。

经统计，共有 8425 个机构落入缓冲区内，占总数据的 99.16%，可以较为全面地反映政务性办公业的整体情况（表 4-1、图 4-3）。

表4-1 不同圈层中的政务性办公机构统计

圈层	政务性办公机构个数	办公机构密度（个/km²）
第一圈层（0~5km）	2859	36.4
第二圈层（5~10km）	3449	14.64
第三圈层（10~15km）	1592	4.05
第四圈层（15~20km）	489	0.89
合计	8425	6.70

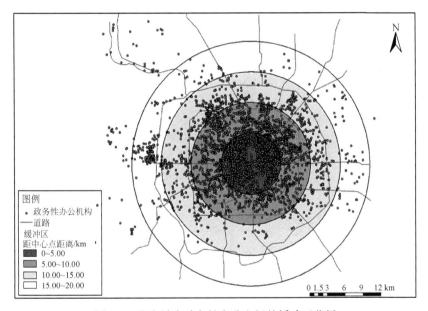

图4-3 北京城市政务性办公空间的缓冲区分析

　　将分布在不同圈层内的政务性办公机构按照密度指标进行比较，可以发现各圈层的办公机构密度呈现逐次递减的态势，且在空间分布上具有明显的向心性。

　　第一圈层主要涵盖二环以里区域，是北京的旧城区、传统的政治中心，交通便利，属于北京市最繁华的地段，也是北京市人口最密集的地区，这一区域充分体现了城市的集聚效应。随着离市中心距离的增大，城市的辐射效用减弱，机构密度变化趋于平缓。第四圈层基本上在五环以外，除石景山地区有一部分的集聚外，政务性办公机构数量较少，分布也较为分散。

二、政务性办公业集聚区分析

利用最邻近法判断政务性办公业在空间分布上是否存在集聚？利用 ArcGIS 软件中的 Average Nearest Neighbor Distance 模块对政务性办公机构点位进行平均最近邻分析，得出 $R = 0.23$，$Z = -134.92$，在 1% 显著性水平下通过检验，属于显著的聚集性模式，这表明北京城市政务性办公空间集聚特征非常显著。

为了进一步探究聚集区的结构，利用 Crime stat 软件，根据研究区域面积和政务性办公机构的分布自动调整集聚单元的最近邻距离，获得三级热点集聚区域（图 4-4）。

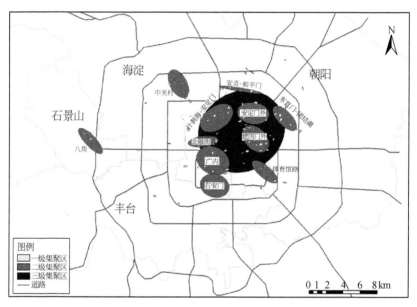

图 4-4　政务性办公机构集聚区分布图

北京城市政务性办公机构的空间集聚特征表现为以下几方面。

（一）在中心城区形成了集中组团式的特点

从二级集聚区来看，北京城市政务性办公机构的分布核心仍主要集中在内城。东西二环沿线集中分布了 7 个二级集聚区，它们是东二环的安定门外、建国门外、体育馆路 3 个集聚区和西二环的什刹海—安定门、金融街、广安门内和右安门 4 个集聚区，传统的交通环线对于政务性办公机构的影响可见一斑。另外，朝阳区的东直门—团结湖、安贞—和平街，海淀区的中关村及石景山的八角地区也形成了政务性办公机构的聚集区。这种分布模式是受到以下因素的影响：一方面，政务性办公由于其特殊性，需要有效的交流沟通和高效优质的政务工作环境，从而引导职责联系关联程度紧密的办公机构在空间上相对集中。另一方面，政务性办公的区位选择包含很强的政治因素，中心城区作为传统的政务办公地，历史惯性在其中发挥着巨大作用。而政府制定的城市规划与功能区定位也是促使其形成组团式空间分布的重要原因。

（二）以长安街及其延线为界，北部的政务性办公机构集聚区较南部更多

仍以二级集聚区分布作为主要判断依据，完全分布在南区的政务性办公机构集聚区共3个，而分布在北区的则达到8个。究其原因，部分是因为原东城区（不包括原崇文区）多集中分布着北京市的各级行政机关，而原西城区（不包括原宣武区）则多分布着中央机构，建设历史悠久，故政务性办公机构分布比较密集。随着奥体中心、亚运村和以海淀区为中心的高科技园区的建设，北部地区获得了更多的发展机会，这也吸引着部分政务性办公机构向北集中。

（三）城区边缘出现"孤岛"

中心城区虽然拥有明显的区位优势，但由于城市的发展和空间的限制，近年来中心城区的政务性办公机构屡屡遭遇办公地点夹杂在商业中心的尴尬。此外，北京作为历史古都，对传统城区的保护也限制了中心城区办公条件的改善，发展潜力有限。同时，随着城市交通与基础设施建设的不断完善，加上规划政策的指引，边缘地区开始吸引政务性办公机构，成为发展的新的热点地区，如图4-4所示，在石景山已经出现了相对独立的政务性办公机构集聚区。

第二节　不同类型的政务性办公空间分异特征

一、政府机关及事业单位

政府机关及事业单位是政务性办公的主体。作为全国的首都，北京地区分布有大量的国家级政府机关，同时，也设立有从直辖市级到乡镇及以下级的完整的政府机构体系。与别的城市不同的是，在北京的政务性办公中还包括一大批外省市政府驻京办事处，设立范围为各省、自治区、直辖市人民政府所辖政府部门、地级市人民政府（包括行政公署，州、盟、区人民政府）、县或县级市人民政府。

为了探求不同级别的政府机关及事业单位的空间分异的特征，应首先进行圈层分析。同样，以天安门为中心，以5 km、10 km、15 km、20 km为半径，对3929个政府机关单位的点位信息做缓冲区分析，再进一步统计各圈层中不同级别的

政府机关数量，并计算其占本级别机关单位数量的百分比（图 4-5 和图 4-6）。

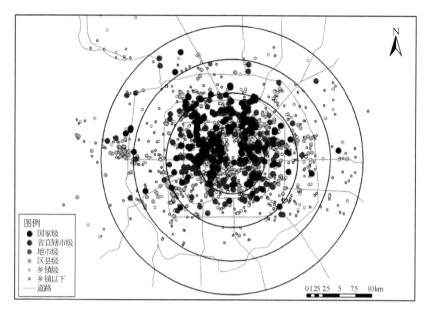

图 4-5　政府机关及事业单位缓冲区分析

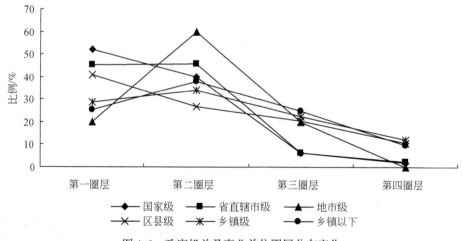

图 4-6　政府机关及事业单位圈层分布变化

通过统计，可得出不同级别的政府机关及事业单位的一些基本空间分异特征。

（1）各级政府机关及事业单位多集中分布在第一、第二圈层内。各级机关在第一、第二圈层的数量均占本级别总数的 60% 以上。

（2）国家级和区县一级更倾向于集中在第一圈层，即二环以里地区，而其他级别的政府机关则在第二圈层内分布数量达到最大值。

（3）随着距市中心的距离增加，政府机关及事业单位的数量趋于减少，且级别高的政府机关衰减速率高于级别低的政府机关。

作为全国政治中心，北京的政务性办公机构中还包括各省、自治区、直辖市人民政府所辖政府部门、地级市人民政府（包括行政公署，州、盟、区人民政府）、县或县级市人民政府等在内的一批外省市政府驻京办事处。它们在空间分布的特点是各驻京办均分布在五环以内；以传统中轴线及其延长线为界，将城区划分为东城与西城，则可发现西城区的驻京办数量更多，分布也更为集中（图4-7）。

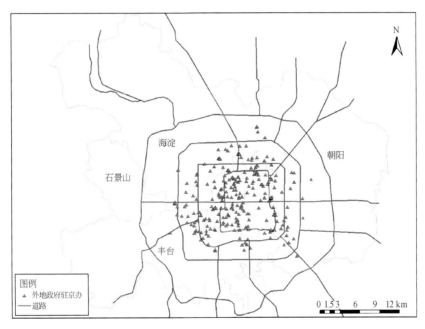

图4-7 外省市政府驻京办空间分布图

二、公共管理及社会组织

公共管理及社会组织主要由各级公检法机关、社会团体和民主党派机构组成。其中，社会团体是指各学会、协会、委员会、商会、工作站和服务中心。民主党派机构则包括：中国国民党革命委员会、中国民主同盟、中国民主建国会、中国民主促进会、中国农工民主党、中国致公党、九三学社、台湾民主自治同盟。其中中国国民党革命委员会、中国民主建国会、台湾民主自治同盟、中国民主同盟、中国致公党在东城区设立了中央委员会，各民主党派在东城区、朝阳区、西城区、石景山区、丰台区、海淀区有选择的设立了集中的工作委员会。统计了 4031 个公共管理及社会组织机构的点位信息，获得公共管理及社会组织集聚区分布图（图4-8），总体表现为在四环以里高度集聚，主体沿西北—东南方向分布。

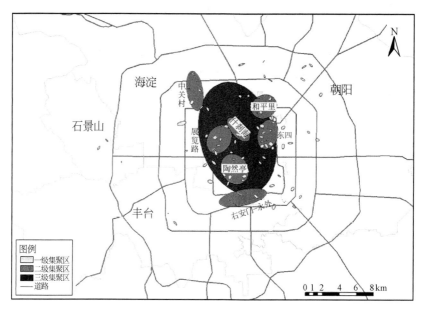

图 4-8　北京城市公共管理及社会组织集聚区分布图

　　其中，民主党派分布的重心在东城区（图4-9）。8 个民主党派除了设立东城区工作委员会外，还在东城集中有 5 个中央委员会，这使得东城区脱颖而出，成为民主党派分布的重心。其他城区分布较为均衡，除了西城区和海淀区的九三学社以外，民主党派机构在其余各城区均选择了统一的工作委员会办公地点。

　　社会团体的空间分布特点：以长安街及其延长线为界，社会团体集聚区域的南北空间差异明显。城北地区除四个主要的二级集聚区——展览路—金融街、中关村高科技园区、安定门—建国门、和平街外。而在长安街以南，则只有少量一级集聚区分布在前门、体育馆路及潘家园地区。此外，各集聚区内的社会团体性质基本相似（图4-10）。

　　公检法机关主要包括公安机关、人民法院及人民检察院，是执法机关、立法机关和司法机关。它在空间上集聚分布如图 4-11 所示。公检法机关在空间上表现出"小集聚、大分散"的特点，二级集聚区位于和平里—朝阳门、西长安

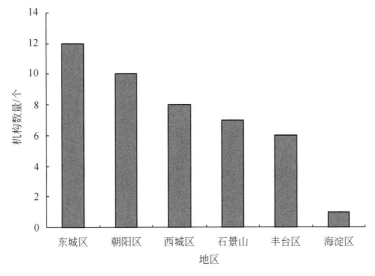

图4-9　各城区民主党派机构数量统计图

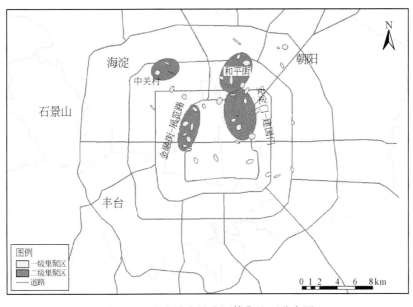

图4-10　北京城市社会团体集聚区分布图

街—崇文门外、公主坟—白纸坊，一级集聚区主要沿长安街及其延长线及东二环线分布，另外在奥体中心、望京、潘家园等地均有分布。

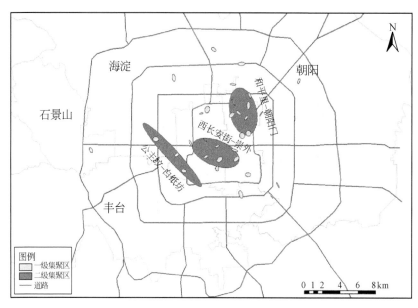

图 4-11　北京城市公检法机构集聚区分布图

三、外国机构

北京是邦交国家使馆所在地，也是国际组织驻华机构主要所在地。与别的城市相比，北京拥有大量的外国机构，这也构成了北京政务性办公十分特殊的内容。通过对包括外国使领馆、国际组织办事处、外国机构相关如旅游局办事处等在内的 240 个外国机构，进行最邻近层次分析，可获得两级集聚区（图 4-12）。

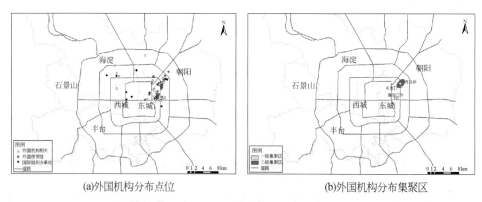

(a)外国机构分布点位　　　　　　　　(b)外国机构分布集聚区

图 4-12　北京城市外国机构分布及集聚区

从图 4-12 可以看出：①以长安街及其延长线为界和以传统中轴及其延长

线为界，外国机构的南北及东西空间分布差异十分明显。外国机构主要分布在长安街以北、四环以内地区，并在朝阳区西部、东三环附近形成十分明显的集聚，意大利大使馆、苏丹大使馆等外国使领事馆均分布在此处。②朝阳区是北京市重要的国际交往区，区内涉外单位1300多个，占全市一半以上。外国机构在建国门、东直门、亮马桥地区形成明显集聚。这些地区是北京市的使馆区，汇集了众多外国使领事馆，如美国大使馆、意大利大使馆等。外国驻华使馆中除俄罗斯、卢森堡外，都在朝阳区管辖范围内。③国际组织办事处和外国机构相关则分布于使领馆附近或分散分布于金融街与中关村高科技园区，奥林匹克中心区也有其分布。

第三节 中央在京政务性办公空间分析

根据《北京城市总体规划》（2004～2020年）第9条"城市发展目标和主要职能"的相关内容，北京城市发展的首要目标就是"按照中央对北京做好'四个服务'的工作要求，强化首都职能"，这"四个服务"即是为中央党政军领导机关服务，为日益扩大的国际交往服务，为国家教育、科技、文化和卫生事业的发展服务，为市民的工作和生活服务"。北京作为中央党政军领导机关所在地，其政务性办公空间具有行政管理办公空间动力机制的典型性，与商务性办公空间的市场化综合机制不同。

一、中央在京政务性办公空间形成的历史基础

北京作为中国的首都，其中央在京政务性办公区位的确定在很大程度上受到城市原有功能格局的影响。因此，在对新中国成立后中央在京政务性办公空间研究时，有必要对其确定的历史状况进行简要回顾和分析。图4-13（a）为民国时期在京政务性办公区位图，图4-13（b）为新中国成立之初中央机关办公区位图。

对比民国时期和新中国成立之初在京的国家级政务性办公机构的分布状况，可以看出政务性办公空间形成的历史基础。

（1）民国时期在京国家级政务性办公机构几乎都集中在西城区和东城区。尽管，民国初年和民国二十年这段时间在京国家级政务性办公机构名称与现在有很大区别，很难与现在的机关名称对应。但从民国时期的在京政务性办公机构区位可以看出：大部分机构都集中在西城区和东城区及长安街以北的范围内。

（2）新中国成立之初，由于国家百废待兴，在确定北京为国家首都之后，中央机关办公地址的选择基本上秉承就地解决、充分利用原有条件的原则，因此

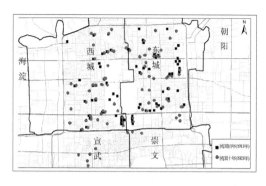 

(a)民国时期在京政务性办公区位图　　　　(b)新中国成立之初中央机关办公区位图

图4-13　在京国家政务性机构办公空间分布图

资料来源：（a）由1911年和1921年北京老地图数字化而得；（b）董光器. 北京规划战略思考.

北京：中国建筑工业出版社，1998：97

中央政府以及国家各大部委办公机构大部分位于原来的东城、西城、崇文、宣武这四个城区内，尤以东城区和西城区居多，且多利用内城保存较好的四合院作为办公场所。

以上即为中央在京政务性办公区位的选择奠定了历史基础。

二、中央在京政务性办公空间形成的阶段划分

随着1949年新中国的成立，中央在京政务性办公区位经历了一定的演变，空间分布和演变过程都形成了一定的规律。为了更好地研究各个阶段中央机关在京办公区位的演变历程，根据自新中国成立起各重大历史时期，并结合国务院六次大规模机构精简改革（1982年、1988年、1993年、1998年、2003年、2008年），将此过程分为了以下四个阶段：新中国成立到改革开放前（1949～1978年）、改革开放到"南方讲话"前（1978～1992年）、"南方讲话"到21世纪前（1992～2000年）、进入21世纪（2000～2009年）。在各阶段中选择有代表性的年份对当时中央在京政务性办公空间分布和演变原因进行描述和分析，其中国务院机构六次改革将成为重要的选取依据。此外，还将选取一些有代表性的中央在京政务性办公区位演变进行重点分析。

（一）新中国成立至改革开放前（1949～1978年）

新中国成立至改革开放前，外商驻京机构少，且国内金融、保险、房地产、

信息行业基本处于萌芽阶段。因而，该时期无真正意义上的办公业。但是由于国家的各项建设离不开政府各职能部门的管理，因此在北京政府办公场所明显不足。此外，一些古代王府也成为了这个时期政府的办公场所。在这个时期，中央机关以加强中央集权为主要内容，减少机构层次和干部精简。中央政府以及国家各大部委办公楼大部分位于行政区划调整前的东城、西城、崇文、宣武这四个内城区内，尤其以东城区和西城区居多（张景秋和蔡晶，2006）。

（二）改革开放到"南方讲话"前（1978～1992年）

进入20世纪80年代，北京的政务性办公业处于稳步发展阶段。同时，在区位选择上也不仅仅局限于城区，而在城近郊区均有分布，如农业部即位于朝阳区东三环以东、国家税务总局位于海淀区羊坊店等。

1978～1992年对新中国来说是一段非常重要的时期，1978年的改革开放为中国走上社会主义现代化道路指明了方向。1981年，国务院的工作部门已有100个，达到了新中国成立以来的最高峰。臃肿的管理机构已不能适应改革开放和经济社会发展的需要，亟待改革。1982年3月8日，第五届全国人大常委会第二十二次会议通过了关于国务院机构改革问题的决议（周宝砚，2008）。这次改革明确规定了各级各部的职数、年龄和文化结构，大批年轻知识分子走上领导岗位。改革后，国务院工作部门减为61个。但由于中国的改革开放刚刚开始，如何建立适应经济发展要求的政府管理体制还没能真正展开，没能从根本上触动高度集中的计划经济管理体制，政府职能没有转变。

这个阶段历经了十多年的时间，因此，选取了1983年和1990年这两个年份的中央在京机关区位进行分析（图4-14）。这两年的机关区位都是在两次大规模的机构改革之后，体现了改革的精神，是做出机构调整之后的代表。

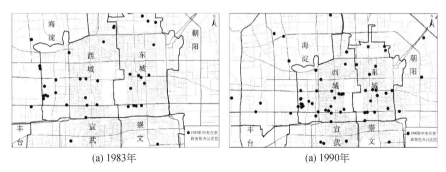

|(a) 1983年|(a) 1990年|

图4-14　中央在京政务性办公区位

资料来源：根据1983年和1990年北京市地图及相关资料数字化而得

（1）1983年的中央在京政务性办公机构共有49个，共分布在5个行政区。

分布在西城区共有 24 个，分别是化学工业部、石油工业部、卫生部、国家计划生育委员会、司法部、轻工业部、国家民族委员会、海关总署、地质矿产部、机关事务管理局、国家统计局、国家工商局、国家物资局、国家计划委员会、国家经济计划委员会、机械工业委、中国科学院、财政部、中国人民银行、新华通讯社、国家海洋局、商业部、教育部、邮电部。

分布在东城区共有 17 个，分别是煤炭工业部、劳动人事部、农牧渔业部、林业部、侨务办公室、文化部、中国民航局、外交部、冶金工业部、中国新闻出版署、民政部、宗教事务局、纺织工业部、对外经贸部、国家安全部、公安部、国家旅游局。

除了这两个城区的分布比较集中，其他 3 个城区的分布都很分散。分布在宣武区的仅有水利电力部；分布在崇文区的是国家体委和中华全国体育总会；分布在海淀区的是国家气象局、交通部、铁道部、城乡建设环境保护部和国家建材工业局。

从图 4-14 中可以看出，这些政务性办公机构的区位总体上比较集中，主要分布在西城区和东城区及长安街以北的区域内。相比较来看，长安街沿线、西城区二里河区域、东城区朝阳门区域、东城区和平里区域的集聚程度最强。

（2）1990 年中央在京政务性办公机构共有 76 个。

从图 4-14 中可以很明显地看出：1990 年中央在京政务性办公机构的数量较 1983 年有显著增加，分布在西城区和东城区的机构数量有了更加明显地增多且机构分布程度更加密集。

1990 年分布在西城区的中央在京机关共 37 个，分别是国家经济体制改革委员会、国务院宗教事务局、国务院机关事务管理局、国务院特区办公室、邮电部、地质矿产部、国家矿产储量管理局、国家教育委员会、国家工商行政管理局、国家计划委员会、国家统计局、国家科学技术委员会、国家核安全局、卫生部、国家民族事务委员会、国家环境保护局、国家广播电影电视部、国务院研究室、国务院台湾事务办公室、国家能源局、国家海洋局、国家医药管理局、民政部、能源部、化学工业部、轻工业部、商业部、物资部、国家物价局、海关总署、国家建筑材料工业局、国家档案局、国务院港澳办公室、国家外汇管理局、机械电子工业部、财政部、中国人民银行。

分布在海淀区共有 9 个，分别是监察部、国家国有资产管理局、国家外国专家局、国家气象局、审计署、国家保密局、国家地震局、铁道部、交通部。

分布在东城区的共 23 个，分别是国家黄金管理局、人事部、劳动部、林业部、国务院侨务办公室、国家技术监督局、航空航天工业部、国家文物局、国家民用航空局、冶金工业部、国务院办公厅、公务员外事办公室、文化部、外交

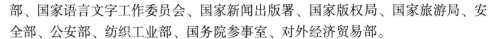

部、国家语言文字工作委员会、国家新闻出版署、国家版权局、国家旅游局、安全部、公安部、纺织工业部、国务院参事室、对外经济贸易部。

此外，分布在朝阳区有 3 个，分别是司法部、农业部、国家进出口商品检验局。分布在宣武区的有水利部、国家税务局、国家烟草专卖局。崇文区只有国家体育运动委员会的分布。

1990 年的中央政务性办公区位与 1983 年相比，在西城区和东城区的分布更加密集，这是由于 1988 年机构改革所增加的机构大部分选址在西城区和东城区的范围内。西城区的三里河区域、东城区的朝阳门区域仍然是中央在京政务性机构分布的密集地区，长安街沿线、阜成门—西四、地安门这三个区域的密集程度也有了明显增长。此外，在三环线外也有了一些办公区位的分布，例如监察部和司法部。

（三）"南方讲话"到进入 21 世纪前（1992～2000 年）

1992～2000 年，国务院再次进行了两次大规模的机构精简活动。1993 年 3 月 22 日，第八届全国人大一次会议审议通过了关于国务院机构改革方案的决定。方案实施后，国务院组成部门、直属机构从原有的 86 个减少到 59 个，人员减少 20%。1993 年 4 月，国务院决定将国务院的直属机构由 19 个调整为 13 个，办事机构由 9 个调整为 5 个。国务院不再设置部委归口管理的国家局，国务院直属事业单位调整为 8 个。此外，国务院还设置了国务院台湾事务办公室与国务院新闻办公室。

1998 年 3 月 10 日，第九届全国人民代表大会第一次会议审议通过了关于国务院机构改革方案的决定。改革的目标是建立办事高效、运转协调、行为规范的政府行政管理体系，完善国家公务员制度，建设高素质的专业化行政管理队伍，逐步建立适应社会主义市场经济体制的有中国特色的政府行政管理体制。根据改革方案，国务院不再保留的有 15 个部、委，新组建的有 4 个部、委，更名的有 3 个部、委，改革后除国务院办公厅外，国务院组成部门由原有的 40 个减少到 29 个。

1998 年的中央在京机关共有 71 个（图 4-15）。

分布在西城区的共有 27 个，分别是国家药品监督管理局、国家邮政局、卫生部、国土资源部、国家环境保护总局、国家审计署、国务院侨务办公室、国务院台湾事务办公室、中国保险监督管理委员会、国家工商行政管理局、国家发展和改革委员会、中国科学院、财政部、国家发展计划委员会、国务院研究室、国务院法制办公室、国务院机关事务管理局、中国证券监督管理委员会、教育部、国家民族事务委员会、国家广播电影电视总局、新华通讯社、信息产业部、国务

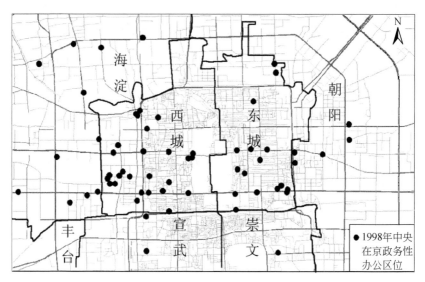

图 4-15　1998 年中央在京政务性办公区位

资料来源：1998 年北京市地图及相关资料数字化而得)

院港澳事务办公室、国家海洋局、中国人民银行、国家统计局。

　　分布在海淀区的共有 14 个，分别是国家质量技术监督局、国家人口和计划生育委员会、国家知识产权局、国家外国专家局、监察部、国家行政学院、中国气象局、建设部、国家测绘局、国家外汇管理局、中国工程院、铁道部、国家税务总局、中国地震局。

　　分布在东城区的共有 19 个，分别是人事部、劳动和社会保障部、国家林业局、国家宗教事务局、国务院发展研究中心、国家文物局、国家民用航空总局、文化部、国家新闻出版总署、国家版权局、民政部、交通部、对外经济贸易合作部、公安部、安全部、国务院参事室、海关总署、中国社会科学院、国家旅游局。

　　分布在朝阳区的共有 5 个，分别是农业部、国家中医药管理局、国家出入境检验检疫局、外交部、司法部。分布在宣武区的是国家经济贸易委员会、国防科技工业委员会、国家烟草专卖局、水利部。崇文区仅有国家体育总局。

　　由图 4-15 可以看出：1998 年的中央在京政务性办公机构数量比 1990 年下降了一些，但区位分布上依然延续了传统，分布在西城区和东城区的数量仍然是最多的。但相比 1990 年，有一个非常明显的区别是与西城区相连的海淀区的中央机关数量有了明显的增长，所占的比例不断增大。值得注意的是，1998 年的中央在京政务性办公机构有明显从中心区向外围分散的趋势，长安街沿线和西城区三里河区域是最为明显的机构集聚范围。

（四）21 世纪以来（2000～2011 年）

在 2000 至今的 11 年间，北京城市经济进一步快速发展，城市各项基础设施建设日趋完善，使得北京城市为中央服务的功能和能力大幅度提高。特别是，随着城市建成区范围的扩大，经济社会功能的提升，政务性办公空间分布也出现了有中心区向外围扩散的趋势。

1. 2003 年政府机构改革

这一轮政府机构改革是在加入世界贸易组织的大背景下进行的。2003 年 3 月 10 日，第十届全国人民代表大会第一次会议通过国务院机构改革方案。改革目标是建立与社会主义市场经济相适应，与社会主义民主政治相配套，行为规范、运转协调、公正透明、廉政高效的行政管理体制；明确了政府职能定位是经济调节、市场监管、社会管理、公共服务这四个方面；提出了机构改革的重点是紧紧围绕政府职能转变这个主题，深化国有资产管理体制改革，完善宏观调控体系等。经过改革，除国务院办公厅外，国务院组成部门由 29 个调整为 28 个。这次改革解决了一些深层次问题，如在构建新的职能体系上取得了实质性进展，使政府职能更加集中化；进一步优化了政府组织结构，协调和规范了政府行为，打破了部门分割的状态，在建立责任政府、效率政府及服务政府上迈出了一大步。当然这次改革也并非解决了所有问题，它仍只是一次过渡性改革。图 4-16 为 2003 年中央在京政务性办公区位分布图。

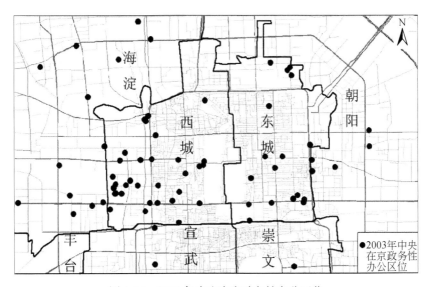

图 4-16　2003 年中央在京政务性办公区位
资料来源：2003 年北京市地图及相关资料数字化而得

从图 4-16 可以看到，2003 年中央在京机关共有 83 个。分布在西城区共有 34 个，分别是国家食品药品监督管理局、国家邮政局、卫生部、国土资源部、国家宗教事务局、国家环境保护总局、国家审计署、国务院侨务办公室、国务院台湾事务办公室、中国保险监督管理委员会、国家工商行政管理局、中国科学院、财政部、国家发展计划委员会、国务院研究室、国家发展和改革委员会、国家粮食局、国家能源局、国家档案局、国家轻工业局、国家物价局、国务院法制办公室、国务院机关事务管理局、中国证券监督管理委员会、教育部、国家民族事务委员会、国家广播电影电视总局、新华通讯社、信息产业部、国务院港澳事务办公室、国家海洋局、中国人民银行、国家统计局、国家机械工业局。

分布在海淀区的共有 15 个，分别是国家人口和计划生育委员会、国家知识产权局、国家外国专家局、监察部、国家行政学院、中国气象局、建设部、国家测绘局、国家外汇管理局、中国工程院、科学技术部、铁道部、国家税务总局、中国地震局、国家自然科学基金委员会。

分布在东城区共 24 个，分别是国家煤矿安全监察局、国家安全生产监督管理局、国家林业局、人事部、劳动和社会保障部、国家宗教事务局、国务院新闻办公室、国务院发展研究中心、国家文物局、国家民用航空总局、文化部、国家新闻出版总署、国家版权局、民政部、交通部、对外经济贸易合作部、国务院经济体制改革办公室、商务部、公安部、安全部、国务院参事室、海关总署、中国社会科学院、国家旅游局。

分布在朝阳区的共有 5 个，分别是农业部、国家中医药管理局、国家质量监督检验检疫总局、外交部、司法部。

分布在宣武区的是国家经济贸易委员会、国务院国有资产监督管理委员会、国家烟草专卖局、水利部。崇文区仅有国家体育总局。

2003 年的中央在京政务性办公机构数量比 1998 年增加了 12 个，区位分布上比 1998 年变化不大，新增的办公机构主要位于西城区和东城区，因此这两个区的机构密集程度进一步增大。

2. 2008 年的改革

为了更好地适应发展社会主义市场经济和发展社会主义民主政治的要求，更好地应对新时期新阶段面临的各种挑战，行政体制改革再次提上议事日程。2008 年 3 月 15 日，第十一届全国人大一次会议通过关于国务院机构改革方案。此次改革中，国务院组成部门总数变动不大。改革后，除国务院办公厅外，国务院组成部门设置 27 个，与原来相比，仅减少 1 个。虽然没有大手笔地裁减国务院组成部门，但从政府职能角度对政府组织机构却进行了较大幅度的调整，涉及调整变动的机构达 15 个之多，正部级机构也减少了 4 个。在整合现有机构的基础上，国务院新增五大部。通过改革，进一步加强了宏观管理职能，突出了政府的服务职能，顺应了科学发展、和谐发展对政府管理的新挑战（周宝砚，2008）。

2009 年的中央在京机关共有 81 个（图 4-17）。分布在西城区的共有 33 个，分别是国务院机关事务管理局、国家信访局、中国保险监督管理委员会、中国证券监督管理委员会、全国社会保险基金理事会、中国银行业监督管理委员会、国家电力监督管理委员会、国家审计署、国务院侨务办公室、国家工商行政管理总局、国家统计局、国务院港澳事务办公室、卫生部、环境保护部、国家广播电影电视总局、国务院法制办公室、国务院研究室、新华通讯社、国家能源局、国家邮政局、国家海洋局、国家物价局、国家档案局、中国人民银行、国家发展和改革委员会、财政部、中国科学院、教育部、工业和信息化部、国家民族事务委员会、国土资源部、国家宗教事物局、国家食品药品监督管理局。

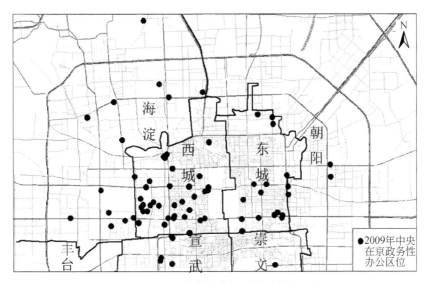

图 4-17 2009 年中央在京政务性办公区位

资料来源：2009 年北京市地图及相关资料数字化而得

分布在海淀区的共有 14 个，分别是国家质量监督检验检疫总局、国家人口和计划生育委员会、国家知识产权局、国家外国专家局、国家行政学院、中国气象局、建设部、国家测绘局、国家外汇管理局、中国工程院、科学技术部、铁道部、国家税务总局、中国地震局。

分布在东城区共有 25 个，分别是国家煤矿安全监察局、国家安全生产监督管理局、国家林业局、人力资源和社会保障部、国家公务员局、国务院新闻办公室、国务院发展研究中心、国家文物局、国家民用航空总局、文化部、国家新闻出版总署、国家版权局、民政部、交通部、对外经济贸易合作部、国务院经济体制改革办公室、商务部、公安部、安全部、国务院参事室、海关总署、中国社会科学院、国家旅游局、交通运输部、全国绿化委员会。

分布在朝阳区的共有 4 个，分别是农业部、国家中医药管理局、外交部、司法部。分布在宣武区有 6 个，分别是监察部、水利部、国务院台湾事务办公室、国务院国有资产监督管理委员会、国家烟草专卖局、国防科技工业局。分布在崇文区的是国家体育总局。

2003 年和 2009 年的中央在京政务性办公区位与 2000 年以前的相比，办公区位的数量更加庞大，分布范围扩大，在西城区和东城区高密集的状态虽然没有改变，但在海淀区的分布有一定增长，海淀区是其他六个城区中分布政务性办公机构最多的城区。这与海淀区近些年来高新技术发展定位有关。

三、中央在京政务性办公空间分布总体特征

通过对以上各发展阶段的分析和对比，可以得出中央在京政务性办公空间分布的总休特征（图4-18）。

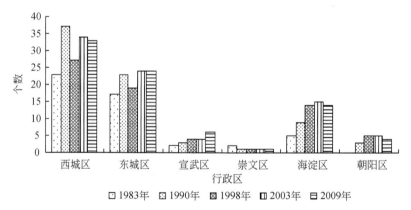

图 4-18　六个行政区内的中央在京政务性办公区位变化图（1983～2009 年）

（一）西城区是中央在京政务性办公机构分布数量最多的

从行政区分布来看，西城区的中央在京政务性办公区位的分布数量是最多的，其余依次是东城区、海淀区、朝阳区，而另外两个城区——丰台区和石景山区没有中央机关的分布。西城区和东城区自民国时期就是政务性办公机构在京分布的重点城区，这种地域的惯性也延续到了今天。此外，海淀区政务性办公机构分布较多说明政务性办公区位有向外围扩散的趋势。

（二）　二环线周边是办公区位集聚的重点区域

从交通环线角度来看，在西北二环—西北三环之间、东二环沿线以及北三环部分区域内，中央在京政务性办公区位的分布比较密集。这说明二环线周边是办公区位集聚的重点区域，而二环线周边正是旧城与中心城区在地域上的重叠，可见中心城区是政务性办公的常见区位选址依据。

（三）　办公机构在特定区域内高度集中

从城市内部空间的角度来看，长安街及其延长线、西城区三里河、西城区阜成门—西直门、广安门、东城区朝阳门、东城区和平里等区域内都有几个或十几个办公机构存在，形成了中央在京政务性办公机构分布密度最高的几个区域。

（四）　历史惯性区位依然是集聚区位

长安街延长线与阜成门—朝阳门之间的平行线区域内是中央在京政务性办公区位最为密集的区域。这也是从民国时期起就延续下来的历史基础所决定的。随着北京对外交往加深，北京城市形象的改变，政府办公机构也随着发生变化。但总体来看，主要集中在四环以内，形成城区集中、外围点状分布的政府办公空间分布特点。

第五章　北京商务性办公空间集聚

从第三章中对北京城市经济发展与办公空间格局演变的对应关系进行的分析中，可以看出：随着城市经济的发展和结构转型，以写字楼为主要载体的新的城市经济活动空间——办公空间日益成为城市空间的主导；与行政管理职能为主导的政务性办公空间相对应的商务性办公空间，逐渐替代生产空间而成为城市空间的重要影响要素。

从实地数据采集获得的1921个商务性写字楼分布以及在六个行政区和亦庄开发区的分布数量及其所占比重来看（表5-1），朝阳区、海淀区、丰台区和西城区的商务性写字楼数量占北京城区及亦庄开发区在内的写字楼调查总数的84%，仅从数量及其所占比重上看，存在明显的集中分布现象（图5-1）。

表 5-1　不同城区写字楼数量及其所占比重

区域　　　　项目	数量/个	比例/%
东城区	218	11.35
西城区	273	14.21
朝阳区	574	29.88
海淀区	476	24.78
丰台区	291	15.15
石景山区	16	0.83
亦庄	73	3.80
合计	1921	100

为了进一步探讨办公空间集聚特征，从空间分析角度，课题组对北京城市写字楼点位空间数据进行分析，从而进一步辨识北京城市办公业集聚区存在与否，并概括其特点，说明其集聚的一般原因。

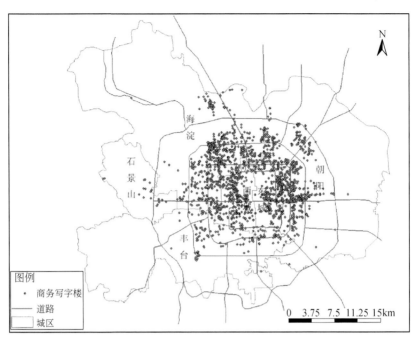

图 5-1　北京城市商务性写字楼分布图

第一节　城市办公集聚区界定及其特征

北京城市办公活动作为产业发展的重要组成部分，在经历了初期分散发展后，伴随着城市经济的发展，开始出现办公活动向心集中的趋势。由此，在城市某些特定区域内，集聚规模、外部经济联系等因素作用，使得城市内部办公活动在地理空间上集中而形成一种新兴的城市产业集聚区，即城市办公集聚区。它是办公业高度密集和快速发展的地区，是产业集聚区的一种重要组成形式，反映了城市经济转型后新的经济增长空间的替代特点，是城市发展高端化的必然结果，并对城市发展和城市空间结构的重构产生一定的影响（Goddard，1971）。

运用核密度分析法和最近邻距离层次分析法，选取最适宜的距离阈值，对1921个样本点进行空间集聚分析，得出以下结果（图5-2）。

一、城市办公集聚区的界定

（1）北京城市办公活动在空间上存在相对集中分布的态势，并形成明显的

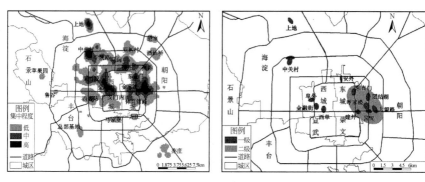

图 5-2　北京城市办公活动空间集聚区

集聚区（图 5-2（a））。结合表 5-1，地区各行政区中写字楼比重在 10% 左右，包括西城区的金融街地区、广安门内，东城区的金宝街、东直门、体育馆路，朝阳区的 CBD、安定门外、亚运村、燕莎，海淀区的中关村和上地，丰台区的西客站、马家堡、方庄等都是区域内写字楼分布相对集中的地区，办公活动空间分布呈现从内向外，集中程度由高向低的同心圆状分布。石景山区的写字楼分布数量较少，集中程度等级层次低，但在空间上同样呈现相对集中分布在鲁谷和苹果园。此外，依托科技园区的发展，以及办公园区建设思想将这种集聚从中心城区扩展到郊区，在朝阳区的望京和酒仙桥地区，丰台总部基地以及亦庄也形成了区域内写字楼相对集中分布的态势。

（2）从写字楼空间集聚热点区（图 5-2（b））进一步分析，在 1000 米以内的小尺度空间范围内，北京城市办公活动密度高的地区有 13 个，即图中的一级集聚区，而在较大空间尺度范围内，北京办公活动密度高的地区只有 1 个，即图中的二级集聚区。说明，其一，在北京城市内部存在明显的办公集聚区；其二，北京 CBD 地区已经形成以办公活动为主体的经济功能区，而其他地区如金融街和中关村，仍然处于小尺度空间集聚状态。

二、城市办公集聚区的基本特征及解释

（1）办公集聚区空间偏向差异显著。图 5-3 反映出北京城市办公集聚区存在显著的空间偏向性。以长安街及其延长线为分界线，以北地区办公集聚区集中程度等级普遍高于以南地区，且含有高等级的金融街、CBD 地区、中关村地区、上地、安定门外地区以及东直门地区；以城市传统中轴线及其延长线为分界线，东西两侧一级集聚区相当，但以东地区向心集聚更为显著，以西地区则带有一定的"小集聚大分散"特点。

（2）一级集聚区多沿交通线分布且集聚方向与交通线方向一致。从 13 个一

图 5-3　北京城市办公集聚区分布特征

级集聚区的空间位置看，均呈现出沿交通干道两侧分布的特征，这与写字楼的交通区位特点一致，由于办公活动的根本是信息交流与沟通并以此解决问题来获得市场收益（Cervero and Wu，1998），因此，对于办公区位来讲，便于交流是关键，而临近交通干道则在很大程度上有益于提高办公活动的效率。从图 5-1 （b）及图 5-2 中可以看到，一级集聚区的长轴方向，即办公空间走向基本上与道路方向一致。

（3）办公集聚区多分布在城市功能拓展区。从北京城市功能区的角度分析，近 3/4 的办公活动集中分布在城市功能拓展区，只有 1/4 分布在首都功能核心区。这与西方国家大城市的办公活动集中分布在市中心的特点有所不同。

形成北京城市办公集聚区空间分布特征的主要原因在于：

第一，经济功能分化催生办公活动从制造业和商业功能中分离出来。在经济发展到一定水平后，随着产业结构的提升，出现办公集聚区，因此，结合北京城市经济发展以及功能区建设，上述分析的办公集聚热点区域均位于北京城市经济发展的热点区域，特别是与北京六大高端产业功能区相匹配。

第二，行政区界成为办公空间扩展的天然屏障。由于写字楼投资效益的属地化特征，在空间上表现出"小集聚大分散"现象，这在中轴线以西地区表现尤为显著，因此，在大于 1km 以上的尺度范围内形成的二级集聚区只出现在中轴线以东的朝阳区。

第三，城市功能定位引导办公集聚区分布。北京作为国家首都，市中心以天安门为核心呈现政治和文化中心的功能，尽管该区域地价最高，但城市经济功能空间结构表现为"马鞍型"，即经济活动最频繁的区域出现在天安门东西两侧，特别是随着北京城市功能高端化发展，以商务、金融为主体的生产性服务业快速在如西部金融街和东部CBD等地区聚集，形成了多核心的城市经济空间结构，进一步引导办公活动在一定范围内相对集中分布。

三、代表性城市办公集聚区

通过对图5-2（a）的矢量化处理，选择具有高等级的6个办公集聚区，分别得出其内核（集中程度最高的部分）的面积（表5-2）。

表5-2　高等级办公集聚区内核面积一览表　　　　单位：km²

办公集聚区	CBD	金融街	中关村	上地	安外	东直门
面积	5.40	3.63	2.50	1.10	0.71	0.53

选择内核面积大于1km²的集聚区作为北京城市代表性办公集聚区（图5-4），为后续北京城市办公空间相关研究奠定范围基础。各办公集聚区的特征及未来发展趋势如下。

（一）CBD办公集聚区

CBD办公集聚区位于朝阳区，内核面积最大，内核包含5个一级集聚区，呈星状分布，并沿东三环、京通高速公路方向扩散，范围较广。该办公集聚区依托北京CBD的规划建设基础，受行政区界限定，该集聚区在整体空间走向上向东和向北扩展趋势显著，为CBD东扩的规划提供产业基础。

（二）金融街办公集聚区

金融街办公集聚区位于西城区，内核面积仅次于CBD办公集聚区，包含3个一级集聚区，总体呈带状分布，以西二环南至复兴门北至西直门为轴向呈西北—东南方向扩散发展。金融街作为"十一五"以来发展最快的地区，金融中心功能引导办公活动在此高度聚集，并带动周围地区办公活动的增加。同样受到行政区以及政治中心功能区的限定，金融街办公集聚区将向西进一步扩展。

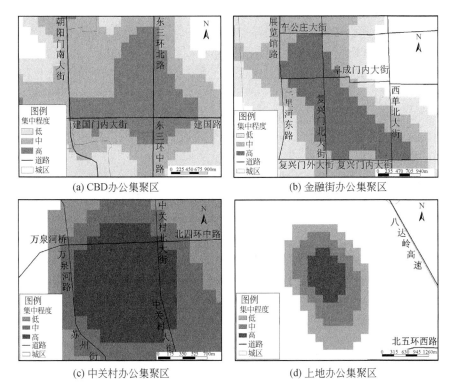

(a) CBD办公集聚区　　　　(b) 金融街办公集聚区

(c) 中关村办公集聚区　　　　(d) 上地办公集聚区

图5-4　代表性办公集聚区的特征分析

（三）中关村办公集聚区

　　海淀区中关村办公集聚区以海淀镇为圆心呈同心圆状扩散。中关村科技园区本身就是高新技术产业高度聚集区，从制造业中分化出来的以信息收集、处理和加工为主体的办公业在该区域集聚就显而易见了。内核包含的2个一级集聚区将引导中关村办公集聚区向南向西扩展，与中关村西区建设相适应。

（四）上地办公集聚区

　　位于海淀区北部的上地办公集聚区是相对面积较小的集聚区，它的地理位置在北五环以外的上地信息路和上地一街到九街附近，集聚区呈椭圆型扩散，核心和外围边界明显。上地是中关村科技园区的一个组成部分，集聚区形态受其本身规划影响较大，与南北向干道平行带状发展，受中关村和环线道路的限制，扩展幅度小。

　　综上，办公活动的集聚是产业发展的必然结果，集聚效应能够带来经济效益和快速的经济发展，并且会影响到城市的产业规模、就业人口等许多方面，甚至影响到整个城市的发展。北京城市办公集聚区已然形成并且具有一定的规模，具有代表性的四个城市办公集聚区是其中的典型，可以作为研究北京城市办公集聚区空间可达性的基础。这种空间可达性是建立在集聚区之间办公空间联系的基础上的，集聚区之间的空间联系流向和联系强度必然会对城市功能布局优化和重构产生推动作用。

第二节　办公集聚区的空间联系

办公集聚区之间的联系是城市内部区域空间相互作用的体现，从直观意义上来说，办公集聚区之间的联系是集聚区之间基于办公活动而出现的办公联系；从内在的角度分析，集聚区之间的空间联系就是实体化的交通联系和深层次的经济联系（Goddard，1971）。

为了研究的针对性和数据获取的限定，选择有代表性的四个办公集聚区，即朝阳区 CBD 办公集聚区、西城区金融街办公集聚区、海淀区中关村办公集聚区、海淀区上地办公集聚区（图 5-5）作为本节研究的主要对象。四个集聚区在办公职能上可以分为两大类，CBD 和金融街侧重以金融、证券、商务咨询与金融管理为主体，中关村和上地则侧重以创新管理以及信息传输、计算机服务和软件业以及技术研发为主体。

一、研究方法

目前，研究空间联系强度最常用的方法有赖利零售引力定律、引力可达性模型和哈夫引力模型。这三种方法均属于引力模型法，即借用了物理学中的重力模型，认为城市等地理实体的空间效应随距离而衰减，与万有引力有相似的数学表达方式。

（1）赖利零售引力定律。1931 年美国学者赖利（Reilly）提出了零售业引力法则，即商店的营业量同其本身的规模呈正比，同两者之间的距离的平方呈反比（杨吾扬和梁进社，1997）。后来这个方法也用于划分两个城市的吸引范围。一个城市对 a、b 两城市的商品零售额的比例，与其人口数的比例成正比，与其距离的平方成反比。用公式表示

$$\frac{S_a}{S_b} = \frac{P_a}{d_a^2} \bigg/ \frac{P_b}{d_b^2} \tag{5-1}$$

式中，S_a、S_b 分别为从一个中间城市被吸引到 a、b 两城的销售额；P_a、P_b 分别为两城市的人口数；d_a、d_b 分别为中间城市到两城的距离（徐辉和彭萍，2008）。

（2）引力可达性模型。20 世纪 40~50 年代斯图尔特（Stewart）将万有引力

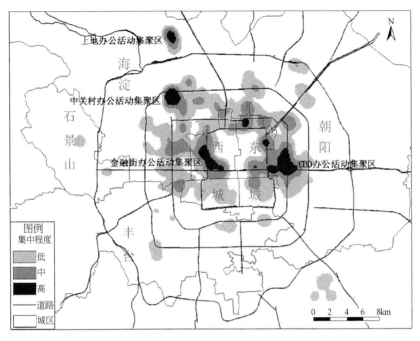

图 5-5　北京城市办公集聚区分布图

定律中的势能公式引入地理学，通过计算某度量点以外的所有吸引点施加到该点的势能总和来评价该点的可达性。两地之间的空间联系强度或者交通流量随着距离的增加而减少（王法辉，2009）。其表达式为

$$A_i = \sum_{j=1}^{n} D_j d_{ij}^{-\beta} \tag{5-2}$$

式中，A_i 为 i 点的吸引力；i，j 为空间上的两点；D_j 为 j 点的吸引力，可以是工作岗位数、人口数等；β 为区位 i 到区位 j 交通摩擦或阻力因子。

（3）哈夫引力模型。1963 年哈夫（Half）在前人的基础上推出了哈夫模型，可以用来划分多个商店的服务区，某地的势能大小和商店的吸引力呈正比，与商店和消费者之间的距离呈反比（王法辉，2009）。其表达式

$$T_{ij} = aO_i D_j d_{ij}^{-\beta} \tag{5-3}$$

式中，T_{ij} 为地区 i 和商店 j 之间的联系强度；O_i 为 i 出发地的规模；D_j 为 j 目的地的规模；a 为比例系数；β 为距离摩擦系数；d_{ij} 为两个地区之间的距离。

（4）哈夫模型改进式。哈夫模型作为分析距离衰减特征的模型基础，在对城市内部经济活动联系强度分析时对原有模型进行修正，得到哈夫模型改进式

$$T_{ij} = aO_i^{a_1} D_j^{a_2} d_{ij}^{-\beta} \tag{5-4}$$

式中，a_1 为出发地的弹性系数；a_2 为目的地的弹性系数；其余参数与公式

（5-3）相同（王法辉等，2003）。

比较而言，哈夫引力模型较前两种模型的优势在于从相对动态的视角分析出发地和目的地（O-D）之间的联系强度，而非找寻一个分界点来划分吸引范围。

本节研究的重点是四个代表性办公集聚区之间的联系强度，因此，选择哈夫引力模型作为研究方法，而改进式的优点是为研究对象的O-D联系强度辅以相应的弹性系数，以更接近实际。

二、研究数据基础

（一）交通网络基本数据

本文采用的路网基础数据为北京市民政局和规划局 2006 年公布的 1∶25 万基础地理信息数据库的道路网络数据。本数据只采用了地上交通网络数据，不包括地下交通网络数据，也没有对道路等级进行划分。

在此基础数据上，计算北京城市四个代表性办公集聚区之间的最短路径，其结果如图 5-6 所示。

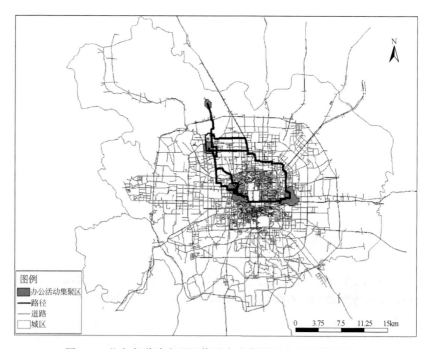

图 5-6 北京市道路交通网络及办公集聚区之间的最短路径

（二）办公联系距离矩阵

运用 ArcView9.3 网络分析对四个代表性办公集聚区之间的办公联系距离进行测算，得出相应的办公联系距离矩阵（表5-3）。

表5-3 北京城市四个代表性办公集聚区间的拓扑距离　　　　　单位：km

拓扑距离	CBD 集聚区	金融街集聚区	中关村集聚区	上地集聚区
朝阳区 CBD 办公集聚区	0	19.4	10.2	23.4
西城区金融街办公集聚区	19.4	0	10.6	6.8
海淀区中关村办公集聚区	10.2	10.6	0	15.9
海淀区上地办公集聚区	23.4	6.8	15.9	0

（三）问卷数据

联系强度是指有面对面交流需要的办公业务往来之间的联系强度。因此，通过问卷设计，获取研究所需的 O-D 流量数据。问卷调查时间是 2010 年 7 月，研究组在北京城区五环以里和亦庄经济技术开发区共发放问卷 2489 份，经过对原始问卷进行逻辑性、有效性和准确性筛选后，得到了 2400 份有效数据，有效率达到 96%，达到预期设定的目标。运用 SPSS13.0 对问卷数据进行处理，得出所需的 O-D 办公流量基础数据（表5-4）。

表5-4 北京市城市办公集聚区 O-D 流量数据

办公集聚区	O_i/频次	$\ln O_i$	D_j/频次	$\ln D_j$
上地—中关村	29	3.3672	142	4.9558
中关村—金融街	128	4.8520	137	4.9199
金融街—CBD	247	5.5093	64	4.1588
CBD—上地	99	4.5951	17	2.8332
上地—金融街	29	3.3672	137	4.9199
中关村—CBD	128	4.8520	64	4.1588

（四）距离摩擦系数 β 的估算

引力模型中的距离摩擦系数 β 值是进行模型运算和结果分析的重要参数，因本研究的重点是北京城市内四个具有代表性的办公集聚区之间的空间联系强度，根据对上述研究方法的解释说明，本文采用哈夫模型改进式结合问卷数据进行计算。

β 值的计算。公式（5-4）经过对数变换可以变为

$$\ln T_{ij} = c + a_1 \ln O_i + a_2 \ln D_j - \beta \ln d_{ij}$$

由此，得出了计算 β 值的多变量回归模型，回归结果如表5-5所示。

表5-5　多变量回归模型计算结果

参数	系数（coefficient）
C	11.159 **（4.214）
a_1	0.336 *（1.701）
a_2	−0.667 *（−2.345）
β	3.033 **（6.500）

*置信水平为0.1；**置信水平为0.05

上述计算结果表明，估计 β 值的回归模型在95%的置信水平下存在显著的线性关系，并且模型的拟合程度较高，主要计算参数 β 也通过了 t 值检验，说明在本文研究的条件下，依托现有的数据计算得出：距离摩擦系数 $\beta = 3.033$ 较为合理，可以作为后文研究的基础。

三、办公集聚区的空间联系强度评析

选取代表性办公集聚区之间的办公联系 O-D 流量作为分析其联系强度的数据基础，用哈夫模型改进式作为分析距离衰减特征的模型基础，结合研究内容对模型进行修正，则修正模型公式如下：

$$T_{ij} = \frac{(O_i P_i R_i)^{\frac{1}{3}} \times (D_j P_j R_j)^{\frac{1}{3}}}{d_{ij}^{\beta}}$$

式中，T_{ij} 为集聚区 i 和 j 之间的联系强度；O_i 为 i 出发地的联系次数，D_j 为 j 目的地的联系次数；P_i、P_j 为 i、j 集聚区的人口规模；R_i、R_j 为 i、j 集聚区的道路网密度；β 为距离摩擦系数；d_{ij} 为集聚区之间的距离。

修正模型进一步优化了哈夫模型改进式，以办公活动联系、办公集聚区的规模和路网密度为数据基础，充分考虑了办公集聚区的基本属性对办公活动联系强度的影响，具有良好的适用性。

根据基础数据、修正模型和上文得出的 β 值，计算得出北京城市四个代表性办公集聚区的办公活动联系强度如表5-6所示。

表5-6 北京市办公集聚区的联系强度　　　　单位：10^4 人·次·km^{-3}

办公集聚区	T_{ij}
上地—中关村	308.716
中关村—金融街	265.385
金融街—CBD	161.462
CBD—上地	3.022
上地—金融街	15.731
中关村—CBD	27.184

（一）办公活动联系强度的距离衰减特征

如图5-7所示，某一办公集聚区与邻近的集聚区之间联系较强，而与距离较远的集聚区之间联系较弱。换句话说，对于需要面对面交流的办公活动空间联系而言，北京城市办公集聚区之间的空间联系存在一定的距离衰减特征。

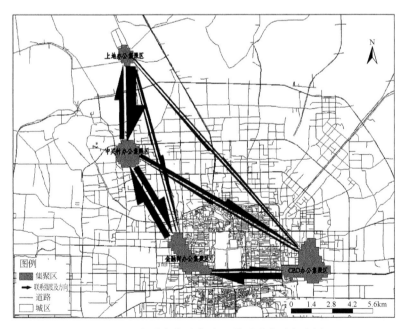

图5-7 北京城市办公集聚区联系强度及方向图

究其原因，一方面，由于交通距离是影响办公联系成本的最主要因素（Daniels，1975），因此，一般而言邻近办公集聚区之间的联系强度要高于距离较远的;另一方面,受到业务相关性影响,业务相关性大,则在空间上相对邻近布局。如中关村与上地在距离上邻近,在业务联系上密切,其办公活动集聚区之间的联系强度最大,中关村和金融街、金融街和CBD办公集聚区之间的联系强度也较大,说明这三个集聚区相互之间存在较为密切的业务联系;而上地和CBD、上地和金融街以及中关村和CBD办公集聚区之间的联系强度较小。

(二)办公活动空间联系流向特征

进一步分析城市办公活动空间联系的主要流向,反映出办公活动在城市经济空间结构中的集聚方向和特征。办公活动流向可以分为流入方向和流出方向,办公集聚区的流入方向是该集聚区向其他集聚区提供的办公活动,而办公集聚区的流出方向则是该集聚区向外输送办公活动。一般而言,流入方向的联系强度越强,说明该集聚区提供的办公活动越多,管理职能等级越高,反之越小;流出方向的联系强度越强,说明该集聚区对外辐射作用越大,反之越小。

总体上,北京城市办公活动的空间联系方向性明显(图5-8)。

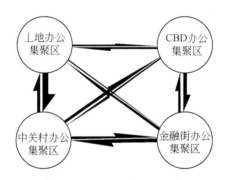

图 5-8 北京城市办公集聚区之间流入—流出示意图

首先,中关村和金融街办公集聚区各自的流入强度均大于流出强度,说明两者的管理职能等级较高;而两者之间的流向及其强度相对均衡,说明这两个办公集聚区的业务相似性较弱。

其次,上地办公集聚区和CBD办公集聚区各自的流出强度均大于流入强度,说明这两个集聚区的办公活动对外辐射较强;而相比较而言,这两者之间,CBD办公集聚区对上地办公集聚区的辐射作用大。

再次,中关村办公集聚区的空间联系在四个代表性办公集聚区中表现最为活跃。中关村作为国家级科技园区和国家自主创新示范区,在空间布局上具有一区多园的特点,围绕信息传输、计算机服务和软件业以及技术研发等高新技术产

业，其办公活动呈现出密集且空间联系广泛的优势。

最后，CBD办公集聚区和金融街办公集聚区在管理职能的等级上相比，金融街要高于CBD，而在对外辐射方面，由于金融街的区位优势，对其他两个办公集聚区的影响要大。CBD办公集聚区在未来发展中，应进一步加深与其他办公集聚区的空间联系强度，进一步发挥中心商务区对北京市经济发展的辐射作用。

四、办公集聚区的空间可达性

城市作为经济社会发展的主要承载体，城市内部行业活动必然存在着极其密切的办公联系，而城市办公集聚区的形成是由于不同的办公活动强度所产生的，集聚区之间的办公联系可以带动整个城市办公业的发展，没有办公联系就没有城市行业的发展。办公联系强度就可以反映出空间可达性的程度，办公联系强度越大，说明办公联系的指向地的空间可达性越好，反之亦然。

（一）北京城区空间可达性

城市办公集聚区所属的城区之间的办公活动联系是研究的基础，对于城区之间办公活动联系的研究可以从外出办公活动和流入办公活动两个方面入手分析。

从图5-9北京城区之间的办公联系来看，朝阳区、海淀区和西城区是北京市城市办公活动的主要流向。从流出办公联系来看，东城区、丰台区和石景山区的办公活动流向则以流出为主体，说明这三个城区的办公活动依赖于外出联系；而海淀区、朝阳区、西城区三个城区也是有部分比例的外出办公联系，其中西城区的外出办公联系相比流入联系来看，比例较大；从流入办公联系的角度来看，海淀区、朝阳区和西城区是办公活动流入的主要城区，而且这三个城区之间的联系强度也非常大，其主要原因在于汇集了北京城市办公集聚区的绝大多数，也可以说明这三个城区的行业相似性、互补性较高；从空间可达性的角度来看，这三个城区是空间可达性最高的三个城区。

从办公联系的方式来看，针对面对面联系（图5-10）进行分析，可以得出：海淀区、朝阳区和西城区依然是办公联系的主要流向，而且是以流入为主，相比较而言，海淀区的流入强度更强，朝阳区次之。从中可以推断，一方面，这三个行政区作为北京商务性办公集聚区的重要区域，承载着北京城市办公活动的主体部分，是经济活动活跃、人流密集的区域；另一方面，由于面对面交流对城市交通、商务环境有一定的要求，因此，对应这三个城区来讲，建设适合于工作出行的交通网络和良好适宜的商务环境是支撑城市办公业发展的重要环节。

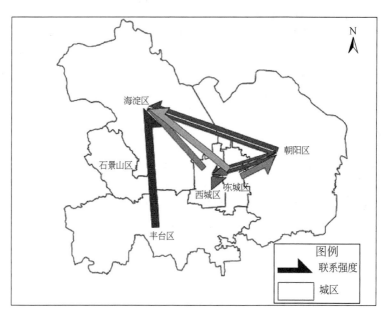

图 5-9　北京城区间办公活动联系图

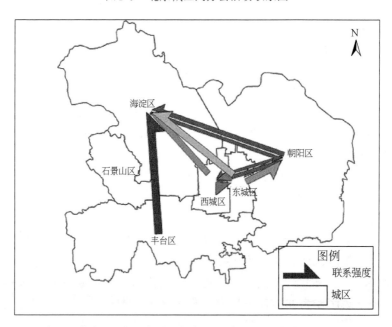

图 5-10　北京城区间办公活动面对面联系图

　　从总体上来讲，北京市城区之间办公联系是以海淀区、朝阳区和西城区三个城区为主，辅以其他几个城区的零星联系，说明城区之间的办公联系是以城

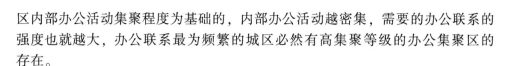

区内部办公活动集聚程度为基础的，内部办公活动越密集，需要的办公联系的强度也就越大，办公联系最为频繁的城区必然有高集聚等级的办公集聚区的存在。

（二）集聚区和城区之间的办公空间可达性

从上文的分析可知，城区之间的办公联系构成了北京市城市办公活动的基础框架，海淀区、朝阳区和西城区是空间可达性最高的三个城区，基于办公活动集聚区的角度来研究城市办公集聚区和北京市城区之间的办公联系也是必不可少的。以此，可从一个独特的角度解析城市办公集聚区形成的原因和城区之间空间可达性差别的原因。

从图5-11来看，北京市城区和城市办公集聚区之间的办公联系强度存在着明显的差异。

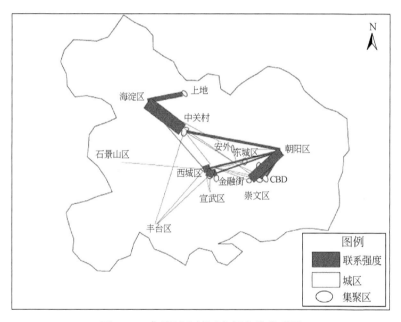

图 5-11　集聚区和城区之间办公联系图

（1）上地办公集聚区的主要城区联系为海淀区，上地本身的行政隶属为海淀区，说明它的办公联系还是以就近原则为主，它的空间可达性是建立在海淀区内部联系的基础上的。

（2）中关村办公集聚区的办公联系主要有两个方向：主要方向为行政区内即海淀区的办公联系；其次为中关村集聚区和朝阳区之间的办公联系。中关村办公集聚区和其他各个城区之间只存在着少许办公联系。这说明中关村的主要办公联系方向为海淀区和朝阳区，并且中关村的办公空间可达性较高。

（3）金融街办公集聚区位于西城区的核心地带，对外办公联系的城区比较多。金融街办公集聚区的主要办公流向为西城区内部，说明集聚区和所在城区的办公联系为主导。其次金融街集聚区和朝阳区的办公联系较为紧密，表明朝阳区的办公业和金融街的办公业联系程度非常强。金融街和石景山区、丰台区、海淀区和东城区之间也存在着办公联系，但是办公联系的强度较之朝阳区和西城区来说较小。这可以说明金融街地区的办公空间可达性也较高。

（4）CBD办公集聚区是北京市城市办公集聚区的主要代表之一，CBD内部四个办公集聚区的主要联系流向为朝阳区，主要是以内部联系为主。其次CBD的办公联系流向为西城区金融街方向，说明西城区内部的办公活动对于CBD的办公业配套作用较强。CBD办公集聚区和其他几个城区也存在着或多或少的联系，但是联系强度较小。

从总体上来讲，城区和集聚区之间的联系差异显著，主要是以集聚区和集聚区所在的城区之间的联系为主，和其他城区之间的联系较少。可以说明，集聚区之间的空间可达性的程度和其所属城区的空间可达性是相匹配的。

第三节　办公集聚区行业联系分析

城市办公活动是办公业的实体表现形式，它是以信息、产品和人的流动为主体的，而这些流动的主要载体就是行业联系。相同行业、关联效应行业、替代效应行业等不同形式的联系，必然会产生不同的需求，使得城市办公活动出现布局多样化，从而加速了城市办公活动形态的不断更新。行业联系之所以产生，是城市经济活动内部互通有无的结果。行业联系的范围和水平的不断深化，将会扩大城市办公活动的规模和等级，于是新的需求也就应运而生，进而从整体上带动城市经济活动的发展。可以说，没有行业联系就没有城市经济活动的发展。城市办公集聚区行业联系研究可以为后文的集聚区之间的办公联系强度和联系流向研究奠定行业基础，为它们的存在和产生提供可解释性。

本章选取了第三产业中具有代表性的十个主要行业的办公联系，以及其所属集聚区的办公联系之间的联系（表5-7）。这十个行业是交通运输、仓储和邮政业，信息传输、计算机服务和软件业，批发和零售业，住宿和餐饮业，金融业，房地行业，水利、环境和公共设施管理业，居民服务和其他服务业，卫生、社会保障和社会福利业，文化、体育和娱乐业。

表5-7　行业代码及名称

行业代码	行业名称
F	交通运输、仓储和邮政业
G	信息传输、计算机服务和软件业
H	批发和零售业
I	住宿和餐饮业
J	金融业
K	房地产业
N	水利、环境和公共设施管理业
O	居民服务和其他服务业
Q	卫生、社会保障和社会福利业
R	文化、体育和娱乐业

　　运用SPSS13.0对2400份有效问卷数据进行处理，辅以一定技术手段分析得出各个行业与其他行业之间的办公联系的次数（问卷数据是以一次业务联系作为调查的基础，一份问卷表示一次业务联系），使用Flow Mapper软件绘制出所需的行业办公联系图以及各个代表性集聚区的行业同质性。

一、同行业之间的办公联系

　　表5-8所示的是被调查行业之间的联系次数，表5-9则表示各行业联系在总体联系次数中的比重，选取的标准是比重超过1%的行业之间的联系比例。从中可以看出，除了信息传输、计算机服务和软件业与批发和零售业以外，各个行业与相同行业之间的联系明显多于不同行业联系，说明北京城区内同行业之间的办公联系是主体。其中以信息传输、计算机服务和软件业、批发和零售业、金融业、房地产业四个行业同行业间办公联系最为频繁，其他六个行业次之。由此可以看出，同行业之间的办公活动联系最为密切。

表5-8　行业之间联系表

行业代码	F	G	H	I	J	K	N	O	Q	R
F	69	20	19	7	14	3	5	0	3	3
G	20	386	74	23	37	12	6	10	20	7
H	19	74	158	26	8	5	1	14	11	18

续表

行业代码	F	G	H	I	J	K	N	O	Q	R
I	7	23	26	44	7	9	6	12	0	8
J	14	37	8	7	132	12	3	6	3	5
K	3	12	5	9	12	107	5	5	0	1
N	5	6	1	6	3	5	44	10	4	3
O	0	10	14	12	6	5	10	47	7	13
Q	3	20	11	0	3	0	4	7	39	9
R	3	7	18	8	5	1	3	13	9	71

表5-9 联系次数在总体联系次数中的比重 单位:%

行业代码	比例	行业代码	比例
GG	24.09	GH	4.62
HH	9.86	GJ	2.31
JJ	8.24	IH	1.62
KK	6.68	IG	1.44
RR	4.43	GF	1.25
FF	4.31	QG	1.25
OO	2.93	HF	1.19
II	2.75	RH	1.12
NN	2.75	QQ	2.43

二、不同行业之间的办公联系

从图5-12的不同行业之间的办公联系并结合表5-9的办公联系比例来看:

(1)信息传输、计算机服务和软件业与批发和零售业是办公联系最为紧密的两个行业,它们之间办公联系所占比例最高,说明这两个行业之间的互补性和配套性较强。信息传输、计算机服务和软件业与金融业之间的办公联系相对较强,所占比例排序第二,说明它们之间对于对方的办公需求较大。信息传输、计算机服务和软件业与其他各个行业之间也存在着强度相对较小的办公联系,说明信息传输、计算机服务和软件业是一个需要各个行业的配套服务,或者说是为其他各个行业服务的灵活性行业。

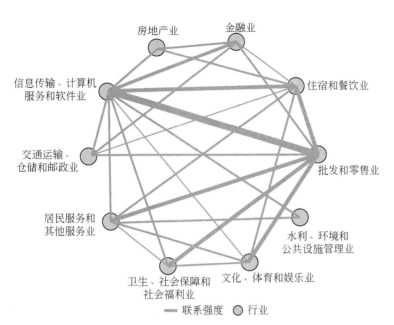

图 5-12　不同行业间办公联系图

（2）批发和零售业与六个行业存在着办公联系，与信息传输、计算机服务和软件业的办公联系强度最大，与文化、体育和娱乐业，卫生、社会保障和社会福利业，居民服务和其他服务业，交通运输、仓储和邮政业之间的办公联系强度较强，与金融业的办公联系强度相对较低。

（3）住宿和餐饮业在第三行业中为各个行业都有服务，只是存在着办公联系强度的差别，由此可以看出这个行业的办公活动的重要性。

（4）金融业是各个重要行业进行办公活动主要目的地之一，没有金融业就没有办公活动的繁荣。北京市的金融业集聚区位于西城区的金融街地区。从图5-13中可以看出，金融业与房地产业，信息传输、计算机服务和软件业，交通运输、仓储和邮政业，批发和零售业，住宿和餐饮业之间存在着极其密切的办公活动联系。

（5）居民服务和其他服务业是服务业的主要代表，它的存在为其他行业的发展提供了基础。从本次研究的数据来看，进行办公活动的居民服务业覆盖了五个主要行业——信息传输、计算机服务和软件业，批发和零售业，文化、体育和娱乐业，卫生、社会保障和社会福利业，水利、环境和公共设施管理业。

进一步分析不同行业间的办公联系，按照直接面对面联系和非直接（通过电话和电子邮件等后台办公形式）联系划分，可以看出不同行业办公联系间的细微差异。对比图 5-13 和图 5-14，10 个行业中，文化、体育和娱乐业与信息传输、计算机服务和软件业、批发和零售业之间属于面对面办公联系弱的行业，而居民服务和其他服务业与卫生、社会保障和社会福利业之间的面对面办公联系表现最强，其次是金融业和房地产业之间的面对面联系；尽管房地产业与信息传输、计算机服务和软件业之间没有面对面办公联系，但两者之间却存在较强的后台办公联系，卫生、社会保障和社会福利业则与交通运输、仓储和邮政业之间存在很强的后台办公联系，流向从前者指向后者。

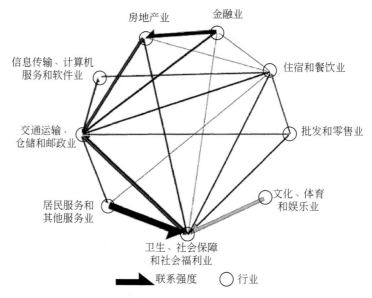

图 5-13　不同行业间面对面办公联系图

综上，对于不同行业之间的办公联系可以得出以下几点：

第一，信息传输、计算机服务和软件业、批发和零售业、金融业这三个产业之间的办公联系是所有行业中最为密切的三个行业；说明北京办公活动与北京城市产业功能定位相一致。

第二，对于绝大多数行业来讲，不同行业之间办公业务的往来仍然以面对面交流为主导，不同行业间的直接联系较为频繁。只有个别的，如文化、体育和娱乐业，房地产业，信息传输、计算机服务和软件业，批发和零售业等直接联系较弱。

第三，随着通信和互联网的发展，非直接的后台办公通过电话和电子邮件就可以进行信息的采集、处理和交易。因此，对于有些行业来讲，运营方式的转变对办公业的发展是一个推动，如电子银行、电子商务等的发展对金融业、批发和零售业、住宿和餐饮业的影响，一些相关业务公司则可以通过网络和通信进行办

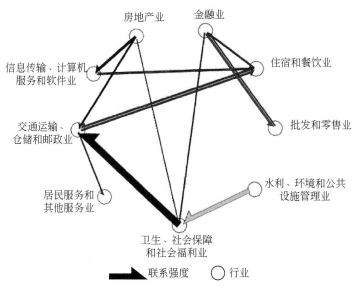

图 5-14　不同行业间后台办公联系图

公活动。这样，一方面，减少不必要的工作出行；另一方面，也将促进某些办公职能从市中心区向外转移扩散。

三、代表性办公集聚区的行业联系分析

(一) 代表性办公集聚区行业构成分析

从各个代表性集聚区内部进行办公联系的行业构成（图 5-15）来看：

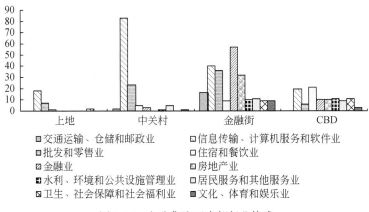

图 5-15　办公集聚区内部行业构成

（1）上地办公集聚区的行业构成较为单一，只有四个行业进行外出办公活动联系，分别为信息传输、计算机服务和软件业，批发和零售业，居民服务和其他服务业，卫生、社会保障和社会福利业，说明上地办公集聚区的行业办公联系强度较小。

（2）中关村办公集聚区有八个行业存在着对外办公联系，其中，主要是以信息传输、计算机服务和软件业，批发和零售业两个行业为主，说明中关村的行业构成中这两个行业占有绝大部分比例。

（3）金融街办公集聚区是办公活动最为频繁的区域，内部有十个行业进行对外办公活动联系，其中以信息传输、计算机服务和软件业，批发和零售业，金融业和房地产业四个行业为主，说明金融街的办公职能较其他几个集聚区来说相对较大。

（4）CBD办公集聚区也是北京市城市办公活动较为频繁的区域之一，在这个集聚区的内部，有九个行业进行着非常频繁和密切的办公活动联系，各个行业联系频度较为平均，只有信息传输、计算机服务与软件业，住宿和餐饮业两个相对较为突出的行业，说明CBD办公集聚区是一个综合的办公活动区域。

（二）办公集聚区行业同质性分析

办公集聚区内部行业同质性分析可以从另一个角度来分析各个集聚区之间进行办公活动的行业是否存在着相关性。如图5-16所示，金融街和CBD两个办公集聚区之间行业同质性程度最高，两个集聚区之间有九个相同的行业，可以看出，这两个集聚区之间进行办公活动的可能性是最大的；金融街和中关村办公集聚区之间的行业同质性也较高，有六个相同的行业，由此可以预见，这两个办公集聚区之间也会存在着较多的办公活动联系；中关村和CBD办公集聚区之间的行业同质性也较高，有五个相同的行业；上地办公集聚区和其他三个集聚区之间的行业同质性都较低，但是上地存在的几个主要行业也是中关村集聚区的主要行业，所以这两个集聚区之间也可能会有较强的办公活动联系。这些都是办公联系流向和办公联系强度的行业基础。

综上研究，可以得出：①从各个行业的办公活动联系来看，相同行业内部的办公活动联系最为密切；不同行业之间的办公联系主要是以信息传输、计算机服务业和软件业，批发和零售业，金融业三个行业为主。②从各个集聚区的外出办公的行业分类来看，金融街和CBD集聚区的对外办公活动联系最多，其次为中关村办公集聚区，上地办公集聚区的行业数量较少。③从各个集聚区的行业同质性来看，金融街和CBD办公集聚区之间的行业同质性最高，金融街和中关村、中关村和CBD办公集聚区的行业同质性次之，中关村和上地办公集聚区的行业

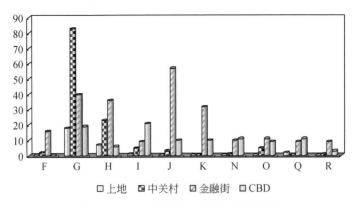

图 5-16　办公集聚区内部行业同质性图

同质性也相对较高，上地和金融街、CBD 两个办公集聚区的行业同质性较低。④从城区之间的办公联系来看，海淀区、西城区和朝阳区是办公联系的主体，海淀区是流出办公联系的主体，西城区和朝阳也有很大比例的外出办公活动；而西城区和朝阳区是办公活动主要的目的地，由此可以看出，这三个城区是北京市城区空间可达性最高的地区。⑤从城区和集聚区之间的办公联系来看，各个集聚区主要的联系方向为自己所在的城区，城区的空间可达性在一定程度上决定了城区内部的办公活动的空间可达性。

北京城市办公集聚区的空间可达性存在着明显的差异，结合流入强度和流出强度两个方面，可以看出：①中关村办公集聚区的空间可达性为最高，其次为金融街办公集聚区，CBD 办公集聚区次之，而上地办公集聚区的空间可达性相对较低。②从总体上来看，位置相邻近的办公集聚区之间的空间联系强度较大，而距离较远的办公集聚区的空间联系强度较小，即北京城市办公集聚区存在着明显的距离衰减特征，这也是相对空间可达性差异的基础原因之一。③从北京城市办公集聚区的内部流向来看，各个集聚区的流向特征差异性显著，总体来看，北京城市办公集聚区之间空间联系流向表现为由外城区向核心区流动的特征。中关村办公集聚区的空间联系在四个代表性办公集聚区中表现最为活跃。正是由于这种空间流向的差异性存在，才会有集聚区之间空间可达性的差异。

办公区位选择是办公业发展的依赖因素，是城市办公活动得以发展的基础，合理且有效的城市办公业布局是推动城市发展的动力。办公区位的选取可以影响到城市空间结构，进一步来讲，能够更加影响城市形态的是办公活动和周边其他经济活动以及配套基础设施的共同作用。办公活动布局往往会带来相关联产业活动的集聚和配套基础设施的建设，以交通基础设施为例，办公活动周边大量交通基础设施的建立必然会改变原有的城市形态，城市开发的强度和基础设施的密度必然出现空间上的差异，这就是办公活动的长期影响作用。

就办公区位选择本身而言，它受到地租、基础设施、办公活动规模等方面的影响，由此所引发的办公活动布局差异性极为显著，而办公空间可达性在一定程度上就是这些具体因素综合作用的结果。可以说，办公空间可达性在城市办公区位选择中的作用日趋明显。

第六章　北京办公空间经济格局

经济空间是经济客体在空间相互作用时所形成的空间集聚形态以及分工组织形式（郑文晖和宋小东，2009），其结构是指在一定地域范围内经济要素的相对区位关系和分布形式，它是在长期经济发展过程中人类经济活动和区位选择的累积结果（陆大道，1999）。随着城市经济的发展及产业结构的不断升级，办公业逐渐替代制造业成为城市经济活动的重点，办公活动空间成为城市新的经济空间的构成部分，对城市的经济活动和空间结构产生越来越深刻的影响。早期，由于办公活动需要高频率的面对面交流，故产生了相对较高的交通成本，就单中心城市而言，在交通成本作用下，办公活动的区位选择更倾向于市中心，其竞标租金与距市中心的距离呈负相关（沙利文，2002）。后工业化时代以来，服务业和信息化的迅猛发展，尤其是通信及交通技术进步，办公活动开始出现离心化和扩散现象（Gad，1985）；与此同时，迫于租金成本的压力，一些公司开始搬离市中心，郊区办公活动有所发展（Goddard and Morris，1976；Dowall，1986）。

本章对北京城市办公空间的经济格局探讨首先从写字楼租金入手，分析租金、地租对办公空间经济格局的作用和影响，再从行业分析探究各个行业办公空间的共性与差异，最后以电子通信与装备制造业为代表分析制造业属独立办公活动的空间特征。

第一节　基于租金的办公空间经济结构

国外对写字楼租金的研究主要是构建租金模型，探讨写字楼租金的影响因素，并检验某一因素对租金是否存在影响。例如，Brounen 等运用误差修正模型对美国 1990 ~ 2007 年 15 个城市的写字楼租金进行研究，发现租金与就业和空置率有很强的相关性（Brounen and Jennen，2009）；Öven 等对伊斯坦布尔的写字楼租金进行因子分析，建立写字楼租金模型，运用线性和非线性回归，讨论各种模型的结果（Öven and Pekdemir，2006）；Gunnelin 等采用回归分析法研究了斯德哥尔摩写字楼租金的影响因素，并对未来租金市场的调控提出了科学的建议（Gunnelin and Soderberg，2003）。我国对写字楼租金的定量研究较少，其中有代表性的是对上海的实证研究，通过相关分析和回归分析，探讨了写字楼的租金差异及空间分布特点，解释了影响上海写字楼租金的主要因素（石忆邵和范胤翡，2008）。

本章以写字楼租金为指标，通过空间分析方法，研究北京写字楼租金的空间分布特征及空间相关性，比较写字楼租金分布趋势与基准地价之间的关系，探讨地价、租金与城市经济空间结构之间的作用与反作用。

一、写字楼租金的空间集聚特征

基于实地调查的写字楼点位数据，计算得出北京市写字楼租金的 Global Moran's I 指数为 0.526，其中 $P < 0.01$。表明北京市写字楼租金的空间分布在 1% 显著性水平下存在较强的全局正自相关特性，即租金属性值相似（高租金与高租金或低租金与低租金）的写字楼在空间上集中分布，呈现较明显的集聚格局。

进一步运用安塞林（Anselin，1995）提出的 LISA（local indicators of spatial association）方法，推算聚集区（spatial hot spot）的具体空间位置。对北京市写字楼租金的点状数据分布模式进行局域空间自相关分析，在 1% 显著性水平下绘制局域空间自相关集聚图（图 6-1）。

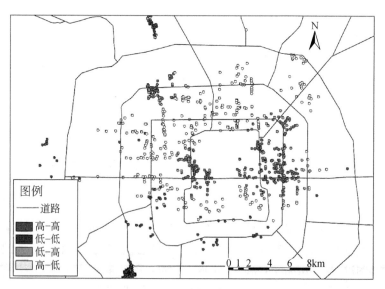

图 6-1　北京城区写字楼租金局域空间自相关（点状数据）集聚图

图 6-1 显示，北京城区写字楼租金呈现出四种空间关联模式：一是高—高关联模式（H-H），表示该写字楼租金与周围写字楼的租金均高于写字楼租金的平

均值；二是低—低关联模式（L-L），表示该写字楼租金与周围写字楼的租金均低于平均租金；三是低—高关联模式（L-H），表示该写字楼租金低于平均租金，而其周围的写字楼租金却高于平均租金；四是高—低关联模式（H-L），表示该写字楼租金高于平均租金，但是其周围的写字楼租金却低于平均租金。无颜色的点是没有通过显著性检验，其空间分布随机。"高—高"和"低—低"关联模式均说明基于租金属性值的写字楼空间分布具有较强的空间正相关性，即空间集聚分布显著，而"高—低"与"低—高"模式则存在较强的空间负相关，局域存在异质性。

通过空间分析，总结出北京城区写字楼租金空间分布主要表现出如下特征：

（1）租金属性相近的写字楼在空间上总体呈现较为明显的集聚分布格局；其集聚状态存在显著的热点区域。

（2）写字楼租金分布格局的空间偏向差异显著，即空间分异显著。以长安街及其延长线为界，高租金写字楼主要集聚在北部，包括CBD、金融街、中关村及燕莎地区，而低租金在南部集聚显著，主要分布在南四环总部基地，并伴有少量零星分布在南三环与南四环之间及丰台丽泽地区，石景山八大处地区和海淀上地也为租金低值集聚区域；以北京城中轴线为界，东西方向亦呈现一定的差异性，以东地区的租金高值集聚显著，以西地区则表现为高值与低值交叉存在，呈现出"小集聚大分散"的特点。

（3）高租金点位依托交通干线集聚。长安街及其延长线成为高租金写字楼集聚的东西向走廊，而南北方向则主要沿西二环、东二环及东三环分布，且向北倾斜显著。

（4）高租金写字楼空间集聚特征明显，从集聚与分散的角度来看，高租金写字楼更倾向于集聚分布，而低租金的写字楼，除总部基地外，主要呈零散分布。

（5）写字楼租金与距市中心的距离呈负相关。以天安门为市中心，高租金写字楼的空间分布具有明显的向心性，而低租金写字楼主要分布在二环以外。

二、写字楼租金的空间分布格局解析

为了进一步把握北京城市办公活动的经济空间结构，在写字楼租金点状数据分析的基础上，以北京城区街道为研究底图，提取出写字楼数量大于5的街道，并以落在街道中的写字楼租金平均值为属性值，进行面状数据的局域空间自相关分析（图6-2）。

如图6-2所示，基于街道面状数据的租金分布呈现明显的空间分异格局。高—高关联模式集中分布在二环以里以及东二环与东三环之间的街道范围内，

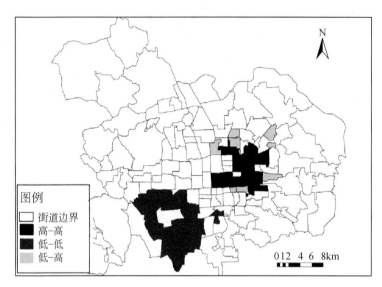

图 6-2　北京城区写字楼租金局域空间自相关（面状数据）集聚图

低—低关联模式主要集中在西南方向丰台区范围内的主要街道；而 8 个低—高关联模式的街道镶嵌在高值热点区域外围，提示空间异质性的存在。

形成这种经济空间格局的主要原因在于以下几点：

（1）历史惯性。20 世纪 80 年代，北京商务办公开始萌芽，由于东二环朝阳门外至建国门外地区的涉外资源较为丰富，各国驻华使馆、高档酒店云集，同时邻近机场高速与交通干线，使该地区成为跨国公司等外商办公的主要场所。在集聚效应的影响下，地价攀升，写字楼租金高涨，成为高租金写字楼集聚的热点区域。

（2）规划引导。北京商务写字楼的空间分布，一方面受到市场因素的调节，另一方面受到城市规划的引导。《北京城市总体规划（1991～2010 年）》即确立了中央商务区（CBD）范围，并规划建设了大量的写字楼，引导办公活动在此集聚，而金融街的规划建设同样引导大量写字楼的落成，使这些区域成为北京城市经济发展的核心区域。

（3）事件推动。亚运会及奥运会在北京的举办，加大了对北部城区建设的投入，商务办公环境和基础设施等条件不断完善，为该地区办公业的发展奠定了坚实的基础，进而吸引办公活动在此聚集，形成了新的高租金集聚区域。

办公活动的根本是信息交流与沟通并以此解决问题来获得市场收益（Daniels，1975），因此，对于办公区位来讲，便于交流是关键，而邻近交通干道在很大程度上有益于提高办公活动的效率。长安街及其延长线是北京东西向联系的主要干道，其附近的地价相对较高，写字楼租金较高，出现了长安街沿线高租金区域集中分布的空间特征。

三、地价、租金与城市经济空间结构

土地的价格，即地价，本质上是资本化的地租（杨吾扬，1989），是构成租金的基础，反之租金又在一定程度上映射地价，并对地价调整产生反作用力。从城市内部分析，城市经济空间结构是由城市土地利用内在规律作用的结果，而城市土地利用优化符合杜能环理论的同心圆状分布规划（张景秋等，2010）。

以北京城区办公活动为例，运用普通克里格插值（ordinary Kriging）法。克里格插值法是以空间自相关为基础，利用原始数据和半方差函数的结构性，对区域变量的未知采样点进行无偏估值的插值方法（汤国安和杨昕，2006）。剔除租金属性值缺失的点位数据，运用空间插值的方法旨在得到北京办公楼租金的空间分布变化趋势。利用 Arc GIS 软件的地统计分析模块（geo-statistical analyst）对北京市办公楼租金进行空间插值，得到办公楼租金的空间分布变化趋势图（图 6-3）。

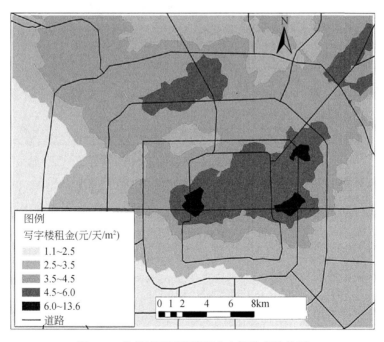

图 6-3　北京城区写字楼租金空间分布趋势面

北京城区写字楼租金空间分布趋势表现为：①租金大体呈同心环状分布，租金值由中心向周边递减；②高等级租金分布从西南向东北方向延伸，以长安街及其延长线为轴线，北部租金等级高于南部；③朝阳区 CBD、燕莎地区和西城区的金融街形成 3 个明显的租金最高等级的岛状结构；④租金次高等级的轴向分布方向与放射状城市对外交通干道方向一致，如机场高速和京藏高速，说明交通干道对写字楼租金存在较为显著的影响。

图 6-4 为北京市基准地价级别示意图，对比图 6-3 和图 6-4 可以看出以下四点：

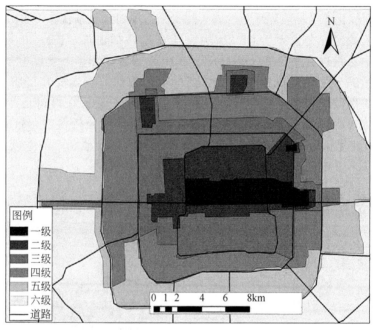

图 6-4　北京市基准地价级别示意图（综合）

资料来源：《北京地价》北京市国土资源和房屋管委局组织编著（2004 年）

（1）北京市写字楼租金与基准地价的综合地价在空间分布态势上基本吻合，即整体呈现同心环状由中心向外逐渐递减。

（2）岛状分布的写字楼高租金区位包含在基准地价的一级地价范围内，与城市经济发展的热点区域相一致。

（3）写字楼租金空间分布趋势轴向与基准地价偏向大体一致，且高租金写字楼主要分布在交通干道和环线上，与基准地价的交通干道延伸及环线热岛分布相一致，验证了交通是影响地价和租金的重要因素。

（4）从写字楼租金趋势面分析，大屯地区、将台地区以及崔各庄和东坝地区是写字楼租金次高等级趋势面的所在范围。

基准地价是在城镇规划区范围内，对现状利用条件下不同级别或不同均质地域的土地，按照商业、居住、工业等用途，分别评估确定的某一期日上法定最高年期土地使用权区域平均价格。因此，基准地价在成为城市内部不同区域写字楼租金定价的依据的同时，也反映出北京城市经济空间结构的基本特征，即总体上呈现同心环状向心集聚，并沿交通干道和对外放射状道路延伸，同时，城区内存在明显的空间差异性。基准地价反映的是特定时间、特定区域内的平均地价水平，具有时效性。随着城市经济的发展，基准地价将随之变化，需每隔一定时期对其进行调整。一方面，有助于重新认识和了解城市经济空间结构特征，为城市规划调整提供依据；另一方面，为政府对土地市场进行宏观调控提供数据支撑。

租金作为办公活动区位选择的主要因素以及衡量地价和经济发展程度的重要指标，间接影响着城市内部经济空间结构的形成与发展。以写字楼租金为指标，探测城市经济发展的热点区域、发展缓慢区域及潜在发展区域，对地方政府的规划及政策制定，有重要的实践意义。为平衡城市经济空间结构，对于发展缓慢的区域，应有针对性地进行规划建设、增加资金投入和制定政策保障。由此，北京未来应重点发展南城，在基础设施及公共服务设施建设上，应加大对城南的投入，构建南北经济轴线，重点培育总部基地、京西商务区、亦庄开发区，依靠多中心带动城市各区域发展。确定城市的空间发展方向，优化资源的空间配置，进而达到城市空间结构的效益最大化。

第二节　基于行业的办公空间经济结构

由于获取全部写字楼的行业数据难度较大，课题组从连续两年利用 Trimble Juno SB 手持 GPS 实地采集的北京城区 1921 栋写字楼点位数据中抽选 594 个样本点进行分析，对 594 个写字楼入住企业的性质及从业人数进行统计，建立空间数据库，属性表包括写字楼名称、各行业的公司个数及就业人数总和。

在行业筛选过程中，一是根据我国国家统计局行业分类标准，结合商务性办公特点；二是兼顾数据的前后一致性。由于行业信息数据主体来源供应商所采用的行业分类为 1994 年国民经济行业分类标准[①]，1994 年我国国民经济行业分为 16 大类（具体包括：①农林牧渔业；②采掘业；③制造业；④电力煤气及水的生产和供应业；⑤建筑业；⑥地质勘查业、水利管理业；⑦交通运输、仓储和邮电通信业；⑧批发和零售贸易、餐饮业；⑨金融保险业；⑩房地产业；

---

① 国家技术监督局 1994 年 8 月 13 日发布：《国民经济行业分类和代码》（GB/T4754 - 94）。

⑪社会服务业；⑫卫生体育和社会福利业；⑬教育、文化、艺术及广播电影电视业；⑭科学研究和综合技术服务业；⑮国家机关、党政机关和社会团体；⑯其他行业）。本研究的主体是商务性办公空间行业结构特征，剔除3个明显的政务性、生产制造和福利性行业以及具体包含内容不详的其他行业，再剔除4个样本量少、空间集聚分析没有通过显著性检验的行业。最后，本书筛选出包括建筑业，交通运输、仓储和邮政业（下简称交通运输业），批发和零售业，金融业，房地产业，社会服务业，教育、文化、艺术及广播电影电视业（下简称教育文化业）以及科学研究和综合技术服务业（下简称科技服务业）8个行业作为研究的主体。

需要说明的是我国现行国民经济行业分类执行2002年的颁布标准[①]，与1994年标准相比，主要是对社会服务业进行了细化，将1994年标准中隶属于社会服务业的一些亚类行业[②]提升到类。考虑到数据点位、属性以及空间分析的一致性，本文研究对基于统计年鉴数据的部分行业指标依据1994年标准进行了合并，主要包括：①将教育业和文化体育及娱乐业合并成教育文化艺术及广播电影电视业（下简称教育文化业）；②将信息传输、计算机服务和软件业、住宿餐饮业、租赁和商务服务业、居民服务及其他服务业指标合为社会服务业。

一、行业比较优势分析

运用区位商法，定量分析北京市各行业的比较优势。区位商的计算公式为

$$Q = \frac{e_i/e_t}{E_i/E_t}$$

式中，e_i 为城市中 i 部门就业人数；i 为行业部门；t 为城市中各行政区；e_t 为城市中总就业人数；E_i 为全国 i 部门就业人数；E_t 为全国总就业人数；Q 为区位商。

$Q > 1$ 时，表明该部门在该地区生产集中，具有规模比较优势，Q 值越大，则该部门比较优势就越大；$Q = 1$ 时，说明该部门专门化率与全国相当；$Q < 1$ 时，表明该部门不具备规模比较优势。以按行业分城镇单位就业人数为指标，计算2004~2008年北京市各行业的区位商，结果如下（表6-1）。

---

① 国家质量监督检验检疫总局2002年5月10日发布：《国民经济行业分类》（GB/T4754-2002）。
② 1994年行业分类标准中社会服务业包括：公共设施服务业；居民服务业；旅馆业；租赁服务业；旅行业；娱乐服务业；信息、咨询服务业；计算机应用服务业；其他社会服务业。

表6-1　北京市主要行业从业人数区位商

	2004 年	2005 年	2006 年	2007 年	2008 年
北京/万人					
建筑业	41.3	41.1	34.3	32.8	32.8
交通运输、仓储和邮政业	36.1	37.1	41.5	45.9	47.7
批发和零售业	42.2	38.8	36.5	38.4	43.6
金融业	15.4	15.8	18.5	20.8	22.7
房地产业	22.8	23.3	24.3	26.3	28.8
社会服务业	97	100.9	107.3	118.8	128.8
教育、文化、艺术及广播电影电视业	50.6	50.8	51.4	53.5	54.8
科学研究和技术服务业	29.5	31.6	33.6	35.5	40.1
制造业	105.1	102.4	99.7	102.5	96.3
总从业人数	502.8	505.6	513.8	544.4	570.3
全国/万人					
建筑业	841.0	926.6	988.7	1 050.8	1 072.6
交通运输、仓储和邮政业	631.8	613.9	612.7	623.1	627.3
批发和零售业	586.7	544.0	515.7	506.9	514.4
金融业	356.0	359.3	367.4	389.7	417.6
房地产业	133.4	146.5	153.9	166.5	172.7
社会服务业	549.5	583.8	615.4	640.7	684.0
教育、文化、艺术及广播电影电视业	1 590.2	1 605.8	1 626.8	1 645.9	1 659.9
科学研究和技术服务业	222.1	227.7	235.5	243.9	257.0
制造业	3 050.8	3 210.9	3 351.6	3 465.4	3 434.3
总从业人数	11 098.9	11 404.0	11 713.2	12 024.4	12 192.5
区位商					
建筑业	1.1	1.0	0.8	0.7	0.7
交通运输、仓储和邮政业	1.3	1.4	1.5	1.6	1.6
批发和零售业	1.6	1.6	1.6	1.7	1.8
金融业	1.0	1.0	1.1	1.2	1.2
房地产业	3.8	3.6	3.6	3.5	3.6
社会服务业	3.9	3.9	4.0	4.1	4.0
教育、文化、艺术及广播电影电视业	0.7	0.7	0.7	0.7	0.7
科学研究和技术服务业	2.9	3.1	3.3	3.2	3.3
制造业	0.8	0.7	0.7	0.7	0.6

注:《中国统计年鉴2010》和《北京统计年鉴2010》在"按行业分城镇单位就业人员数"一项统计上出现了差异。《中国统计年鉴2010》仍然保留有"各地区按行业分城镇单位就业人员数(年底数)"指标,而《北京统计年鉴2010》将该项指标变更为"全市法人单位从业人员",且对照前后两个指标数据统计口径相差较大,为确保数据的一致性,结合北京五年计划的实施,在进行本文分析时选取数据年份为2004~2008年

资料来源:《北京统计年鉴(2005~2009年)》,《中国统计年鉴(2005~2009年)》

通过区位商分析，可以看出北京市：①制造业的区位商一直小于 1，且有逐年降低的变动趋势，说明北京市制造业的专业化程度低于全国水平，制造业已不再是北京市的经济发展的主导产业。②建筑业区位商由 2004 年的 1.1 降为 2008年的 0.7，而制造业区位商也逐年降低，且小于 1，表明北京市的三大产业中，第二产业处于比较劣势的地位。③交通运输业、批发零售业和金融业的区位商大于 1，房地产业、科学研究和技术服务业及社会服务业区位商超过 3，说明这些行业的专业化程度远高于全国水平，具有规模比较优势，充分反映了北京市的金融贸易优势、交通运输枢纽、科研技术优势，其房地产和服务业发达，已完成了由"生产"向"服务"的经济结构转型。

二、行业圈层结构分析

写字楼租金的支付能力与企业规模和经济效益有很强的相关性，规模大、产出效益高的企业，对租金的支付能力强，倾向于选择等级高、区位优势好的写字楼。另外，行业本身性质的差异，也是影响租金支付能力的重要因素。根据北京市国土资源和房屋管理局的调查，北京市的地价由内向外呈现同心环递减，距离市中心的远近是影响地价的主要因素。

为探讨选取样本包含的各行业在城市内部的分布特征，遵循级差地租原理，距离市中心远近与地租支付能力之间存在正相关，距离市中心越近，地租支付能力越强。选择以天安门为中心，根据北京城区尺度及各环线道路距离天安门的直线距离，选择 5 km、10 km 和 15 km 为缓冲区半径（图 6-5），划定三个圈层，并通过 Arc GIS 9.2 的空间分析模块，对三个圈层及样本点所含各行业的就业吸纳率密度等级进行分析（图 6-6）。

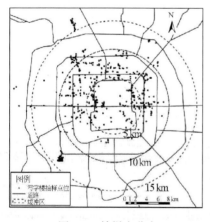

图 6-5　抽样点分布

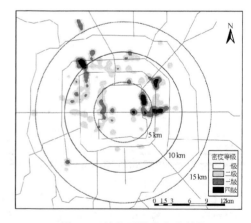

图 6-6　就业吸纳率密度等级

通过 Arc GIS 的空间分析模块统计各圈层不同行业的公司个数与就业人数，结果如下（表6-2）。

表6-2　行业分布分圈层统计表

行业类型	就业人数	公司个数	就业密度	公司密度	吸纳率/%（就业人数/公司个数）
第一圈层（0~5 km）					
建筑业	4 386	82	55.84	1.04	53.49
交通运输、仓储和邮政业	4 663	112	59.36	1.43	41.63
批发和零售业	85 157	2 719	1 084.11	34.61	31.32
金融业	18 312	279	233.13	3.55	65.63
房地产业	7 528	220	95.84	2.80	34.22
社会服务业	61 979	2 522	789.04	32.11	24.58
教育、文化、艺术及广播电影电视业	3 380	197	43.03	2.51	17.16
科学研究和技术服务业	8 489	788	108.07	10.03	10.77
小计	193 894	6 919	2 468.42	88.08	28.02
第二圈层（5~10 km）					
建筑业	10 094	205	42.83	0.87	49.24
交通运输、仓储和邮政业	7 930	182	33.65	0.77	43.57
批发和零售业	96 749	3 788	410.56	16.07	25.54
金融业	9 578	297	40.65	1.26	32.25
房地产业	3 805	234	16.15	0.99	16.26
社会服务业	94 094	3 889	399.30	16.50	24.19
教育、文化、艺术及广播电影电视业	6 425	555	27.27	2.36	11.58
科学研究和技术服务业	28 497	2 286	120.93	9.70	12.47
小计	257 172	11 436	1 091.33	48.53	22.49
第三圈层（10~15 km）					
建筑业	6 567	38	16.72	0.10	172.82
交通运输、仓储和邮政业	5 286	46	13.46	0.12	114.91
批发和零售业	40 536	1 137	103.21	2.89	35.65
金融业	1 072	58	2.73	0.15	18.48
房地产业	4 945	63	12.59	0.16	78.49
社会服务业	19 772	752	50.34	1.91	26.29
教育、文化、艺术及广播电影电视业	2 529	137	6.44	0.35	18.46
科学研究和技术服务业	24 555	1 317	62.52	3.35	18.64
小计	105 262	3 548	268.01	9.03	29.67

（1）从就业人口吸纳率指标来看，北京城市办公空间具有明显的等级分异特征，整体呈现为"东高西低"，城市高端功能区就业吸纳能力强的特点。城市沿传统中轴线分界，以东地区就业吸纳等级高于以西地区，等级范围广且距市中心距离近，而以西地区除中关村和金融街高端功能区外，密度等级整体较低（图6-6）。

（2）从各行业内部分析，金融业的就业吸纳率圈层递减规律最为明显，说明规模大的金融机构向心性明显，规模小的金融机构出于规避经济风险的目的，更倾向于选择租金较低外围圈层；建筑业和交通运输业的就业吸纳率在10～15 km数值较高，由于行业经济效益的差异，二者属于劳动密集型行业，经济利润相对不高，可见该行业中规模较大的企业更倾向于选择租金低、办公面积充足的外围圈层，也体现出不同行业的空间分异特征（图6-7～图6-9）。

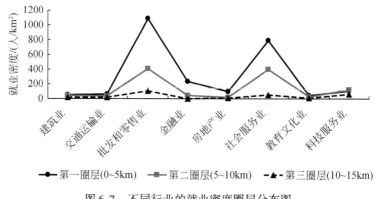

图6-7　不同行业的就业密度圈层分布图

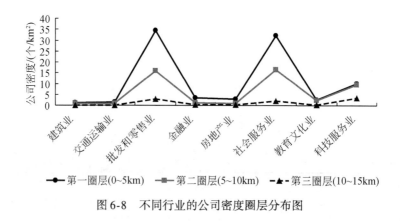

图6-8　不同行业的公司密度圈层分布图

（3）从总体来看，就业密度与公司密度由内向外逐渐递减，说明北京城市办公业的区位选择仍然具有明显的向心性。三个圈层横向比较发现，批发和零售

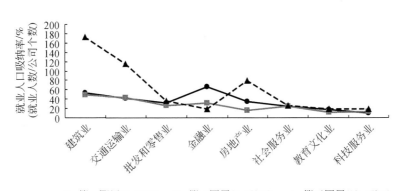

图 6-9 不同行业的就业人口吸纳率圈层分布图

业的就业密度及公司密度最高，社会服务业次之，科技服务业位居第三。体现了批发零售业贴近客户群体，区位选择更倾向于人口密集的中心城区；社会服务业具有相似的办公区位选择倾向；科技服务业的密度较高的原因在于北京是全国科研中心，拥有大量的科研院所及高校，二者为科技服务业提供了坚实的平台基础。三个行业的纵向比较来看，只有科技服务业的密度下降幅度相对较小，这主要是由于海淀区尤其是中关村一带，是北京市高校及科研机构的主要集聚区域，而该区域位于第二圈层，由此可看出科技服务业与高校和科研机构布局具有明显的相关性。从就业人数/公司个数的指标来看，金融业的递减规律最为明显，说明大规模的金融机构向心性明显，小规模的金融机构出于规避经济风险的目的，更倾向于选择租金较低外围圈层；建筑业和交通运输业的该项指标在第三圈层明显升高，由于行业经济效益的差异，二者属于劳动密集型行业，经济利润相对不高，可见该行业中规模较大的企业更倾向于选择租金低、办公面积充足的外围圈层，也体现出了行业不同所产生的空间分异特征。

三、行业的空间分异特征

为了更好地表现各行业的空间分异特征，本研究基于行业规模属性，以每栋写字楼内分布的各个行业就业总人数为指标，分别对各行业所属写字楼进行分级，呈现北京城区不同行业办公活动空间分布状况。分级方案采用 ArcGIS 9.2 中的 natural breaks 分级方法，即根据各行业规模数值本身的分布规律，在分级数确定的情况下，通过聚类分析将相似性最大的数值分在同一级，而差异性最大的数值分在不同级，该分级方法所得到的分级方案可以较好地保持原有数据的统计特征（吴秀芹等，2007），聚类结果如图 6-10 所示。

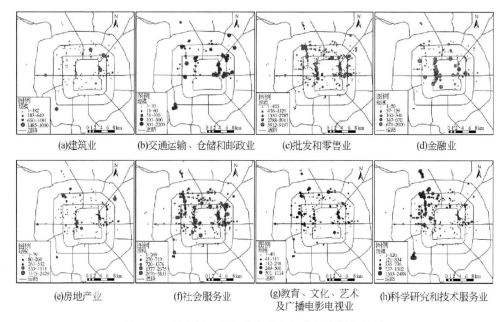

(a)建筑业　(b)交通运输、仓储和邮政业　(c)批发和零售业　(d)金融业

(e)房地产业　(f)社会服务业　(g)教育、文化、艺术及广播电影电视业　(h)科学研究和技术服务业

图6-10　北京城区各行业办公空间分异聚类分析图

基于行业分析的北京城市办公空间经济结构表现为以下几方面:

(一) 各行业空间分异特征显著,形成不同的空间集聚模式

各行业的空间分布大体呈现三种集聚模式,即"大分散、小集聚"模式,"大分散、大集聚"模式和"小分散、大集聚"模式。①"大分散、小集聚"模式主要表现为空间点位在城区内部分布均衡,有热点区存在,但热点区的空间范围不大,如建筑业、房地产业及教育文化业等。②"大分散、大集聚"模式,除了空间点位分布均衡外,热点区内规模大的公司较多且空间范围较大,如批发和零售业、社会服务业及科技服务业等。③"小分散、大集聚"模式主要表现为空间点位分布相对集中,规模较大公司集聚分布,并形成范围较大的集聚热点区,如交通运输业和金融业。

(二) 规模较大的企业倾向于沿交通干线布设

各行业中大规模企业的区位选择更倾向于沿交通干线布设,如批发和零售业及社会服务业在东二环和长安街沿线的分布形成明显的"L"型集聚形态;金融业沿西二环呈现明显线性分布特征;建筑业、房地产业及交通运输业的热点区均分布在交通干线附近,尤其是交通运输业,主要集聚于交通干线两侧,区位的交通指向性非常明显。由此看来,交通条件依然是企业区位选择的重要影响因素。

（三）行业热点区的形成与城市功能格局相关性显著

金融业空间分布格局清晰，主要沿西二环金融街一带集聚分布，且规模较大，CBD 也有相当规模的企业分布。除此两大热点区域外，外围分布的企业规模相对较小。可以看出金融业的空间布局受到规划调控作用明显。科技服务业的空间偏向性显著，明显倾向于海淀区，且在上地、中关村一带形成大规模大范围空间集聚热点区域，这与海淀区的科研和教育优势密不可分。

四、行业的空间集聚特征

Ripley's $K(d)$ 函数是用来分析在一定的尺度范围内空间点过程数据的工具，其统计量可以分析在不同空间尺度上，某一点的分布所表现出来的特定模式（黄戴维和李杰，2008）。运用 Ripley's $K(d)$ 函数分析，把每栋写字楼内各公司依照其隶属行业分类后，具有某类行业的写字楼就视为平面上的一个点，绘制各行业分布点图，并以此为基础分析各行业空间分布格局，即点格局。Ripley's $K(d)$ 函数公式如下：

$$K(d) = A \sum_{i=1}^{n} \sum_{j=1}^{n} \frac{\delta_{ij}(d)}{n^2} \tag{6-1}$$

$$i,j = 1,2,\cdots,n; i \neq j, d_{ij} \leq d, \delta_{ij}(d) = \begin{cases} 1(d_{ij} \leq d) \\ 0(d_{ij} > d) \end{cases}$$

式中，A 为研究区域面积；n 为研究区域内办公楼个数；d 为距离尺度；d_{ij} 为办公楼个体 i 与个体 j 之间的距离。

Besag（1997）提出用 $L(d)$ 取代 $K(d)$，并对 $K(d)$ 作开方的线性变换，以保持方差稳定。在随机分布的假设下，$L(d)$ 的期望值等于零，$L(d) = \sqrt{\frac{K(d)}{\pi}} - d$。$L(d)$ 与 d 的关系图可以用于检验依赖于尺度 d 的办公楼分布格局。如果 $L(d)$ 小于随机分布下的期望值，即为负值，则认为办公楼有均匀分布的趋势；$L(d)$ 大于期望值，即为正值，则办公楼有聚集分布的趋势；否则为随机分布。

采用 Ripley's $K(d)$ 函数对各行业的空间集聚特征进行分析，Ripley's K 点格局分析通过 Crimestat 软件实现。结果显示各行业的集聚程度均高于随机分布的最大值，显著性全部通过检验，表明在特定尺度范围内北京市各行业空间分布具有显著的集聚性。

通过测算各行业的集聚峰值和峰值距离（图 6-11），发现北京城市办公空间行业分布结构总体呈倒"U"型，各行业办公区位选择的空间尺度存在差异。从各行业的 L 值曲线变化趋势看，各行业趋势类似，均呈先增后减的倒 "U" 型结构特征，不存在无峰值和双峰值的现象；从峰值出现的距离看，各行业空间尺度差异明显。

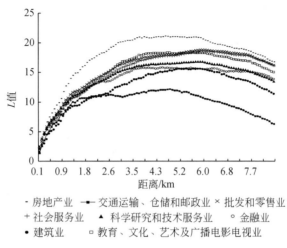

- 房地产业 ━■━ 交通运输、仓储和邮政业 × 批发和零售业
+ 社会服务业 ▲ 科学研究和技术服务业 ○ 金融业
• 建筑业 □ 教育、文化、艺术及广播电影电视业

图 6-11 北京城区办公业的行业 Ripley's L（t）函数

（一）各行业总体呈现倒 "U" 型空间集聚特征

各行业的 L 值曲线变化趋势类似，均呈先增后减的倒 "U" 型特征。房地产业的集聚程度最高，教育、文化、艺术及广播电影电视业次之，批发和零售业与社会服务业的集聚曲线具有相似的形态；交通运输、仓储和邮政业的集聚程度最低，但该行业最早出现集聚峰值，在 3.8 km 的距离尺度上 L 值达到 12；金融业集聚峰值出现在 4.2 km 左右，房地产业的峰值最高，L 值为 21，峰值发生在 4.6 km 左右；建筑业、教育业以及科研技术服务业的峰值大致出现在 5.5 km 左右，而社会服务业和批发零售业的峰值出现最晚，在 6.0 km 左右。

（二）各行业办公区位选择的空间范围存在差异

社会服务业和批发零售业出现集聚峰值的距离最大，在 6.0 km 左右，说明两者在较大的空间尺度内表现出集聚特性，这两类行业所属公司可以在较大的空间范围内选择办公区位；建筑业、教育文化业和科技服务业的峰值距离次之，三者的办公区位选址也具有较大的空间选择范围；金融业的峰值距离相对较小，出现在 4.2 km 左右，说明该行业办公区位可选范围较小，也验证了金融业多集聚于 CBD 和金融街等特定办公区域的行业选址特性；交通运输、仓储和邮政业的峰值距离最小，在 3.8 km 左右，说明该行业办公区位可选范围最小，这主要是由于该行业公司数量不多，但普遍规模较大，空间分布主要集中在交通干线附近，如长安街沿线、交通环线和机场高速沿线等，办公区位的交通指向十分显著（张景秋和陈叶龙，2011）。

第三节　制造业属独立办公空间经济结构

作为从制造业中分离出来的办公活动，与制造业间的联系仍然紧密，特别是随着经济全球化和跨国公司总部经济的发展，办公业与制造业的劳动分工使其在空间上逐渐清晰，生产制造和组织运行的分化，使得一大批隶属于制造业行业大类的办公活动从中分离，有的独立发展成为新的行业，有的依然为生产制造服务，但在空间上分离，从工厂转向写字楼，成为制造业属的独立办公活动。

在本章第二节研究中，从行业划分来研究，就将制造业剔除了，但在实地调研过程中发现一些公司隶属于制造业，却独立于生产制造环节，并在写字楼内有独立的办公地点。基于此，在进行北京办公空间研究时，对这类办公活动选择典型代表进行分析。

一、制造业的概念界定与辨析

制造业也就是传统意义上的加工业，是第二产业的重要组成部分，或者说是第二产业的主体之一。制造业一直是我国的支柱产业之一，近年来更是发展迅速，甚至很多人将我国称为"世界工厂"。按照国家统计局国家经济行业分类中对制造业的解释：制造业指经物理变化或化学变化后成为了新的产品，不论是动力机械制造，还是手工制作；也不论产品是批发销售，还是零售，均视为制造。制造业包括第二产业中除采矿业，电力、燃气及其生产和供应业，建筑业以外的所有行业。对于办公业的概念在第一、第二章中已经进行了阐述，它是作为一种工业化不断发展而逐步产生的一种特有的经济活动。办公业的划分是与目前所用的三次产业分类并行的，而不是从属于三次产业分类之下的一个行业。例如，当我国农业达到工业化社会的标准，像美国大农场一样进行生产时，为了加强对驾驶农业机械工人的管理，与农产品客户的联系，以及对农业生产相关资料进行收集、处理等工作而设立的专门进行这方面工作的办公室时，也可以说，在第一产业中也出现了独立的办公活动。由此可见，办公业是制造业在专门化程度不断增强、劳动力分工越来越精细情况下出现的一个职能上独立的"行业"。因此，制造业独立办公活动是隶属于办公业的一部分。当然，制造业和办公业之间的关系，需要特别注意的一点就是办公业和制造业分属两个不同的产业分类体系，因此是不能在一个分类体系内比较的。

对制造业属独立办公活动可以这样定义：在三次产业分类中，属于第二产业中制造业的企业、机关、组织，由于自身的需要而从制造生产中分离出来的，进行企业方针制定、人员管理、与公司内外部联系，以及对所需资料进行收集、加工和整理的独立分支或部门，日常工作以写字楼或者独立的办公楼为载体所进行的活动。按照办公业的定义，从生产制造环节中分离出来，在办公楼而非工厂工作的管理者和从业人员都隶属于办公业的范畴。

二、典型案例研究——通信与电子设备制造业

从第三章的研究中可以看到，北京的产业经济经历了从资金和劳动密集型向资本和技术密集型的转变。新中国成立以后，在大力发展重化工业的思想指导下，北京的钢铁和化工产业发展迅速，致使黑色金属冶炼及压延加工业一直是北京的支柱产业，在北京城市经济发展贡献中占据十分重要的地位。随着产业结构的调整，城市职能的转型，从20世纪90年代末开始，黑色金属冶炼及压延加工业的比重呈现下降趋势，而通信设备、计算机与其他电子设备制造业（以下简称通信与电子设备制造业）则借助北京雄厚的科技力量以及丰富的人才资源异军突起，成为了北京经济发展的主导产业。这一情况在进入21世纪以来，表现得更加明显。

根据北京2005年、2006年和2009年制造业各部类的区位商，可以看出北京与全国其他地区相比具有发展优势的仅有9个，而通信与电子设备制造业正是其中优势最大的一个；而且从2005～2009年的变化曲线来看，这种优势还有扩大的趋势（图6-12）。

通过区位商以及逐年增加的产业贡献率可以看到，目前北京的通信与电子设备制造业在全国范围内是优势的，而且这种优势正在逐步发挥出来，可以预见到在未来一段时间内，北京的通信与电子设备制造业有着很广阔的上升空间。因此，以通信与电子设备制造业独立办公活动为典型案例，研究其办公空间分布变化，进而探讨北京城市办公空间经济结构的变化。

北京通信与电子设备制造业在行业发展上既有北京制造业发展的特征，又具有其独特性。

北京的通信与电子设备制造业作为北京市的主导产业发展十分迅速，特别是进入21世纪以后，无论是从企业的数量上还是整个产业的经济贡献率上都有明显的提高。企业数量的提高必然会从空间上表现出来，产业的经济贡献率提高也会影响北京的社会经济生活。

首先，从整个产业的发展来看，2005～2007年，通信与电子设备制造业的工业增加值分别达到2 714 831.829万元、3 118 819.816 2万元和3 636 074万元，

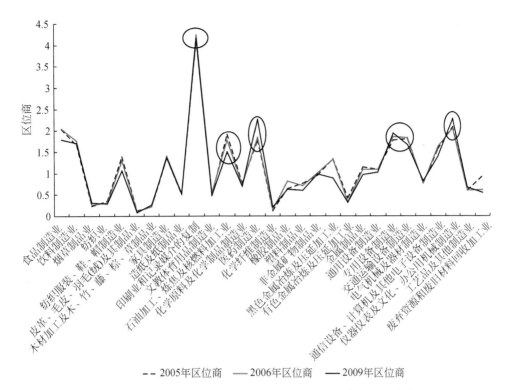

图 6-12　北京 2005 年、2006 年和 2009 年制造业各行业区位商

资料来源：北京统计年鉴.2006 年、2007 年、2010 年；中国统计年鉴.2006 年、2007 年、2010 年

在整个第二产业中位于第一位，发展十分迅速。

　　其次，从行业内部来看，中心企业发展迅速。通过对 1996 年基本单位普查的数据进行筛选，隶属于通信与电子设备制造业的公司，人员数量超过 50 人的在 635 个相关企业中有 202 个，占到了企业总数的 31.81%。而到了 2001 年，员工数量低于 50 人的企业在 744 家相关企业中占到了 534 家，是企业总数的 71.77%。中小型企业在整个行业中所占的比例大大增加了。由此可见，中小型企业是通信与电子设备制造业发展的主体，而中小型企业发展迅速就意味着数量的增多和规模的减小，这就更需要对其空间分布以及区位选择进行研究，从而为北京城市建设提出相应的对策和建议。

　　尽管从统计分析中看到北京的通信与电子设备制造业是从 20 世纪 90 年代中后期开始迅速发展的，但实际上，早在新中国成立之初进行北京工业布局规划时，就选定了酒仙桥地区作为通信与电子设备制造业的布局区位。因此，通信与电子设备制造业早期的规划区位和现在快速发展的形势，以及原有区位的职能更新，都会对北京城市办公空间经济格局产生一定的影响。

根据北京通信与电子设备制造业的发展情况，结合北京市的经济普查工作，对研究所用数据筛选，剔除只具备生产功能的工厂，保留具备一定办公活动的相关企业和公司，在研究范围上，以城区原有的八个行政区为主，郊区县的相关企业也进行了剔除。

（一）不同时期办公活动空间分布特征

根据北京产业发展以及数据采集年份，将通信与电子设备制造业办公活动的发展历程分为三个阶段：第一个阶段是 1996 年以前；第二个阶段是 1996～2001年；第三个阶段是 2001～2005 年。重点对 1996 年、2001 年、2005 年北京通信与电子设备制造业的办公活动空间分布特征进行分析。

1. 1996 年空间分布特征

1996 年，北京通信与电子设备制造业共有相关企业 432 家。按照企业的地址将数据中的相关企业数字化到北京城八区的地图上，得到了 1996 年北京通信与电子设备制造业企业空间分布的情况（图 6-13）。

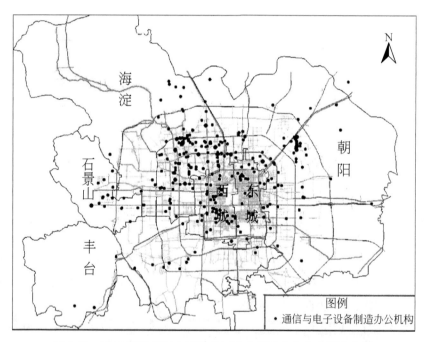

图 6-13　1996 年通信与电子设备制造业属独立办公空间分布图
资料来源：1996 年北京市基本单位普查数据

从图 6-13 中可以看出通信与电子设备制造业属独立办公活动的相关企业在空间上的分布特征如下：

第一，"北重南轻"，即长安街及其延长线以北城区（简称北城）拥有的企业数量要远远大于长安街及其延长线以南城区（简称南城）拥有的企业数量。北城共拥有相关企业362家，占到1996年企业总数的83.80%，要远远大于南城企业的数量。而且从空间上看，南城分布的企业也是分布在长安街沿线附近。

第二，"向外集中"，即二环以外的城区（简称外城）拥有的企业数量要远远大于二环以里的城区（简称内城）拥有的企业数量。外城共拥有企业数量312家，占到企业总数的72.22%。而且从空间上看，内城分布的企业也大多靠近内城向外的边缘地带分布。

第三，以传统中轴线及其南北延长线以西的城区拥有的企业数量为290家，要远远超过传统中轴线及其南北延长线以东企业数量的142家，是以东城区拥有的企业数量的1倍还多。

第四，按照各城区来看，海淀区拥有的企业数量是最多的，要远远超过其他城区，共拥有企业175家，占到全部企业的40.51%。排在第二位的是朝阳区，共拥有企业数量101家，占到企业总数的23.38%。其他城区就相对来说要少很多了，剩下的6个城区才占到了总数的36.11%。

第五，从空间集聚上看，1996年北京通信与电子设备制造业相关企业主要集中在海淀区的中关村附近、朝阳区的酒仙桥附近、西单附近。

整体上来看，这个时期北京通信与电子设备制造业独立办公活动机构和公司区位，呈现出沿主要交通干线及其附近区域分布的特征。

2. 2001年空间分布特征

2001年，北京通信与电子设备制造业共有相关企业741家，其中海淀区有271家，朝阳区有225家，西城区有77家，东城区有41家，丰台区有62家，石景山区有31家，宣武区有12家，崇文区有22家。从这个数据上看，除了宣武区在拥有的企业数量是减少的之外，其他城区都有不同程度的增加。朝阳区和丰台区的增幅都超过了100%，朝阳区达到了122.77%，丰台区更是达到了264.71%，但从1996年的基础上看，仍然是朝阳区增加的绝对数量最多（图6-14）。

对图6-14进行分析，从而得到2001年北京通信与电子设备制造业属独立办公活动的相关企业在空间上的分布特征如下：

第一，从南北城来看，北城共有企业数量614家，南城共有企业数量127家，北城拥有的企业数量要远远超过南城拥有的企业数量，共占到了2001年企业总数的82.86%。而且南城的企业也主要分布在长安街附近。

第二，从内外城来看，内城共拥有企业152家，外城共拥有企业589家，外

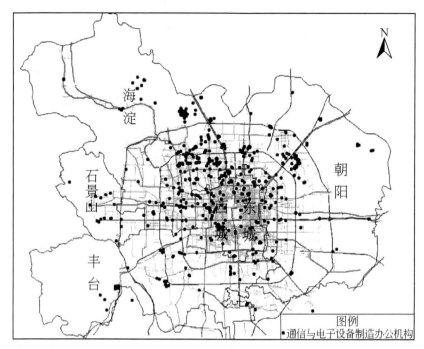

图6-14　2001年通信与电子设备制造业属独立办公空间分布图
资料来源：2001年北京市基本单位普查数据

城拥有的企业数量要远远超过内城拥有的企业数量，占到了企业总数的79.49%。但从内城的分布看，比起1996年时，相对要分布均匀了很多。

第三，以北京传统中轴线将城区划分为东、西两部分，则东部城区共拥有企业288家，西部城区共拥有企业453家。可见北京通信与电子设备制造业仍然是主要分布在西部城区，西部城区拥有的企业数量占到了总数61.13%。但比起1996年的时候，东城区的差异缩小了，尽管缩小的幅度并不大。

第四，从各城区来看，仍然是海淀区拥有相关企业的数量最高，朝阳区排在第二位，而且从企业数量增长的绝对数量上来看，这两个城区也是企业数量增长最快的城区。特别是朝阳区与海淀区拥有的企业数量差距在缩小，说明了朝阳区对通信与电子设备制造业相关企业的吸引力在增强。此外，丰台区虽然拥有的数量仍然不是很多，但增长的幅度是最大的。

第五，从空间集聚来看，2001年北京通信与电子设备制造业相关办公机构主要集聚在中关村、上地、酒仙桥及西单附近。

整体上，这一时期北京通信与电子设备制造业独立办公活动机构和公司区位分布在交通干线附近的企业仍然占了大多数，但已经出现了明显的分散趋势。

3. 2005 年空间分布特征

随着进入 21 世纪以来，个人通讯与计算机的普及，北京通信与电子设备制造业获得了快速的发展。因此到了 2005 年，北京通信与电子设备制造业相关企业的数量大大增加了，为了更清楚地看到 2005 年时北京通信与电子设备制造业独立办公活动空间分布的特征，只筛选了 2001 年后新增的具有独立办公活动的相关企业，并将其空间化（图6-15）。

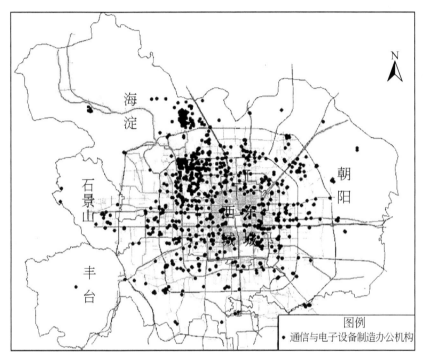

图 6-15　2001～2005 年新增通信与电子设备制造业属独立办公空间分布图
资料来源：2001 年北京市基本单位普查数据；2005 年北京市分行业公司调研数据

2001～2005 年，北京通信与电子设备制造业共新增加相关企业 1183 家。其中海淀区新增的企业最多，为 664 家；朝阳区次之，为 244 家；西城区为 51 家，东城区为 44 家，宣武区为 38 家，崇文区为 22 家，丰台区为 92 家，石景山区为 28 家。可见，进入 21 世纪后，北京的通信与电子设备制造业获得了快速的发展，只是各城区增长的幅度有所不同。

分析图 6-15，可以得到 2005 年北京通信与电子设备制造业属独立办公活动的相关企业在空间上的分布特征如下：

第一，以长安街及其延长线为界划分城区为南、北两部分，则北城新增的企业数为 1003 家，所有新增企业中的 84.78％都在北城选址。但从绝对数量上，选

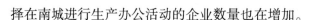

择在南城进行生产办公活动的企业数量也在增加。

第二，从内外城来看，内城新增的企业数量为 155 家，仅为所有新增企业数量总数的 13.10%，可见新增加的通信与电子设备制造业对内城的选择是比较低的。

第三，从东西部城区来看，西部城区新增了相关企业 873 家，占到了新增企业的 73.80%，这说明从东西部城区来看，新成立的通信与电子设备制造业相关企业更愿意在西部城区选址。这也是这些年西部城区拥有的企业数量始终高于东部城区的原因。

第四，从各城区来看，城区对新增的相关企业的吸引力延续了从 20 世纪 90 年代以来的趋势，海淀区新增的企业数是最多的，朝阳区次之，丰台区排在第三位。

第五，从集聚度来说，在原有的集聚地基础上，有了新的特征。中关村附近不再仅仅是中关村这样的小范围集聚，而是沿着整个中关村大街南北集聚。而上地也从原来的信息路附近集聚向外围有所扩展。此外，知春路沿线也形成了新的集聚，在紫竹院附近也出现了集聚的现象。而朝阳区原来集聚的酒仙桥附近，集聚度则有所下降，而在安慧桥附近形成了新的集聚点。西单与酒仙桥集聚点情况类似，集聚度也有所下降。朝阳区的建国门附近和 CBD 附近对新增的企业有较大的吸引力，在这两个地方形成了集聚点。在丰台区的海鹰路附近以及海淀区的阜石路附近，虽然规模都不大，但也有了集聚的趋势。

(二) 原因分析

1. 1996 年空间分布形成的原因分析

形成 1996 年北京通信与电子设备制造业相关企业在空间上产生这样情况的原因有很多，但归纳起来主要有以下几点：

第一，由于居民心中"上风上水"的观念，以及 1990 年亚运会的召开，北城的发展要快于南城。在这种的情况下，通信与电子设备制造业这样一个快速发展的行业首先选择发展较快的城区是顺理成章的。

第二，作为一个在当时比较新兴的行业来说，特别是本节主要研究的是通信与电子设备制造业独立办公活动的空间分布来说，外城办公写字楼的租金相比当时内城同类办公地点要便宜，因此外城的企业数量要远远大于内城的企业数量。但从图上也可以看到，在西单附近也不乏相关企业的分布。

第三，此时的海淀区中关村已经开始成为北京乃至中国北方知识经济集聚地，这对通信与电子设备制造业这样的技术密集型、知识密集型行业来说，有很大的吸引力，由此海淀区中关村附近成为通信与电子设备制造业独立办公活动集聚地。

第四，酒仙桥作为北京传统的电子元件集中地，通信与电子设备制造业独立办公活动集聚于此，有利于市场的开发及认可度的提高。

第五，集聚地在整体上均靠近交通干线，这是办公活动在初期必然的要求，无论是同产业上游还是产业下游的接触，都需要便捷的交通支撑。

2. 2001年空间分布形成的原因分析

第一，北城原本基础就要好于南城，容易吸引新的相关企业进入，加上朝阳区迅猛的发展，逐渐形成了北京CBD的硬核，对通信与电子设备制造业相关企业的吸引力要远远大于南城的吸引力。

第二，由于经济发展带动了内城地租的提升，这就提升了相关企业的办公成本，而这个时期的北城地租相对便宜，加上新建的办公楼从办公条件上要更优越，所以外城就吸引到了更多的企业进入。

第三，中关村本身的集聚能力还在，且海淀区数量众多的高校以及科研院所也为通信与电子设备制造业提供了强大的科技支持，因此西部城区的数量还是多于东部城区所拥有的相关企业的数量。但因为朝阳区快速的发展，对相关企业也有很大的吸引力，因此东、西部城区之间的相关企业数量上的差距在减小。基于同样的道理，海淀区在所有城区中拥有的企业数量最多，而朝阳区紧随其后就可以解释了。在外城迅速发展的这个时期，丰台区也获得了很大的发展，只是由于缺乏海淀区和朝阳区本身的基础，所以显得慢了很多，但由于其具有很大的潜力，也吸引了一些企业进入。

第四，相关企业在中关村附近的集聚，一方面是由于本身具有较好的基础，另一方面是由于集聚效应的加强。酒仙桥和西单附近形成的集聚也是这样的原因。很多企业愿意进入行业传统集聚地以获得一定程度上的资源共享，西单附近的金融街地区更是逐渐成为了北京的金融中心之一，对相关企业的吸引力很大。上地附近的集聚是这个时期新出现的集聚地点，这是在当地政府有意引导下出现的，利用政策上和地租上的优惠措施，使很多相关企业从成本上考虑进入，进而形成了在上地信息路附近的集聚。随着通信技术的发展，面对面地进行业务交流不再是唯一的选择，因此相较1996年相关企业靠近交通干线分布变得不太重要了。但从整体上看，与各方面的联系仍是不可或缺的部分，大部分企业与交通干线的结合还是比较紧密的。

3. 2005年空间分布形成的原因分析

第一，随着2001年奥运会申办的成功，北城的发展越来越快，因此新增的相关企业也都看好北城，希望借助奥运发展的契机获得一个较快的发展。

第二，由于内城地租成本的持续增高，外城交通干线的增加，加上随着科技的发展，通信交流的便利，综合考虑下外城比内城吸引力要大得多。

第三，从东西部城区来看，由于海淀区和朝阳区随着各自的发展，其职能定位逐渐明确——海淀区以科技文化产业为主，而朝阳区以商务、金融产业为主。因此，这一时期新增的通信与电子设备制造业办公场所选址多选择在西部城区。

第四，新增企业在城区增加的数量不同，则是延续了以往的趋势，以往吸引力大的城区仍然对新增的企业有着巨大的吸引力。

第五，新增企业选择集聚地的原因各异，由于中关村影响力的增加，新增的相关企业希望获得市场与资源的共享，就沿中关村大街集聚。知春路则是在海淀黄庄电子市场的带动下，加上与中关村距离较近，能实现各种资源的共享，于是在知春路沿线出现了集聚。紫竹院集聚的出现很大原因在于其位于交通枢纽，可以很方便地连接二环、三环、四环，实现与客户及上下游企业的交流。安慧桥及其周边地区的集聚则主要受奥运场馆布局的影响，由于奥运会对通信与电子设备产品有较大需求，在这个时期就近选址容易获得奥运会的支持。酒仙桥与西单地区一是由于距产业集聚区较远，二是由于区域职能转变，与通信与电子设备制造业性质不符，因此吸引力大为降低。而在丰台区的海鹰路附近以及海淀区的阜石路附近，由于丰台科学城和丰台总部基地的建设，加强了这一地区的区位优势和吸引力，成为企业、公司区位选择的又一个热点地区，因而从 2005 年开始出现了较为明显的集聚现象。

第四节　办公空间经济结构特征及其原因解释

通过对北京城市办公空间经济格局，从租金、行业以及制造业属独立办公活动典型分析等不同的视角，进行深入分析，总结出北京办公空间经济结构的总体特征，并对形成原因予以解释。

一、总体特征

（一）办公业空间结构的交通指向性特征显著

高租金点位及高租金集聚区域普遍位于交通干线附近，且租金次高等级的轴向分布方向与放射式城市对外交通干道方向一致；交通运输业、金融业以及批发零售业等行业的交通指向性显著，且行业中规模较大的企业，其区位选择更倾向于交通干线附近。

（二）办公业空间结构的同心环状特征明显，在局部存在热点区域

北京市写字楼租金与基准地价的空间分布态势基本吻合，均呈现同心环状结

构，租金由中心向外逐渐递减；同时，在局部地区存在热点区域，呈现岛状分布特征，如朝阳区CBD、燕莎地区和西城区的金融街形成3个明显的租金最高等级的岛状结构。行业圈层结构表现为就业密度与公司密度由内向外逐渐递减，说明北京城市办公业的区位选择仍然具有明显的向心性。

（三）办公业的行业空间分异特征显著

各行业间的空间分异特征显著，且行业热点区的形成与城市功能格局具有显著的相关性；不同尺度下的行业空间集聚特性，揭示了各行业办公区位选择的空间范围存在差异性。

（四）办公业形成多核心的空间结构特征

CBD是北京城市办公业的大核心区域，大量高租金点位在此集聚分布，同时，在金融街及燕莎商务区一带，也形成了高租金点位的次集聚区，构成了北京城市办公业发展的多核心结构；不同行业根据自身发展以及城市功能区规划的要求，又形成各行业的核心集聚区，如科技服务业集聚于中关村，金融业集聚于金融街。

（五）制造业属独立办公活动离心分化

对于从制造业中分离出来，并逐渐独立的办公活动形成的办公空间，存在着从原有企业区位中脱离、重新寻找新的集聚区位的过程。新的集聚区位一般多选择在以此制造业为行业依托，但已经完全发展成为一种新型的行业类型，或者说已经从第二产业转变为第三产业，对通信与电子设备制造业的典型案例分析即体现了这一点，从原有规划的电子工业区——酒仙桥地区逐渐向以科学研究和技术服务业集聚区的中关村地区转移，从而形成了新的办公空间经济结构。而原有区位被居住和文化产业所替代，这从另一个层面来讲，也改变了北京城市空间的总体结构。

二、主要影响因素

（一）租金是办公业空间结构形成的经济调节器

写字楼租金的差异，形成了北京城市办公空间的经济结构。不同的行业类型及企业不同的发展阶段，其对租金的支付能力不同。就行业类型而言，各行业的经济效益存在差异，经济效益高的行业，对租金的支付能力强，空间区位选择具有更高的自主性，通常这一类行业办公区位选择倾向于市中心地段，如金融行业。行业对优势区位的"争夺"，使得优势区位集聚了众多经济实力强的企业，租金日益升高。这一方面形成了北京城市办公业的经济空间格局；另一方面，也成为筛选行业及企业的经济调节器。

（二）交通构筑城市办公业空间结构的基本框架

交通干线构成了城市空间结构的基本骨架，是城市空间扩展的主导力量，对于城市办公业空间结构而言，亦是如此。从用地性质的角度来看，交通条件优越的区位，地价相对较高，而商业用地的级差效益最大，沿交通干线附近开发写字楼，其土地收益较高，这就促使了交通干线附近集聚大量的写字楼，交通构筑了办公业空间结构的基本骨架；从交通联系的角度来看，大多数企业看重办公区位的交通条件，而交通干线通常是可达性较好的区域，既方便企业间的业务联系，又便于员工的职住通勤，可以节约时间成本，因此，大量写字楼沿交通干线布设，交通支撑起了北京城市办公业的空间骨架；企业对交通干线区位的"争夺"，直接导致干线附近写字楼租金的升高，于是，写字楼高租金区域呈现沿干线集聚的空间结构特征。从各行业空间结构来看，规模较大的企业通常经济实力较强，对区位的占有性强，形成规模大的企业沿交通干线分布的空间分布特征。

近年来，北京市轨道交通迅猛发展，成为引导城市办公业空间扩展又一主要因素。如地铁13号线的建设，推动了上地办公集聚区的形成；机场快线的建设，带动了沿线一带的办公业发展；5号线和4号线成为南北轨道交通联系的动脉，促进了南城办公业的发展。由此可以看出，交通构筑了北京城市办公业空间结构的基本框架，并成为城市办公空间扩展的主导因素。

（三）集聚效应是办公业空间结构形成的根本动力

办公活动的根本是信息交流与沟通并以此解决问题来获得市场收益，因此，便于与客户联系是企业办公区位选择的重要因素。虽然，网络通信的发展在一定程度上减少了企业"面对面"交流的必要性，但是"面对面"的沟通仍是企业间业务联系的主要方式。基于此，企业区位选址更倾向于集聚分布，由此，便逐渐形成了北京城市办公空间集聚分布的结构特征，如朝阳CBD、海淀中关村、丰台总部基地及西城金融街等办公集聚区。集聚区内部及周边写字楼受到空间相互作用的影响，租金具有空间自相关性，租金属性值相近的写字楼，在空间上呈现非常明显的集聚分布格局，形成了高租金的热点区域。而空间分布较为分散的写字楼，由于没有形成集聚规模效益，租金普遍较低。

（四）城市规划对办公业空间结构的形成具有引导作用

城市规划对用地性质具有主导作用，决定了城市土地利用结构及商务办公的建设区位。通过规划调控，可以引导写字楼开发的方向、规模及建设强度，从而影响到整个北京城市办公业的空间结构形态。城市规划通过对用地性质的主导，以及对基础设施建设的控制，可以决定城市内部各区域经济发展的软、硬环境，进而形成对地价的作用机制，影响写字楼的租金水平，北京城市办公业经济空间结构得以形成。

城市规划的用地功能分区决定了城市内部各区域的主要功能。如海淀区的教育和科研功能突出，拥有优越的科研平台，集聚大量的科学研究和技术服务行业；金融街的规划，有效引导了大量金融行业进驻，形成了金融行业集聚的热点区域。由此可见，城市功能分区是引导北京城市办公行业空间结构形成的主要因素。

第七章　北京金融办公空间格局

办公活动是城市经济活动的重要组成部分，随着经济、社会和管理的发展变化，办公业逐渐涉及社会经济的各个领域，与国家经济发展的命脉和主流紧密相连，办公业对城市经济和空间结构的影响越来越大，其重要性远大于它在土地利用、劳动力就业及其他城市经济单个层面的表现（Armstrong，1972）。在办公业涉及的各个领域中，金融业占有举足轻重的地位。金融办公业的发展水平直接影响到各种经济资源的形成和配置效率以及城市中心区的空间结构特点。

在此背景下，加强金融业务之间的联系合作，已经成为世界各国金融机构提高竞争力的重要途径。不同金融办公机构的区位选择与联系，以及它们之间的相互作用机制，这些问题都与当今社会经济发展密切相关。

北京凭借其首都地位，集聚了中国四大金融管理和监管机构。此外，很多大中型商业银行、证券公司等国内外金融机构的办公总部也均设在北京。北京除了拥有国内其他城市无法比拟的政策信息优势外，其人力资源优势和科技发展水平排名分别居于全国第一和第二位。2008 年，北京市政府出台了《中共北京市委北京市人民政府关于促进首都金融业发展的意见》，明确提出要将北京建设成为具有国际影响力的金融管理中心城市。因此，研究北京市金融办公业的区位选择、布局特征及空间联系，不仅能优化北京金融办公业的布局、推进北京总体产业结构升级，还可以为北京金融业的发展政策提供研究依据，对将北京建设成为国际金融管理中心和世界城市具有重要的现实意义。

第一节　世界城市及其金融中心功能

北京市依据《北京城市总体规划（2004～2020 年）》确定的城市发展目标定位，到 2050 年将北京建设成为世界城市。2009 年年底，北京市委市政府将建设世界城市作为未来北京城市发展的明确方向。

世界城市的重要特征之一就是其在国际经济和金融方面的中心地位，即世界城市一般都是国际金融中心，而北京要成为世界城市，建设国际金融中心就是其必然选择。

一、世界城市的涵义、功能特征

追溯世界城市（world city）的概念，依照泰勒的文献（Taylor，2004），可以溯源至歌德（Goethe）在18～19世纪之交对罗马和巴黎的称谓，尽管如此，人们还是认为格迪斯（Patrick Geddes）是将世界城市作为规划专业用语的开创者；布罗代尔（Braudel）用世界城市来描述城市经济联系的等级系列，戈特曼（Gottmann）则用世界城市一词来描述引导世界的文化中心。霍尔（Peter Hall），则从政治、贸易、通信设施、金融、文化等多个方面对伦敦、巴黎等7个世界城市进行了综合研究（Hall，1966）。

目前对世界城市的研究影响相对较大的有三种观念：

第一，弗里德曼（John Friedmann）的"世界城市假说"（world city hypothesis）是基于一种新的国际劳动分工的空间组织，他描述了将城市化进程与全球经济力量联系在一起的基本理论框架。他认为，世界城市是牢固地根植于世界经济，城市是货币、劳动力、信息和商品流的中心节点和枢纽。因此，中心城市是其所在区域与世界经济联系的关键，从而构成了城市之间因经济联系形成的世界城市等级体系（Friedmann，1986）。

第二，萨森（Susan Sassen）的"全球城市"（the global city）。随着电子通信和信息技术的发展，经济活动出现了两种空间趋势：脱中心化和集聚。这种空间分散和全球整合的对立统一，即是萨森所谓的"中心城市产生一种新的战略作用的出发点"，从而形成一种新的城市类型——全球城市。萨森在继承弗里德曼的思想基础上，强调了金融和服务业的作用，认为世界城市不仅是高度集中化的世界经济控制中心，也是金融和特殊服务业的主要所在地，能为跨国公司全球经济运作和管理提供良好服务和通信设施的地点，是跨国公司总部的聚集地（Sassen，2001）。

第三，卡斯特（M. Castells）的"网络社会的崛起"。卡斯特认为在信息时代，网络形成了社会的一种新的形态，他接受萨森的全球城市模型，并用此在一种新的网络社会中作为他的"空间社会理论"的关键。因此，基于网络社会理论，世界城市不再仅限于地方的空间等级体系，还包括一种新的流的空间体系，即全球的流的空间（global spaces of flows）。他设计了一种三明治式的等级模式，第一层是基础设施层，由全球互联网和国际航线支撑，第三层则是由技术—金融—管理精英组成的人才层，而最关键的第二层则是由那些利用基础设施网络将经济、文化和政治功能实施完美链接的机构，机构所在的地方被称为节点和枢纽。卡斯特为世界城市提供了一种更直接的分析，即流的空间节点和枢纽就是世界城市，所以，包括金融在内的高级服务业中心就是世界城市的典型特征（Castells，1996）。

综上，世界城市是对国际政治、经济和文化生活具有广泛影响力、控制力的城市，其主要指标和突出特点是具备或部分具备全球经济中心、决策与控制中心、科学文化和信息传播中心、交通运输中心等方面的功能，具体体现在经济发展、国际集散程度、基础设施、社会和自然环境等方面都有很高的水平。首先，世界城市的本质特征是拥有全球经济控制能力，这种控制能力主要来源于聚集其中的跨国企业和跨国银行总部。因此，金融中心、管理控制权力中心是世界城市最重要的功能。其次，世界城市还是全球通信网络的主要结点，发挥着全球信息中心的功能和作用。当今社会就是一个信息时代，世界城市的全球支配性功能和过程很大多数是以信息网络组织起来的。除此之外，世界城市还具有政治和文化中心的功能。

二、世界城市的金融中心功能

金融机构的聚集和国际金融中心的形成，是世界城市的重要特征。现代金融产业的发展是由众多金融机构集聚形成规模效应，随着金融业务不断创新扩展，产业内部的金融主体不断融合、兼并、扩大，进而在一定地域形成了强大的产业聚合力量，推动区域内的金融产业不断发展壮大，最终形成国际金融中心（王巍和李明，2007）。国际金融中心可以说是世界城市概念的某一方面延伸。

国际金融中心的建立，与世界城市的形成是相辅相成的。国际金融中心的功能主要是使金融活动国际化，即资金融通、外汇交易、保险业务以及证券市场的作用和影响远远超过本国范围。国际金融中心吸引大量金融机构迁入，凭借其庞大的金融市场体系，为来自不同国家的各个经济实体提供最便利、低成本的资金要素，使资金如充足的血液源源不断地流入这个城市的肌体，在各方面推动金融中心发展成为世界城市。

世界城市具有全球影响和控制力，其中对全球的经济影响占据主导地位。世界城市在某种程度上就是国际金融中心，因此，世界城市应具备为企业或市场的全球运营提供服务、管理和融资的能力。实践已经证明，现代经济的核心是金融。在经济金融化趋势不断深化的背景下，世界城市必然是有相当规模和范围效应的金融中心（苏雪串，2009）。对比一些典型的世界城市，如纽约、伦敦、东京等，它们也都是名副其实的国际金融中心。金融功能应该是世界城市的核心功能，任何一座城市要建设世界城市都离不开国际金融业为主的高端产业体系的支持。国际金融业是世界城市获得世界经济领导力、影响力和控制力的根本要素。

三、世界城市的成长经验——以纽约、伦敦为例

（一）纽约国际金融中心的成长历程及经验

纽约作为美国乃至世界的金融经济中心，最初也只是美国的一个小的棉花转运港口，华尔街也只是纽约曼哈顿区南端的一条街。17世纪后期，纽约凭借华尔街的场外股票交易逐渐兴盛起来，但当时美国的金融中心是费城，除了费城，芝加哥等也是纽约的竞争对手。南北战争成就了纽约，因为华尔街为北方政府提供资金支持，并最终取得了战争胜利，纽约也因此超越费城，不仅成为美国最重要的金融中心，而且一跃成为世界第二大证券市场。第二次世界大战结束之后，在经济和政治利益的驱动下，纽约的贸易和金融活动日益繁荣，美国扩张资本输出。美元也通过布雷顿森林体系彻底击败英镑，纽约超越了伦敦从而成为世界第一大金融中心。

作为当今世界最重要的国际金融中心之一，纽约的成长发展离不开它特殊的地理位置和本土的经济实力。两次世界大战，美国的经济实力一次又一次地飞跃，为纽约成为世界性的金融中心奠定了坚实的物质基础。可以说，成为国际金融中心必须要有强大的经济实力为前提。另外，超强的创新能力也为纽约成为全球性的国际金融中心奠定基础。国际金融市场上，绝大部分的资产工具和金融衍生品都是美国创造出来的，除产品创新外，各种交易方式也同样不断创新。分析其创新能力的主要原因，不仅跟美国追求自由化的社会理念和冒险精神有关，也与高素质和多样化的人才资源积聚有密切关系（贺瑛华和蓉晖，2008）。

（二）伦敦国际金融中心的成长历程及经验

伦敦金融城是与纽约并列的国际金融中心，在三大国际金融中心中历史最悠久。17世纪末至18世纪初，伦敦只是英国的国际贸易中心。到英法战争结束之后，伦敦利用国际汇票这一机制发展成为对世界贸易进行融资的一个中心。后来工业革命为英国积累了雄厚的经济基础，伦敦也因此成为当时的世界经济中心。第二次世界大战结束之后，美元成为主要的国际储备和结算货币，英国的政治经济实力逐渐衰弱，伦敦的金融中心地位有所削弱，但它仍是最有影响力的国际金融中心之一。

另外，英国悠久的自由资本主义传统以及开放竞争的做法，为伦敦创造了金融创新的环境。伦敦各金融市场通过"金融大改革"解除了管制，恰逢美国通过国外债券在美发行的加税政策，提高了美国市场的融资成本，于是欧洲美元市场在伦敦逐渐成型。此外，为加强国际金融中心地位，伦敦市场还在欧洲货币市场和欧洲债券市场、银行间批发业务市场、中小型企业创业板、风险资本等方面进行金融创新。此后 20 年间，伦敦金融城投资银行和经纪公司的构成和所有权发生了翻天覆地的变化，并逐渐成为伦敦金融城的一个优势。

伦敦作为国际金融中心，还有一个优势领域就是银行、保险业务。伦敦共有500 多家银行，从事近一半的欧洲投资银行业务，其银行数量是世界城市中最多的。其中，外国银行就有 470 多家。这些外资银行在伦敦拥有的资本总额达 1000多亿英镑。伦敦城每年外汇成交总额约 3 万亿英镑，是世界最大的国际外汇市场。伦敦也是世界上最大的国际保险中心。近年来，伦敦国际金融中心的地位在不断提升。尤其是 2006 年，伦敦证券交易所的主板和中小板市场（AIM）的 IPO金额达 550 亿美元，首次超过纽约证券和纳斯达克证券交易所的融资总额 470 亿美元，排名世界第一。

在伦敦金融城的成长历程中，灵活高效的监管体制优势给伦敦金融市场带来了一次又一次的发展机遇。1997 年 10 月，英国成立金融服务管理局，取代了原有的 10 个监管机构，对金融市场进行统一监管。与美国法律为基础的金融监管规范不同，英国金融市场的监管采用金融服务局（FSA）的单一监管模式，它以原则监管和风险控制为基础，强调与企业的沟通协调而非公开惩戒。这一监管制度既能灵活应对金融市场的新变化，又有利于提高企业的经营主动性，还始终能较好地保护市场投资者利益，提高市场的公信力，达到鼓励投资的目的。监管环境的灵是伦敦相对于纽约的最大比较优势（贺瑛华和蓉晖，2008）。

（三）世界城市的成功经验总结

通过分析纽约和伦敦国际金融中心的成长经历发现，无论是伦敦还是纽约，共同点都是依托于所在国家经济实力的崛起。经济的发展意味着贸易和投资的增长，生产规模的扩大，进而产生对资本的需求和供给，推动金融中心的形成。由伦敦和纽约的成长历程可以印证，雄厚的经济基础是成为国际金融中心的决定性因素。

另外，金融机构数目多，金融业务集聚程度高，金融服务体系完善也是伦敦和纽约的共性特点，这从某方面反映出成为国际金融中心所必备的硬件条件。伦敦早在 1994 年 2 月，就拥有 520 家外国银行和 173 家外国证券公司，全世界最大的 200 家银行就有 190 多家在伦敦设有分支机构。

在国际金融中心成长的软环境中，金融监管环境和人力资源都被视为金融中心竞争力的核心指标，这在伦敦和纽约的发展过程中得到充分体现。金融监管环境指标包括行政管理制度、经济自由度、腐败程度、制度执行情况、企业税率、经营环境是否宽松等方面的内容。伦敦和纽约在监管环境这一指标上的得分遥遥领先于其他金融中心城市，在金融中心竞争力排名上名列榜首，而伦敦所实行的"风险为本、原则先行"的监管制度要比纽约的监管制度更胜一筹。金融市场的监管体制和人力资本也至关重要，简洁灵活的金融监管环境能促进自由竞争和金融创新，从而有效提高了金融机构的效率和效益。金融业是一个知识密度很高的行业，人力资本是金融业的核心要素。多样化的专业人才、灵活的劳动力市场，以及劳动力的文化水平、创新能力等人力优势是金融中心最重要的竞争优势（张云等，2007；时辰宙，2009）。

第二节　北京金融办公业的空间分布特征

在市场经济条件下，各国金融体系大多数是以中央银行为核心来进行组织管理的，因而形成了以中央银行为核心、商业银行为主体、各类银行和非银行金融机构并存的金融机构体系。我国的金融机构体系是以中央银行（中国人民银行）为领导，国有商业银行为主体，政策性银行、保险、信托等非银行金融机构，外资金融机构并存和分工协作组成。

北京金融业经过多年改革与发展，已经形成了相当规模，具备较强实力。尤其是近几年，北京利用首都优势，在集聚国内外金融资源、优化金融投资环境、发展金融市场等方面取得了显著成效。

一、北京金融办公业的发展现状

2005～2010 年北京金融业规模不断增大，对于地区经济增长的贡献总体上是不断上升的（图 7-1）。到 2010 年北京金融业实现增加值 1838.0 亿元，占全市GDP 的 13.3%。虽然 2010 年金融业的贡献率比 2009 年有所下降，但这丝毫没有动摇金融业作为首都经济支柱产业的地位。

随着金融业的飞速发展，金融机构类别和数量不断增加，金融机构体系办公活动的重要性日益体现。北京金融办公业体系，按照行业类型包括银行业、证券业、保险业、基金业、信托业及其他行业。金融办公业不包括金融机构的营业部、储蓄所及电子银行，主要是指金融体系中的实体办公机构，如办公总部、代表处以及具有办公管理职能的金融机构。

截至 2009 年年底，在京营业性金融机构经营单位达到 5700 余家。其中，银行类机构 3300 余家，证券类机构 300 家，保险公司 80 余家，外资设立、参股的法人金融机构 42 家，其他 17 家。此外，要素市场 29 家，小额贷款公司 28 家，融资性担保机构 97 家，创业投资和股权投资机构 510 余家，这类金融机构合计

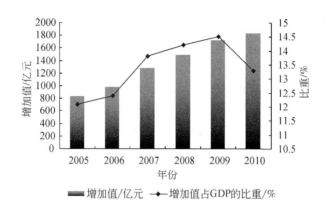

图 7-1　北京金融业发展及对地区生产总值的贡献变化（2005～2010 年）

资料来源：北京统计年鉴，2010 年

664 家。与此同时，北京还汇聚了中央国债登记结算有限责任公司、中国证券登记结算有限责任公司、中国银行间市场交易商协会等一批重要的金融市场中介服务机构。共有证券期货相关业务从业资格的会计师事务所 29 家，律师事务所 404 家，证券投资咨询公司 17 家。首批进入中国的 5 家外资证券交易机构代表处（纳斯达克交易所、纽约证券交易所、韩国交易所、日本东京证券交易所、德意志证券交易所）均聚集北京，金融中介体系日益完善。综上所述，北京市金融组织体系进一步丰富。

二、金融主体行业的分布特征

（一）具有管理职能的银行分布集中成片，表现出一定的等级性

在金融机构体系中，银行是最主要的金融机构。银行是通过存款、贷款、汇兑、储蓄等业务来保证金融资金的融通，是承担着信用中介的金融机构。按照职能不同，银行一般分为中央银行、监管机构和银行业金融机构。其中，银行业金融机构又包括政策性银行、大型商业银行、全国性股份制中小型商业银行、城市商业银行、农村信用社、中国邮政储蓄银行、外资银行等。

随着金融全球化的发展，国际金融体系正从银行主导型向市场主导型转变，由此导致银行之间的竞争也越来越激烈。银行的管理体制如何创新，怎样在竞争中占得先机，这些现状都迫使银行在扩大经营范围的同时朝全能银行的方向发展。受此影响，银行业务中心也逐渐从传统的存贷业务向零售业务、中间业务和投资型业务转移，零售业务日益成为国际银行的发展方向（王力，2008）。

北京的银行业机构，主要分为政策性银行、国有商业银行、股份制商业银行、内资银行分行和外资银行分行五种类型。课题组利用手持 GPS 对行政区划调整前的城八区内具备办公职能的银行机构进行定位，共采集到有效数据点 1739个，通过核密度和最近邻层次聚类分析，可以看出：

（1）银行办公点位主要集中分布在东三环一带、复兴门、东二环与建国门大街交叉区域。此外，在北三环与四环之间的奥林匹克及中关村，银行办公点位的集聚程度也较为明显。其中，在复兴门和中关村这两个区域，集聚规模呈现"岛状"分布的状态；而在东三环、东二环及奥林匹克的集聚区域，银行办公网点基本上在一个大范围内形成高密度集聚区（图 7-2）。

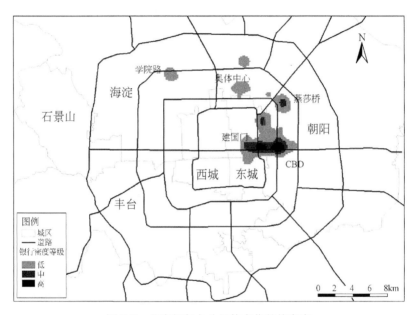

图 7-2 北京银行办公机构点位的核密度

（2）金融街集聚区、CBD 集聚区和中关村集聚区在集聚规模上属于更高层次的集聚区。对比图 7-2 和图 7-3，虽然图 7-2 中 CBD 的办公密度要略高于金融街，但在图 7-3 生成的更高层次的集聚区中，金融街的集聚规模却大于CBD。这是因为更高层次集聚区的生成，不仅仅只考虑集聚密度，更重要的是集聚功能。这从另一侧面也反映出，金融街的金融功能要强于 CBD 的金融功能（图 7-3）。

究其原因，这些分布特征与北京城市规划与发展紧密相连。如金融街集聚区"岛状"分布，其原因在于沿阜成门至复兴门一带，北京金融功能区——金融街的规划建设；而在东三环、东二环这一片区域，之所以形成一个大范围彼此相连的集聚区，很大程度上是受 CBD 商圈的吸引和辐射作用。

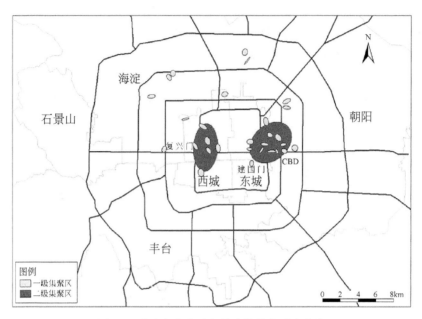

图 7-3　北京银行办公机构点位的多层次聚类

　　（3）办公职能等级划分。按照办公职能的不同，银行办公机构可以分为两大类：一种是以总行、分行为代表的办公机构，它在办公职能上属总部管理性质；另一种则是以支行和分理处为典型，在办公职能上属于业务管理性质。总部经济在北京的经济结构中占有举足轻重的地位，北京的银行办公总部大多数都集中在金融街这一区域（图 7-4），也印证了银行业的办公总部区位一般会选择在高集聚区的金融中心，而金融街作为金融功能区，在集中金融总部机构方面的优势是得天独厚的。

　　（4）北京市外资银行的办公机构主要分布在长安街沿线以北城区，尤其是建国门大街一线的集聚度非常高；东三环与机场高速的交汇处、金融街、首都机场这三个区域的外资银行，数量规模仅次于建国门一线，密集度也相对较高；此外，中关村也有外资银行零星分布。总的来说，北京市外资银行多呈零星小范围集中的分布特征（图 7-5）。

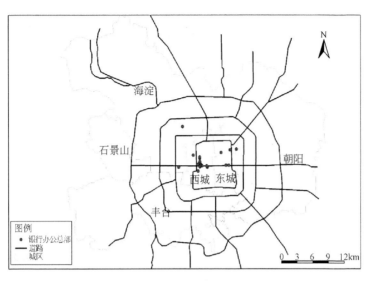

图 7-4 在京国有银行各总行、分行办公机构分布

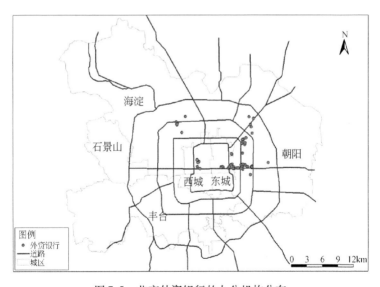

图 7-5 北京外资银行的办公机构分布

（二）保险业在空间上呈现总体分散、局部集聚的分布格局

保险公司一般分为中资保险公司、中外合资保险公司、外资保险公司和保险

经纪类公司。按照办公性质，又可以将保险业划分为保险公司办公机构和保险中介办公机构两大类。据中国保监会北京监管局的统计数据，在京保险分公司和直接经营业务的保险总公司达 84 家，其中财产险公司 34 家，寿险公司 45 家，政策性保险公司 1 家，再保险公司 4 家，而保险中介机构共有 333 家，在京的保险办公机构总数是 412 家，初步在空间上形成了一个总体分散、局部集聚的分布格局（图 7-6）。

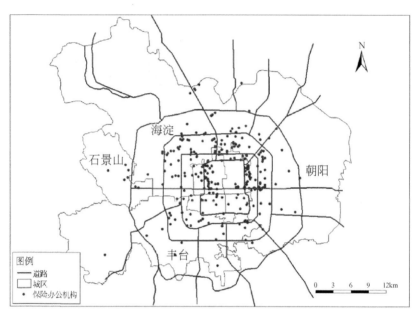

图 7-6　北京保险业办公机构空间分布

　　北京城区保险办公机构总体上主要是相对均匀地分布在五环之内，长安街及其延长线以北城区，保险办公机构的数量要多于以南城区。进一步进行核密度分析后发现，保险办公机构在 CBD、东二环北路一带的分布密度要相对高于其他地区，这反映出保险办公机构的区位偏向于一些规模较大的商圈和主要交通干线，以方便众多员工的上下班和业务出行联系；另外，在金融街和亚运村这两个区域，保险办公机构的密度也相对较高，这反映出保险办公机构的选址，倾向于相近行业，如金融、商务办公活动相对密集和活跃的区域（图 7-7）。

　　总体来讲，北京城区保险业的办公空间布局，主要是分布在四环之内，但在四环之内的空间上大体呈分散状态，只是在 CBD 附近区域分布相对稍微集中一些，还没形成明显的功能集聚区。

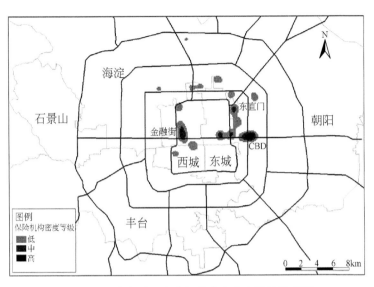

图 7-7　北京保险业办公机构分布密度等级示意图

（三）证券基金业的空间分布总体呈"半环状"分布特征

证券业指从事证券发行和交易服务的专门行业，是证券市场的基本组成要素之一，主要经营活动是沟通证券需求者和供给者直接的联系，并为双方证券交易提供服务，促使证券发行与流通高效地进行，并维持证券市场的运转秩序。一般由证券交易所、证券公司、证券协会及金融机构组成。而基金又是一种间接的证券投资方式，所以这里把证券和基金放在一起做分析。

北京证券基金业的办公机构主要集聚在二环、三环等交通干道的周边地区，在空间上总体呈一个"半环状"分布特征（图 7-8）。具体来看，证券基金业的办公机构绝大部分都分布在长安街及其延长线以北城区，在复兴门以北地带和亚运村以东区域的数量相对较多，分布也较密，以南地区仅有少量办公机构分布。在四环之外区域，只在首都机场附近还零星办公机构分布。

（四）以财务公司为主体的其他金融行业在四环内分散布局

金融办公体系除了银行、保险、证券基金这几个行业外，还包括财务公司、信托、资产管理等小行业。这里主要选择财务公司办公机构做分析。图 7-9 显示的是经过调研的 64 家财务办公机构的区位分布，它们在空间上总体上表现为在四环以内分散布局。

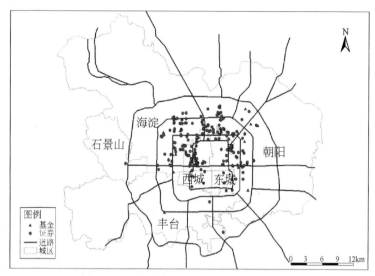

图 7-8　北京证券基金业办公机构空间分布

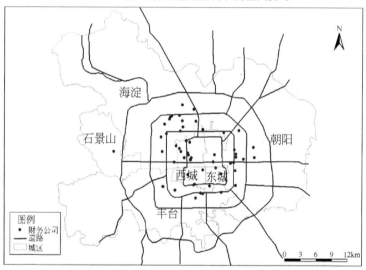

图 7-9　北京财务公司办公分布

三、五大金融办公集聚区的空间结构

　　用最近邻多层次聚类法对北京 2469 个金融办公机构的空间点位进行分析后得出结果，北京金融办公业在四环之内共形成 13 个二级金融办公集聚区，这 13 个二级集聚区又相互联系，最终形成 5 个一级的金融办公集聚区（图 7-10）。这 5 个集聚热点区域分别为金融街集聚区、CBD 集聚区、中关村集聚区、亚运村集聚区和东直门—机场高速集聚区。

（一）金融街集聚区

金融街位于西城区，南起复兴门内大街、北至阜成门内大街，西抵西二环路、东临太平桥大街，南北宽约 600m，于 1993 年正式批准建设，金融街定位为"国家级金融管理中心"，集中安排国家级银行总行和非银行金融机构总部。全区规划用地约为 1.34km^2。金融街内总建筑面积约 350 万 m^2，目前已经基本完成。

随着金融街的规模不断扩大，功能不断增强，金融街的承载能力受到很大挑战。原来的规划面积，已经越来越成为制约金融街发展的"瓶颈"。因此，在 2007 年市政府决定对金融街进行扩建。扩建后的金融街，将向西延伸到月坛北街，占地面积拓展到 2.59km^2，为今后金融街发展提供充分空间。

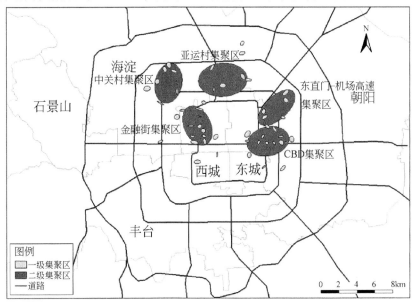

图 7-10　基于多层次最近邻的金融办公机构五大集聚区

通过对金融街内写字楼的行业隶属实地调研分析发现，在金融街的行业结构中，金融业比重最大，计算机通信业次之，批发零售业和交通传输业紧随其后。其中，金融业和计算机通信业所占的比例超过调查数量的一半。图 7-11 为金融街办公行业结构比例图。

（二）CBD 集聚区

北京商务中心区，简称北京 CBD，地处北京市长安街、建国门、国贸和机场高速使馆区的汇聚区。西起东大桥路、东至西大望路，南起通惠河、北至朝阳路。占地面积约 3.99km^2，由一个核心区、一个辐射区和一个混合区组成，并由

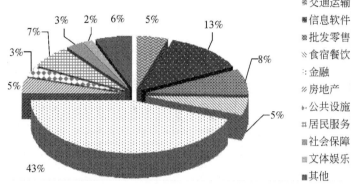

图例：
- 交通运输
- 信息软件
- 批发零售
- 食宿餐饮
- 金融
- 房地产
- 公共设施
- 居民服务
- 社会保障
- 文体娱乐
- 其他

图 7-11　金融街办公行业结构比例图

建国门外大街和东三环路两条大街构成"金十字"形状。按照北京城市总体规划，CBD立足北京，服务全国，辐射亚太地区乃至全世界。CBD建成后，将成为首都对外开放的重要窗口和率先与国际接轨的商务中心。不仅是跨国公司地区总部和国际性金融机构的聚集地，而且是金融、保险、电信服务、信息服务和咨询服务等现代服务业的聚集地，更是首都与国际经济文化交流的理想平台。

CBD中心区是在1993年得到国家批准正式建设。经过多年发展，目前北京商务中心区内共有各类金融机构1000多家。其中外资金融办公机构占全市外资金融办公机构总量的一半以上，不仅是摩托罗拉、惠普、三星、德意志银行等众多世界500强企业在中国的办公总部所在地，也是CCTV等传媒企业的新址。此外，金融、保险、地产、网络行业等众多国内高端企业及微型信贷服务机构也集聚在此，金融集聚规模首屈一指。

根据实地调研，结合不同行业的特点，可以将北京CBD内的办公行业进行分类，本研究将结果分为七大类（表7-1）。

表 7-1　北京 CBD 金融办公集聚区内的办公行业分类

序号	行业分类	内容
1	金融服务业	银行、保险、证券、基金等
2	咨询中介服务业	法律、教育培训、信息技术咨询等
3	配套性服务业	广告传媒、物流运输、装饰、会展等
4	制造业	
5	批发商贸业	
6	一般性服务业	住宿餐饮、文体休闲、娱乐、居民服务等
7	其他类行业	政府机构社会团体和企业管理机构等

资料来源：根据实地调研数据划分

在这个分类基础上，对CBD这三个亚区中主要办公楼入住的行业进行分析，分析结果如图7-12所示。东北亚区主要是体现文化传媒功能，依托CCTV和

BTV，聚集了众多国内外知名的传媒机构，是影视文化、广告传媒业的集聚地；南亚区主要体现信息咨询功能，行业以高新技术、咨询、培训、中介等为主，信息咨询业占企业总数的 33.17%，写字楼以京汇大厦、惠普大厦等为代表；西北亚区的首要功能为金融服务功能，主要分布银行、证券、保险、房地产等行业，其金融服务业占企业总数的 42.16%。三个亚区其他行业的差别不太明显。总的来说，与国际知名 CBD 相比，北京 CBD 的金融服务功能明显还有一定差距。

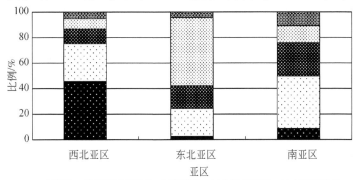

图 7-12　北京市 CBD 三个亚区的办公行业结构比较

2009 年，金融产业实现增加值 222.8 亿元，同比增长 15.1%，占全市金融业的 12.9%；实现税收 105 亿元，同比增长 22.8%。文化创意产业聚集区、高端商务服务业聚集区、跨国公司地区总部聚集区，已经成为 CBD 三张响亮的名片。2010 年，北京市决定将 CBD 沿朝阳北路、通惠河向东扩展至东四环，新增面积 3 km²，东扩后的 CBD 在空间上呈一主一副的"双十字"格局，在功能上继续发挥朝阳使馆区、跨国公司、国际学校聚集的优势，吸引更多的国际金融法人的办公机构和代表处、交易所、中介的办公机构聚集，集中承载国际金融元素，形成国际金融办公机构聚集中心区。

（三）中关村集聚区

中关村金融功能区的范围：东起中关村大街、西至苏州街，北起北四环路、南至海淀南路。规划占地 95 公顷，公共建筑（写字楼）规模约 250 万 m²。中关村的功能定位是以技术创新与科技成果转化和辐射为核心，以科技金融服务为重点，以高端人才服务、中介服务和政府公共服务为支撑的创新要素聚集功能区。它北临北京大学、清华大学，东临中国科学院，西面与颐和园、北京西山遥遥相对。不仅交通条件好，人文环境也很优越。

作为中关村首都科技金融综合改革试验区，目前已有北京银行、交通银行、工商银行等 6 家银行在中关村成立服务科技型中小企业的信贷专营机构，另有农业银行、招商银行等 6 家银行签署了入驻协议。根据中关村业态调整的总体思路，今后着力发展与核心区建设相适应的高技术服务业，优化中关村业态布局，将中关村建设成为中关村国家自主创新示范区核心区的标志性区域。

实地调研发现，2010 年 6 月，中关村集聚区内共有金融办公总部机构 80 多家。虽然金融机构的数量也有一些规模，但相比金融街和 CBD 的金融比例，中关村的差距还相当大。

集聚区内办公行业比重最大的无疑是计算机软件业，且这一比例占到了近 3/5。其次是批发零售业。虽然国家计划今后让电子批发零售业务逐步搬出这一区域，但从目前的调研结果看，这一调整政策还没呈现多大效果。住宿餐饮业的办公数名列第三位，这与周围紧邻北大、清华、人大这些高校有很大关系。而金融业的办公比重仅位列第四，反映出这个金融办公集聚区的金融功能还有待进一步加强。

（四）亚运村集聚区

该集聚区位于北三环与北四环之间，西边处于中关村科技园的德胜科技园区的范围之内，往东延伸至太阳宫地区，北面通过安立路与奥林匹克中心相联系，该集聚区的形成主要得益于亚运村的建设和后期设施功能的调整和再利用。

通过实地问卷调研分析发现，该集聚区的金融办公机构以银行业占主导，等级上最高级别为支行。同时，一些证券、保险等行业的办公结合网点营业相对集中分布于该区域，此外，该集聚区写字楼入住公司的行业还包含有文化体育、交通运输等。

（五）东直门—机场高速集聚区

该集聚区从东直门为起点，沿着机场高速和东三环在空间呈现出一个带状分布的集聚区。通过问卷调查发现，该集聚区更像是 CBD 集聚区的外延，其行业联系与 CBD 集聚区较为密切。此外，住宿餐饮和交通运输业比重相对较大。

四、北京金融办公业的总体分布特征

（一）金融办公业集聚程度显著

空间基尼系数能直接反映出产业在空间上是集聚分布还是离散分布。通过对北京第二次全国经济普查数据中各城区的金融从业人员做基尼系数计算，最后得出结果为 0.67。一般认为，基尼系数 $G_r < 0.2$，表示空间分布是高度离散，$0.2 < G_r < 0.3$ 表示比较分散，$0.3 < G_r < 0.4$ 表示相对分散，$0.4 < G_r < 0.5$ 表示相对集中，$G_r > 0.5$ 表示高度集中。所以，从 G_r 计算值上看，北京金融办公业总体在空间上是高度集聚分布模式。

（二）金融办公从业人数存在区域差异

用区位商对北京金融办公业进行定量分析，通过对各城区金融办公业从业人数进行区位商计算后，最终得出各城区金融办公业的区位商水平差异（表7-2和图7-13）。区位商结果显示，北京金融办公从业人数在西城区和东城区的集聚水平相对较高。

表7-2 北京市各城区金融办公从业人数的区位商

城区	金融办公区位商
东城区	1.80
西城区	6.73
崇文区	0.21
宣武区	1.07
朝阳区	0.91
丰台区	0.60
石景山区	0.02
海淀区	0.25

资料来源：根据北京市第二次全国经济普查数据计算得出

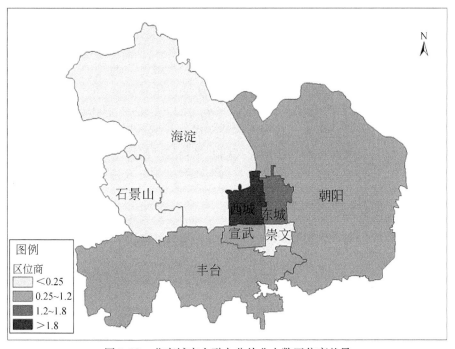

图7-13 北京城市金融办公从业人数区位商差异

西城区的金融办公业区位商最高为 6.73，说明其金融办公业不仅在空间上呈高度集聚状态分布，而且其发展水平远远高于其他城区，这也再次证明了金融街在整个西城区的绝对核心地位。东城区以 1.80 排名第二位，由此可见，金融办公业在东城产业结构中还是占有相当比重。通过调研发现，东城的金融分布空间主要集中在东二环建国门周边区域，这一带属于东二环交通商务区，已经被北京市定位为新兴产业金融功能区，未来应该要充分发挥这个区域的交通优势和大型企业聚集优势，积极吸引金融机构的办公总部和区域性分支机构入驻。宣武区紧随其后位列第三，其区位商 1.07 接近 1，说明宣武区的金融办公业与全市的平均发展水平相差不多，但毕竟还是略微大于 1，因此，其金融办公业在空间上有小规模的集聚分布，这一点与该城区内的丽泽商务金融功能区有必然联系。丽泽金融商务区作为新兴金融功能区，发展空间广阔、交通优势明显，主要聚集了以北京新华金融信息交易所有限公司、北京新发地农产品电子交易中心有限公司为代表的新兴金融机构。而朝阳区虽然拥有 CBD 金融办公集聚区，但是因为城区面积大，产业结构较为多元化，因此金融办公业在朝阳区的比重不是很大，发展水平接近全市平均水平。其他城区的区位商均小于 1，说明这些城区的金融办公活动的优势不突出。

（三）金融办公活动密度差异明显，具有一定的交通指向

北京金融办公机构在空间上主要呈集聚状态分布，且大多分布在四环之内区域（图7-14）。在分布密度上，四环之内城区的办公密度要明显高于四环之外城区。具体在四环之内的建国门大街，金融办公密度最高；此外，金融街、东三环CBD、北三环东路、中关村等地的金融办公密度也相对较高。

通过对金融业各个行业办公特征的分析，可以发现一个共同点：从空间位置上看，这几个行业的金融办公机构大多都呈现出沿交通干线两侧分布的特征。这个特征不仅仅只是出现在四环之内，在四环以外的一些交通干线两侧也分布着不少金融机构，比如机场路两侧金融办公机构数量也相对较为密集。

（四）金融办公业的总部空间特征

从职能管理的等级上分析，各主要银行的总行、分行及其他非银行金融机构的总公司和分公司统属于办公总部。北京的总部经济在近年来取得了突飞猛进的成绩，在首都经济结构中已经占有相当比重。总的来看，北京金融办公业的总部机构主要分布在金融街，如 3 家国有商业银行总行，120 家股份制银行、保险、证券总部都选址在金融街，而 CBD 则吸引了德意志银行等多家外资银行分行入住。

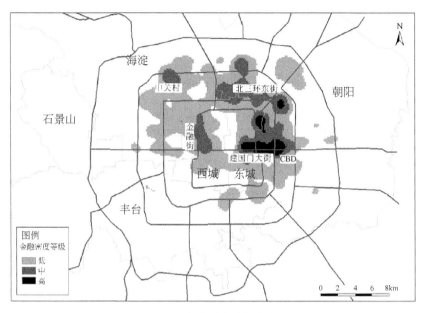

图 7-14　北京金融办公机构密度图

北京城区金融业的办公总部对社会的影响力分析。以就业影响为例，选择银行保险业办公总部的从业人员为研究出发点，以从业人数与办公机构数目的比值作为观测指标，它能直接反映一个办公机构对就业的吸引和凝聚力。将办公总部的指标与全市的平均指标进行对比，即可得到银行保险业的办公总部对就业的贡献。具体公式为

$$I = \frac{E_i/O_i}{E_a/O_a}$$

式中，E_i、O_i 分别为办公总部的从业人数和机构数目；i 为从业人数；a 为机构数目；E_a、O_a 分别为全市金融办公业的从业人数和机构数目。I 大于 1，表示办公总部对就业的贡献率高于全市平均水平。I 的结果越大，说明办公总部对就业的贡献就越大。

通过对表 7-3 的数据可以计算出，银行保险业的办公总部对就业的贡献指数为 6.26，说明银行保险业的办公总部在就业方面有着极强的凝聚力。表 7-4 给出的是北京主城区（当时崇文区和宣武区还未被合并）金融办公业的办公总部机构及其从业人数。

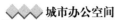

表7-3 北京市银行保险业的办公总部对就业的凝聚力

	机构/个	从业人员/人	从业人员/机构
办公总部	183	76 689	419.07
全市平均水平	2 477	165 688	66.89

资料来源：北京市第二次全国经济普查数据

表7-4 北京市银行保险业的办公总部机构及从业人数

城区	总行、总公司		分行、分公司	
	机构	从业人员	机构	从业人员
东城区	5	5 570	24	6 901
西城区	32	31 464	42	17 289
崇文区	1	124	1	124
宣武区	1	543	2	1 539
朝阳区	17	4 324	38	4 251
丰台区	1	623	1	1 376
石景山区	0	0	0	0
海淀区	4	775	14	1 786
合计	61	43 423	122	33 266

资料来源：北京市第二次全国经济普查数据

综上，可以得出北京金融办公活动的空间分布特征表现为以下四点：

第一，在地理空间上总体呈高度集聚的分布模式。在金融办公业体系中，银行业办公还是占最大比重。

第二，金融办公机构主要分布在四环之内的区域，金融办公总部主要集中在一些大的商务区。此外，在主要交通干线两侧，也多是金融办公机构的分布地。

第三，金融办公活动在空间上呈现集聚状态，大致可形成五个规模较大的金融办公集聚区，它们分别是金融街集聚区、CBD集聚区、中关村集聚区、亚运村集聚区和东直门—机场高速集聚区。这其中又以金融街和CBD占主导。

第四，各城区存在一定差异，西城区具有相对领先优势，尤其是在2011年初内城的四个行政区合并之后，进一步提升了西城区金融办公活动的发展优势。

第三节　北京金融办公业的空间联系特征

对北京城区金融办公业空间联系的研究，主要分为三方面内容：一是金融办公业与其前后向产业的行业联系；二是五大金融办公集聚区之间的联系；三是各个城区之间的金融办公流联系强度。

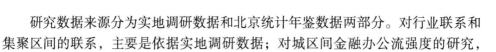

研究数据来源分为实地调研数据和北京统计年鉴数据两部分。对行业联系和集聚区间的联系，主要是依据实地调研数据；对城区间金融办公流强度的研究，主要是借助于统计年鉴数据。

课题组分别在2009年7月和2010年6月两次进行实地调研，前后两次共发放问卷4422份，其中，有效问卷3605份，有效问卷率为81.5%，达到了预期的有效期望值。在此基础上通过一定技术手段对问卷进行处理，最终得到关于北京城市办公区位空间联系的相关数据。本研究着重提取金融业办公那一部分的联系数据，涉及金融办公业的问卷经过提取后，最终得到564个样本量。其中，一份问卷代表一次业务联系。

一、金融办公业的行业联系

产业联系是空间联系研究最为关注的一个方面。本节对北京金融办公业行业联系的研究，主要是以提取的564份问卷数据为基础。通过对涉及金融办公业的564份问卷样本进行统计，得出北京金融办公业与其进行办公联系的行业之间的联系次数和联系比重（表7-5）。其中，联系比重是行业联系次数与联系次数和的比值。

表7-5　北京市金融办公业的行业联系次数及比重

行业	2009年		2010年		合计	
	联系次数	联系比重/%	联系次数	联系比重/%	联系次数	联系比重/%
交通运输	14	0.06	44	0.13	58	0.10
计算机软件	37	0.16	29	0.09	66	0.12
批发零售	8	0.03	18	0.05	26	0.05
住宿餐饮	7	0.03	14	0.04	21	0.04
金融	134	0.58	185	0.56	319	0.57
房地产	15	0.06	23	0.07	38	0.07
水利环境	3	0.01	0	0.00	3	0.01
居民服务	6	0.03	16	0.05	22	0.04
卫生保障	3	0.01	2	0.01	5	0.01
文体娱乐	6	0.03	0	0.00	6	0.01
合计	233	1.00	331	1.00	564	1.00

资料来源：根据2009年、2010年实地调研的问卷数据计算得出

（一）同行业间的联系

在北京金融办公业的行业联系中，金融业与金融业办公机构间的业务联系，属

于同行业间的联系。表7-5数据显示，2009年、2010年金融办公业的同行业联系比重分别为58%和56%，两年的问卷联系次数共统计为319次，占问卷联系次数总样本量的57%。由此可知，同行业联系在整个行业联系中占绝对主导地位。

（二）不同行业间的联系

图7-15显示，金融办公业与计算机软件业的金融办公联系最为紧密，它们之间的联系所占比重最高，为12%；其次是交通运输业，它与金融办公业的联系比重为10%，说明它们之间对于对方的办公需求也相对较大；紧随其后的是房地产业和批发零售业，分别占全部比重的7%和5%；除此之外，住宿餐饮业和居民服务业与金融办公业的联系比重都为4%，水利环境、卫生保障、文体娱乐这三个行业与金融办公业的联系次数较少，联系比重仅为1%。

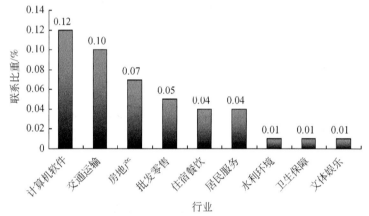

图7-15　2009~2010年北京金融办公业与其他行业的联系比重

资料来源：根据2009年、2010年实地调研的问卷数据计算得出

对金融办公业与不同行业之间的联系可以得出，金融办公业与计算机软件业、交通运输业、房地产业这三个产业目前是联系最为密切的；与批发零售、住宿餐饮、居民服务这三个行业的金融办公联系次之；而与水利环境、卫生保障、文体娱乐这三个行业的联系则相对较少。

（三）行业联系的总体特征

通过以上分析，可以总结出北京金融办公业在行业联系上主要是以同行业联系为主导。在与其他不同行业的金融办公联系中，计算机软件业、交通运输业、房地产业是与金融办公业联系最为密切的三个行业。与金融办公业的联系密切程度从强到弱依次为金融业、计算机软件业、交通运输业、房地产业、批发零售业、住宿餐饮业、居民服务业、水利环境业、卫生保障业和文体娱乐业。

二、五大集聚区之间的金融办公联系

应用哈夫模型对五大金融办公集聚区间的空间联系进行研究，以集聚区的主营业务收入替代原模型中的人口数。

（一）集聚区之间的最短路径距离矩阵

采用 ArcGIS 的欧氏距离测算功能（measure）来分别计算出这五个金融办公集聚区之间的最短路径距离，计算结果如表 7-6 所示。

表 7-6　五大金融办公集聚区间的最短路径距离矩阵　　　　单位：km

最短路径距离	金融街	CBD	中关村	亚运村地区	东直门—机场高速
金融街	0	8	5.6	5.7	9
CBD	8	0	12.6	8.3	3.7
中关村	5.6	12.6	0	6	12.2
亚运村地区	5.7	8.3	6	0	6.6
东直门—机场高速	9	3.7	12.2	6.6	0

资料来源：根据 2009 年、2010 年实地调研的问卷数据计算得出

（二）集聚区之间的金融办公联系

通过 2009 年 7 月和 2010 年 6 月两次的实地调研，共得金融办公活动的有效问卷样本量 883 份。对这 883 份金融办公联系问卷数据经过有针对性的统计整理，可以得出北京市金融办公业的五大集聚区之间的金融办公联系数据。表 7-7 显示的就是这五大集聚区之间的金融办公业务联系次数。

表 7-7　北京五大集聚区间的金融办公业务联系　　　　单位：频次

业务联系	金融街	CBD	中关村	亚运村地区	东直门—机场高速
金融街	71	10	7	0	0
CBD	9	47	3	3	11
中关村	6	2	55	3	0
亚运村地区	4	1	2	7	3
东直门—机场高速	0	13	1	4	12

资料来源：根据 2009 年、2010 年实地调研的问卷数据计算得出

（三）集聚区之间的金融办公业 O-D 流量数据

本书对北京市五大金融办公集聚区的空间联系研究，是以各集聚区的办公联系 O-D 流量作为数据基础，进而分析各金融办公集聚区之间的办公联系强度。

因此，通过对两次调研的文问卷数据进行处理，获取研究所需的目的地和出发地的 O-D 流量数据。通过对表 7-7 中各个集聚区流入和流出的数据量进行整理计算，得到各集聚区联系流量出入的总和，由此可以得到集聚区之间的金融办公 O-D 流量数据（表 7-8）。

表 7-8 北京五大集聚区间的金融办公业 O-D 流量数据

金融办公集聚区	出发地 O_i/频次	$\ln O_i$	目的地 D_j/频次	$\ln D_j$
金融街—CBD	178	5.18	146	4.98
金融街—中关村	178	5.18	134	4.9
金融街—亚运地区	178	5.18	34	3.53
金融街—机场高速	178	5.18	56	4.03
CBD—中关村	146	4.98	134	4.9
CBD—亚运村地区	146	4.98	34	3.53
CBD—机场高速	146	4.98	56	4.03
中关村—亚运村	134	4.9	34	3.53
中关村—机场高速	134	4.9	56	4.03
亚运村—机场高速	34	3.53	56	4.03

资料来源：根据 2009 年、2010 年实地调研的问卷数据计算得出

（四）集聚区之间的金融办公业联系强度

通过上述一系列的计算，课题组成功获取了计算集聚区间联系强度所需的数据。并将获取的数据分别代入修正模型中进行计算，最终得出各个集聚区之间的金融办公联系强度，结果如表 7-9 所示。

表 7-9 北京金融办公业五大集聚区间的联系强度 单位：10^4 人·次·km^{-3}

金融办公集聚区	金融办公联系强度 T_{ij}
金融街—CBD	24.63
金融街—中关村	23.56
CBD—机场高速	14.72
金融街—亚运村	10.03
CBD—中关村	8.52
金融街—机场高速	7.44
CBD—亚运村	5.60
中关村—亚运村	5.19
中关村—机场高速	2.99
亚运村—机场高速	2.39

资料来源：根据 2009 年、2010 年实地调研的问卷数据计算得出

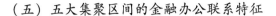

（五）五大集聚区间的金融办公联系特征

通过以上计算可以分析出这五大集聚区间的金融办公联系存在以下特征：

（1）金融街集聚区与其他集聚区的联系强度相对最强，在金融办公业方面的综合影响力也最大。在这五大集聚区间的金融办公联系强度中，以金融街集聚区和CBD集聚区之间的联系强度最强，为24.63；紧随其后的是金融街集聚区与中关村集聚区23.56的联系强度；此外，金融街集聚区与亚运村、机场高速这两个集聚区的联系也较强，在所有集聚区间联系强度中排名第四、第六位。由此得出，金融街对其他集聚区的金融影响力最大。

（2）CBD与其他城区的金融办公联系强度仅次于金融街。除了跟金融街有很强的金融办公联系外，CBD与机场高速、中关村这两个集聚区也存在较强联系。其中与机场高速一带金融办公集聚区的联系强度位列第三位，为14.72。

（3）亚运村集聚区与其他集聚区的联系强度相对最弱。从它们之间的金融办公联系强度能够推断出，五大集聚区的金融影响力从小到大依次是：亚运村集聚区、机场高速集聚区、中关村集聚区、CBD集聚区、金融街集聚区。

（4）集聚区间的金融办公联系强度在空间上呈现距离衰减特征。分析联系强度的排名可以发现，排名前四位中，除了金融街与CBD的距离稍微较大外，排名第二到第四位的集聚区间的距离都相对较小。由此得出，距离也是影响金融办公联系强度一个很重要的因素。

三、城区之间的金融办公业联系

（一）研究方法——城市流强度模型

城市流强度是指在区域联系中各城市外向功能（集聚与辐射）所产生的影响量，它能反映城市对外联系与辐射的能力。城市是否具有外向功能主要取决于其某一部门从业人员的区位商。所以在选择指标时，利用城市从业人员作为量度指标。（李俊峰和焦华富，2010）城市中某部门从业人员的区位商用公式表示为

$$Lq_{ij} = \frac{G_{ij}/G_i}{G_j/G} \tag{7-1}$$

式中，G_i 为 i 城市部门从业人员数量；G_{ij} 为 i 城市 j 部门从业人员数量；G_j 为全国 j 部门从业人员数量；G 为全国总从业人员数量。若 $Lq_{ij} < 1$，则 i 城市 j 部门不存在外向功能；若 $Lq_{ij} > 1$，即 i 部门在 j 城市中相对于全国是专业化部门，可以为城市外界区域提供服务。城市 j 部门、所有部门具有外向功能量分别表示为 E_{ij} 和 E_i。

$$E_{ij} = G_{ij} - (G_i \times G_j / G) \qquad (7\text{-}2)$$

$$E_i = \sum_{j=1}^{n} E_{ij} \qquad (7\text{-}3)$$

i 城市的功能效率 N 用从业人员人均 GDP 表示。i 城市流强度 F 的计算公式为

$$F_i = E_i \times N_i = \frac{\text{GDP}_i}{G_i} \times \sum_{j=1}^{n} E_{ij} \qquad (7\text{-}4)$$

（二）金融办公业的城区流强度

对北京市各个城区之间的金融办公联系的研究，以城区尺度来代替城市尺度，用城市流强度模型来研究城八区之间的金融办公联系流强度。

由于城区流强度模型表征的是城区对外联系的强度，因此在进行城区流强度计算之前，首先要对金融办公业内部各行业的区位商进行计算。区位商数值不同，代表的意义也不尽相同。区位商大于 1，表示该行业相对于整个区域是专业化部门，可以向外部其他地区提供服务；区位商小于 1，则表示该行业不存在外向功能。表 7-10 给出的是北京金融办公业中银行业、保险业的区位商及对应的外向功能量。

表 7-10　北京金融办公业中银行业、保险业的区位商及外向功能量

城区	区位商 Lq_{ij}		外向功能 E_{ij}/人	
	银行业 Lq_{ij}	保险业 Lq_{ij}	银行业 E_{ij}	保险业 E_{ij}
东城区	2.02	2.01	7 426	5 664
西城区	4.46	2.39	33 995	10 504
崇文区	1.43	1.02	827	28
宣武区	0.98	1.19	0	564
朝阳区	0.66	0.79	0	0
丰台区	0.46	0.28	0	0
石景山区	0.53	0.52	0	0
海淀区	0.49	0.80	0	0

资料来源：根据北京市第二次全国经济普查数据计算得出

朝阳、丰台、石景山、海淀四个城区银行业、保险业的区位商均小于 1，说明这四个城区金融办公业不存在外向功能。与此形成对比的是，东城、西城、崇文这三个城区的区位商都大于 1，说明这三个区域的金融办公业存在外向功能。而宣武区则是银行业没有外向功能，保险业能对外提供服务，也反映了宣武区保险业的专业化水平要高于银行业。除此之外，东城、西城、崇文、宣武这四个城区均存在外向功能，也在侧面反映出北京金融办公业在整体空间上的联系方向是

从城中心由内向外。

对存在外向功能的四个城区，计算其金融办公业的城区流强度。结果如表7-11所示，西城区的办公流强度最大，为86.95亿元；东城区以18.96亿元的办公联系强度次之；崇文和宣武的城区流联系强度分别为0.93亿元和0.61亿元。从城区流强度来看，金融办公业的外向功能程度由大到小依然是西城、东城、崇文、宣武。

表 7-11　北京金融办公业的城区流强度

城区	金融 E_{ij}/人	N/(万元/人)	F/万元
东城区	13 090	14.48	189 567.54
西城区	44 499	19.54	869 525.88
崇文区	855	10.85	9 279.55
宣武区	564	10.90	6 142.23

资料来源：根据北京市第二次全国经济普查数据计算得出

（三）城区之间金融办公业的相互作用强度

虽然城区流反映了城区对外联系的强度，但它不能说明城区之间的相互作用。运用相互作用模型，度量各城区间的金融办公联系流强度。以各城区金融业的总资产作为该城区金融办公业的发展水平 P，以各城区间的欧式距离作为两个城区的距离 d。而关于引力系数 k 的阈值，基于 k 表达城区间的交通便捷程度与集聚区间的距离摩擦系数 β 的表征意义相通，故这里给引力系数 k 赋值为3.033。

通过计算，得到各城区之间金融办公业相互作用强度矩阵表7-12。由表中结果可以看出，西城与其他各个城区的相互作用强度，都分别在这个城区相互作用强度中占最大比重。而西城与其他城区相互作用强度之和也最高，为2165.52；东城以1541.76排在第二位；相互作用强度之和较小的是石景山、崇文和丰台。

表 7-12　北京各城区之间金融办公业相互作用强度矩阵

城区	东城	西城	崇文	宣武	朝阳	丰台	石景山	海淀
东城	0	1514.02	0.07	10.53	9.23	0.30	0	7.60
西城	1514.02	0	0.87	389.03	69.54	8.08	0.07	183.92
崇文	0.07	0.87	0	0.03	0.01	0	0	0.01
宣武	10.53	389.03	0.03	0	0.92	0.24	0	2.30
朝阳	9.23	69.54	0.01	0.92	0	0.06	0	1.73
丰台	0.30	8.08	0	0.24	0.06	0	0	0.37
石景山	0	0.07	0	0	0	0	0	0.01
海淀	7.60	183.92	0.01	2.30	1.73	0.37	0.01	0
合计	1541.76	2165.52	0.99	403.06	81.49	9.05	0.09	195.94

数据来源：根据北京市第二次全国经济普查数据计算得出

对各个城区之间的相互作用强度进行具体分析，与西城联系强度最大的是东城，其次是宣武、海淀和朝阳；与东城的联系强度，除了西城与之较高外，其他城区与东城的联系强度都比较低；宣武的联系作用强度要高于海淀和朝阳，排名第三，与之联系较强的城区也只有西城；海淀和朝阳的作用强度和分别列第四、第五位，与它们联系较强的也依然只有西城。

综上所述，西城对其他城区金融办公联系的影响度最大。这也反映出金融街这个金融办公集聚区，作为全国的金融决策监管中心、资产管理中心、金融支付结算中心、金融信息中心，其金融功能非常强大，是当之无愧最具影响力的金融中心区。

四、金融办公业的空间联系方向与方式

（一）联系方向

为进一步研究各城区间的相互作用状况以及城区相互作用强度的空间走向，选取相互作用强度的前十位以及各个城区最大的作用强度，从而获得每个城区（C_i）对应的吸引力最大的城区（C_i'），然后将（C_i）与（C_i'）做两两连线，最终可得到城区"最大引力连接线"（L）分布图（图7-16）。

从图7-19可以看出，西城是连接线最多的城区，共7条，它跟其他每个城区都有最大连接线，总作用强度为2165；其次是东城，共有四条连接线，主要连接城区为西城、宣武、朝阳和海淀，总作用强度为1542。连接线越多、总作用强度值越大，表示该城区在北京金融办公联系中的吸引力越强，且功能支配地位越高。通过最大连接线可以发现，西城的金融街和东城的东二环商务区是北京金融办公联系中最为重要的两个节点。

把城区间最大连接线和城区流强度结合起来，就可以得到城区间金融办公业空间联系的走向分布。北京城区间金融办公业的空间联系走向特征：以西城、东城为中心，呈圈层状向外辐射，其影响范围波及周围所有城区；东西城相比，又以西城的金融街为这个中心区的核心集聚区，它能向每个城区提供金融办公服务。

（二）联系方式

联系方式也是空间联系中的一个内容。问卷对联系方式的设计，共有四个选项：①电话；②电子邮件；③面对面；④其他。通过对这两次调研的问卷数据进行统计分析，最终得到北京金融办公业与其前后向行业进行联系的方式组成，如图7-17所示。结果显示，电话联系是金融办公业进行业务联系的主要方式，其次是面对面，电子邮件的联系方式仅占16.28%。

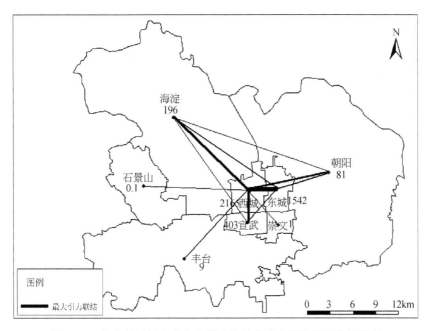

图 7-16　北京城区间金融办公联系的最大引力联结线及作用强度

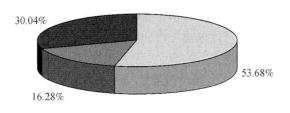

图 7-17　北京金融办公业的联系方式结构

通过以上分析，可以得出北京金融办公业的空间联系有以下五个特征：

第一，在金融办公业的行业联系中，同行业联系占主导地位。这一点无论是在前向行业联系还是在后向行业联系中，金融办公业与金融业的联系最为密切。

第二，北京金融办公业在行业联系上，主要是以同行业联系为主导。在与其他不同行业的金融办公联系中，计算机软件业、交通运输业、房地产业是与金融办公业联系最为密切的三个行业；而金融办公业与水利环境、卫生保障、文体娱乐这三个行业的联系则相对很少。

第三，在集聚区之间的金融办公联系，以金融街与 CBD 之间的联系强度最大。而金融街集聚区与其他集聚区的联系强度相对最强，在金融办公业方面的综合影响力也最大。CBD 与其他城区的金融办公联系强度仅次于金融街。此外，集聚区间的金融办公联系强度在空间上呈现明显的距离衰减特征。

第四，在城区间的金融办公联系流中，东城、西城、崇文、宣武这四个城区均存在外向功能，也在侧面反映出北京金融办公业在整体空间上的联系方向是从城中心由内向外。从城区流强度来看，金融办公业的外向功能程度由大到小依然是西城、东城、崇文、宣武。

第五，通过最大连接线可以发现，西城的金融街和东城的东二环商务区是北京金融办公联系中最为重要的两个节点。北京城区间金融办公业的空间联系走向特征：以西城、东城为中心，呈圈层状向外辐射，其影响范围波及周围所有城区；东西城相比，又以西城的金融街为这个中心区的核心集聚区，它能向每个城区提供金融办公服务。

第四节 北京中心商务区基于办公活动集聚及立体分化

20 世纪 80 年代以来，经济全球化的特征日益明显，成为当代世界经济的重要趋势，其对城市的发展，特别是世界和区域中心城市体系的形成和结构功能的转变，起到根本性的作用。经济全球化是指世界经济活动超越国界，通过对外贸易、资本流动、技术转移、提供服务、相互依存、相互联系而形成的全球范围的有机经济整体。从空间上讲，经济全球化导致了由节点和流组成的世界城市网络体系的形成。在信息经济时代的背景下，这些节点不仅是生产、商业和贸易功能的中心，也是资本、信息、技术、人才流动的控制中心和服务、组织、管理中心。从宏观上讲，这些中心是指各级各层次的中心性城市，包括世界级、跨国级、国家级、区域级和地方级城市；从微观上讲，这些中心城市的经济活动则高度集中在城市内部的中央商务区（central business district，CBD）（李沛等，1999）。

与城市体系类似，CBD 也有相应的等级体系。比较著名的国际性 CBD 有纽约的曼哈顿、巴黎的拉德芳斯、东京的银座—新宿、德国的法兰克福金融区等。这类 CBD 以世界城市为依托，是国际性金融、贸易和商务中心，对世界经济的发展产生重大影响。而我国的 CBD 建设正处于起步阶段，截至 2003 年，已建在建 CBD 多达 40 余个，但目前来讲，除香港中环外，没有一个城市符合国际性 CBD 的条件，区域性 CBD 有上海陆家嘴和北京国贸。它们对中国乃至亚太地区的经济发展有重大影响。而其他城市，如天津、广州、深圳、南京、重庆等城市的 CBD 是地区性的金融商贸中心，同时也以零售业和旅游业等为主，对京津唐、长江三角洲和珠江三角洲等地区经济的发展有所影响（杨莲芬，2008；陈伟新，2003），在此背景下，对北京 CBD 基于办公活动集聚及立体分化研究对国内其他

城市 CBD 建设和产业发展有一定的借鉴意义。

改革开放以前，北京市只有王府井、前门和西单等商业中心，缺乏商务办公中心。进入 20 世纪 80 年代，北京市对外开放程度逐步提高，第三产业发展迅速，在外事机构集中的东三环一带逐渐兴起以酒店为主的服务业，伴随着商务写字楼的建立，呈现出商务中心区的早期特征。随着北京市对外开放程度的进一步加大，商务办公功能逐步从酒店功能中独立出来，以国贸为中心兴建了大量的写字楼和商务配套设施（张理泉等，2003）。

1993 年经国务院批复的《北京城市总体规划》中明确提出建设北京中央商务区的构想：在建国门至朝阳门、东二环路至三环路之间，开辟具有金融、保险、信息、咨询、商业、文化和商务功能等多种服务功能的商务中心区。之后北京 CBD 经历了一段自然发展期，也遇到了某些问题。为了解决这些问题，北京市政府加大了行政规划管理的力度。在 1999 的《北京市中心地区控制性详细规划》中，将其范围划为北起朝阳路规划道路红线、南抵通惠河河道中线、东起西大望路规划道路中线、西至东大桥路规划道路中线，总面积为 $3.99km^2$，以东三环为南北轴线，建国门外大街为东西轴线。并以此核心区为依托，向北辐射至亮马河地区，并形成东二环以东至朝外大街的混合功能区，最终形成沿金十字东西轴向西辐射的一个大 CBD 概念。进入 21 世纪，世界经济格局的变化和国内经济的发展对首都经济产生了重要的影响。在《北京城市总体规划（2004～2020年）》中，进一步明确了 CBD 作为"国际交往的重要窗口，中国与世界经济联系的重要节点，对外服务业发达地区"的功能定位。

对于北京来讲，国贸的 CBD 作为核心 CBD，中央商务职能为其主要职能，而王府井、西单、金融街、中关村等作为 Sub-CBD，分别承担商业以及金融、信息服务等一定的商务职能（梁绍连等，2008；李波，2003；陈瑛等，2001）。

广义的 CBD 可以为中心商务区、中心商业区或者商务商业并立的中心区。而狭义的 CBD 是指真正意义的现代 CBD，即以中央商务功能为主，兼具高档零售业和服务业的 CBD。本节研究所指的 CBD 概念为狭义的，即北京的核心 CBD，也就是朝阳区国贸 CBD 及其东扩范围（图 7-18）。

本书研究数据获取主要通过 2009 年 5 月～2010 年 3 月的实地调研。以 CBD 用地规划图为标准，对每个地块进行实地调研，了解其占地面积，总建筑面积以及用地功能。同时，对 CBD 范围内的楼宇进行 GPS 定位并了解每栋楼宇的高度、开盘时间、总建筑面积以及各层的功能。行业数据主要使用易拜咨询公司调查数据，并对实际情况变化较大的楼宇进行抄水牌、访问等实地补调。

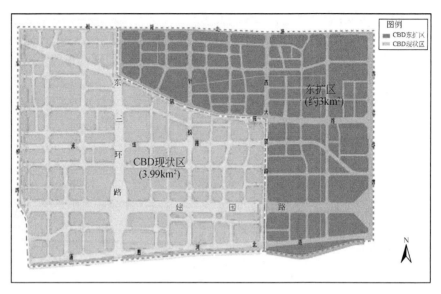

图 7-18 北京市 CBD 现有范围及东扩示意图
资料来源：北京市中央商务区官方网站

一、CBD 用地及楼宇功能结构分析

（一）CBD 硬核区域划分

本研究在实地调研的基础上采用 CBI 技术法对北京市 CBD 硬核进行划分和界定。以 CBHI≥1 且 CBII≥50% 为标准划定 CBD 硬核区。其结果表现为，比较明显的、连续性较强的硬核区一个位于国贸桥南侧，包括招商局大厦、瑞赛大厦、银泰中心、建外 SOHO、中环世贸还有刚刚建成的北京财源国际中心，称之为南硬核。另一个硬核区位于光华路和东三环的交叉口，聚集了嘉里中心、富尔大厦、数码 01 大厦、北京财富中心写字楼等纯写字楼宇。同时在西北角上有少数核心地块零星分布，称之为西北硬核。另外，在针织路以东，光华路沿线零星分布有几个硬核地块，包括东方梅地亚、铜牛国际大厦、和乔大厦等写字楼宇，称之为东北硬核（图 7-19）。

可见，北京市 CBD 的硬核范围并没有连接成片，西北硬核与东北硬核表现为零星分布的核心地块，连续性较差。同时，少数办公型楼宇较为密集的地块并不是核心地块。究其原因，一是由于现代的办公楼宇如京广中心、国贸三期、光华 SOHO 是集办公、娱乐、公寓、酒店等为一体的综合性多功能楼宇。且由于开发了成片的集办公、公寓、娱乐、商业的多功能小区，如阳光 100、万达广场、新城国际等。因此，办公功能建筑面积的相对比例减小。二是东北硬核区周围分

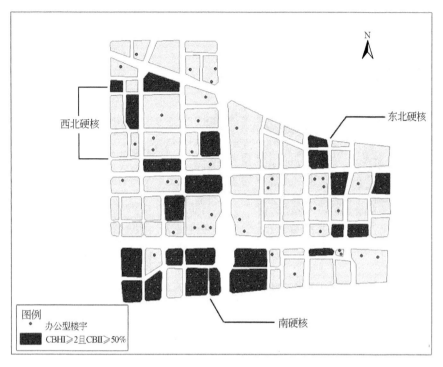

图 7-19　北京 CBD 硬核示意图

布有学校及政府用地，且许多地块被普通住宅和厂房占据，正处在 CBD 形成过程中。同时，主要交通干线的阻隔也是核心地块分散不成片的原因之一。

（二）CBD 楼宇高度及形状

以地块为单位统计 CBD 内各楼宇的高度，以每个地块内最高楼宇高度作为其高度属性，绘制图 7-20 及图 7-21。需要说明的是，这里采用各地块内最高楼宇高度作为地块高度属性，而非平均楼宇高度，是为了更准确地表现 CBD 的立体形状。因为有些地块虽然个别楼宇很高，但是周围被低矮的裙房或普通住宅包围，若使用地块平均高度，则掩盖了 CBD 真实的立体形状。

首先，CBD 整体上呈现西高东低的形状，沿东三环和建国门大街两条主干道两侧的楼宇平均高度最高，成十字状，特别是东三环一线，分布着国贸大厦、银泰中心、嘉里中心、招商局大厦、CCTV 等一系列地标性建筑，形成一个偏西的菱形十字架形状。

其次，由 CBD 内主要写字楼的平均层数随建成时间的变化（图 7-22）可知，建成时间越晚的楼宇平均高度越高。1999 年以前的写字楼平均高度为 18.7 层，2000～2005 年为 27.3 层，而 2006 年之后则增高到 36 层，平均每五年增高 9 层。

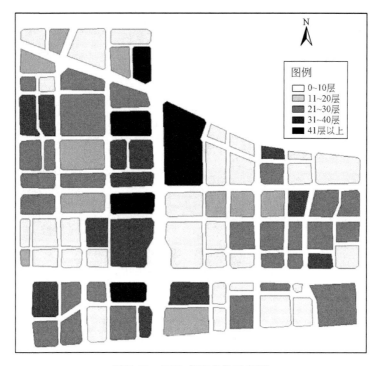

图 7-20　CBD 高度变化示意图

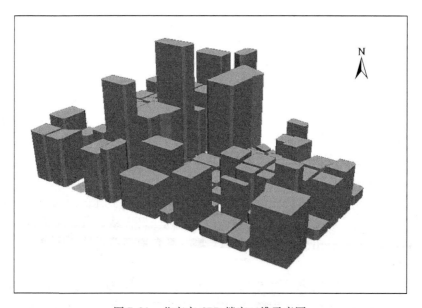

图 7-21　北京市 CBD 楼宇三维示意图

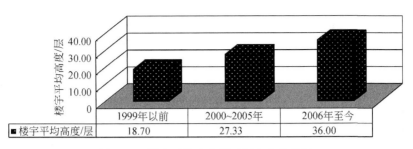

	1999年以前	2000~2005年	2006年至今
■楼宇平均高度/层	18.70	27.33	36.00

图 7-22 楼宇平均高度随时间变化柱状图

再次，楼宇的高度与楼宇功能有密切关系。纯办公型的中心性楼宇和大体量的多功能综合性楼宇平均较高，多为 30 层以上，以国贸三期和京广中心为代表。而高档公寓和商业性楼宇由于功能特点，不宜过高，一般在 20 层以下。成片开发的综合性小区以住宅为主，同时包括比较平缓的花园和广场，地块的平均高度也较低。普通住宅大多在 6 层以下。

因此，CBD 内楼宇高度整体上西高东低，沿两条主干道两侧和办公楼比较密集的硬核区域为峰值，向外逐渐有变低的趋势。

（三）楼宇类型及功能分布

北京市 CBD 内的功能构成可以分为三类：一类是办公，包括写字间及会议和展示等衍生设施；一类是服务，包括零售业、餐饮业、娱乐、文化设施等；另一类是居住，居住设施包括公寓和住宅。而酒店比较特殊，综合性较强，一般兼有综合服务和居住双重功能，有些还具有办公性职能。楼宇是 CBD 内的职能载体，对楼宇类型和功能的分布研究有助于了解 CBD 内的用地功能。

通过对 CBD 内的楼宇按照类别进行统计，并分别用最邻近距离法对办公楼宇、购物宾馆等商业功能楼宇、公寓以及混合功能楼宇进行分析，结果如表 7-13 和图 7-23 所示。

（1）北京市 CBD 以办公楼宇为主，占楼宇总数的 48.89%。这些楼宇体量较大，相对集中，以便提高办公效率。如图 7-23 所示，CBD 办公楼宇呈明显集聚模式，主要集中在三个硬核区内。这些办公楼宇集中了 CBD 内多数高档商务办公业，是中央商务职能的主要承担者。以嘉里中心、招商局大厦等商务中心性楼宇为代表。

（2）商业及宾馆。包括酒店宾馆和购物中心，约占楼宇总数的 10%。首先，按照地租—竞价理论，这些楼宇具有较强的偿租能力，沿街分布趋势明显，地理位置较为优越。其次，它们对办公性楼宇和公寓有较强的依附性，且各楼宇之间的服务范围最大程度不重叠。因此，商业及宾馆围绕着办公业密集区均匀分散分布。另外，大型的购物商场和纯娱乐楼宇并不多见，原因在于大量的混合功能楼

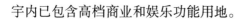

宇内已包含高档商业和娱乐功能用地。

表 7-13　北京市 CBD 楼宇类型及比例

功能	楼宇类别	分类标准	数量/个	所占比例/%	R 值	Z 值	分布模式
单一功能	办公	办公功能占整栋建筑空间的 80% 以上	66	48.89	0.81	-3.1	显著集聚
	商业	商场占整栋建筑空间的 80% 以上	3	2.22	1.06	0.6	倾向于均匀分散
	宾馆酒店	宾馆酒店占整栋建筑空间的 80% 以上	11	8.15			
	高档公寓	住宅功能占整栋楼宇建筑空间的 80% 以上，且高度超过 15 层	22	16.30	0.68	-3	显著集聚
混合功能楼宇	住宅办公混合	办公住宅功能占 90% 以上，但无一超过 80%	3	2.22	0.92	-1	倾向于集聚
	商业住宅混合	商业住宅性功能占 90% 以上，但无一超过 80%	3	2.22			
	办公商业混合	商业办公性功能占 90% 以上，但无一超过 80%	18	13.33			
	办公住宅商业混合（SOHO）	办公住宅商业三种功能共同占有建筑空间，但无一超过 60%	4	2.96			
	多功能	兼有办公、娱乐、商业、住宅、宾馆等功能的楼宇，但无一超过 60%	5	3.70			
合计			135	100			

图 7-23　CBD 楼宇分布示意图

（3）CBD 内的住宅功能楼宇包括普通（多 6 层以下）住宅和高档公寓。前者高度均在 10 层以内，多为开发以前工厂和单位职工的集体宿舍或福利房，分布在 CBD 边缘，围绕工厂成片分布，因此不在本节楼宇统计范围之内。这些普通住宅底层一般为低端商业，如杂货店、餐馆、廉价服装店、美容美发店等。高档公寓高度一般在 20 层以上，约占楼宇总数的 16.3%，这些公寓多为高薪白领居住，大多数以小区形式成片开发，因此围绕办公楼集聚区成相对集聚模式分布。近期也出现了少数高档商业和公寓为一体的综合性楼宇，以新开盘的世界城为代表。

（4）CBD 内的混合功能楼宇约占楼宇总数的 1/3。总体来说，这些混合功能楼宇分布模式并不显著。具有两种功能的办公楼宇，包括商业办公混合型楼宇以及办公住宅混合型楼宇，兼有两种功能楼宇的分布特点。在分布上接近办公业密集区域，但集聚程度不如办公楼宇明显。由于建筑体量和容积率的限制，多数传统单体楼宇功能不超过两项。而现代 CBD，特别是近期开发的楼盘有向大体量、多功能发展的趋势。例如，高达 55 层的京广中心和 74 层的国贸三期，集购物、饮食、娱乐、客房、公寓、办公为一体。这些楼宇以办公业为主体，因此与纯办公型楼宇类似，多分布在办公核心区域。同时，随着 SOHO 一族的兴起，家居办公（home office）成为流行趋势，公寓、办公和商业融为一体的多功能 SOHO 楼宇和小区也应运而生，如光华路 SOHO、建外 SOHO 和 SOHO 现代城等。此外，成片的综合性小区也逐渐兴起，如新城国际、阳光 100、万达广场东西区等。这些综合性小区以居住为主体，同时包括办公、商业、娱乐等多项功能。沿 CBD 办公楼集聚区外围成片分布。

（四）CBD 用地功能分析

依据北京市中央商务区官方网络提供的 CBD 用地规划，其办公功能用地集中在 CBD 中部，沿东三环两侧，而通过实际调查得到的用地结构，其办公功能用地偏西分布。原因在于东三环以东存在大量待开发用地，被普通住宅、低档零售业以及厂房等占据。同时，由于历史原因及行政手段的干预，大量面积被学校、科研院所以及政府机关部门等占据。

综上所述，办公空间为 CBD 的主要开发空间，且相对集中，以提高办公效率。住宅和公寓是 CBD 内不可缺失的用地功能，主要依附在办公空间周围，一部分满足 CBD 内就业人口居住，另一方面也避免 CBD 内高昂的地价吞噬居住功能，从而导致人文环境缺乏，昼夜人口反差巨大的"夜死城"。而为了满足 CBD 内高级管理和专业人才的需求，北京 CBD 内住宅用地以高档公寓为主。零售业和娱乐等服务业的服务对象一般不超过 CBD 区域，由于 CBD 内就业收入水平较高，零售业一般比较高档化，而由于大量的混合功能楼宇里面包括一定比例的商业娱乐功能，因此，独立的购物商场不多。文化公共性设施，如博物馆、广场、公园等也是 CBD 内不可或缺的功能用地。北京市 CBD 内的文化设施用地分为两类，一类位于综合性小区内部，服务于小区内部的办公和居住人口，如新城国际、SOHO 现代城等；另一类属于开放性的公共设施用地，如万达广场。但后者比例较少。北京 CBD 办公业集聚区边缘还存在大量待开发用地，包括厂房、较为低档的住宅和零售业。同时，也包括学校和机关部门用地。

二、CBD 办公功能水平分化

（一）CBD 主要干道剖面分析

以东三环中路和建国门外大街两条主干道为主，分别选择每条主干道临街地块的楼宇做剖面分析（图 7-24 ~ 图 7-27）。概括起来看，不论从外貌还是办公功能比例来看，CBD 内的办公功能明显偏西集聚。独栋的高档宾馆、公寓以及多功能楼宇也会依附办公楼出现。总体上来讲，距离主要干道交叉口距离越远，办公功能用地比例越小，且其他功能用地明显增多。大面积低档住宅、厂房、机关用地以及学校科研用地在外貌和功能上都削弱了 CBD 的特征。

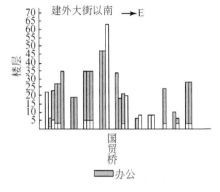

图 7-24　建国门外大街以南剖面图

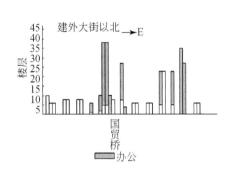

图 7-25　建国门外大街以北剖面图

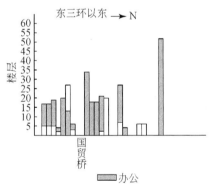

图 7-26　东三环以东剖面图

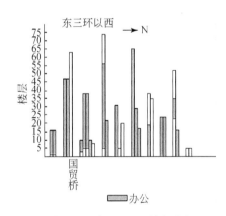

图 7-27　东三环以西剖面图

（二）CBD 办公行业水平分化研究

根据北京 CBD 内具有的行业以及各行业的的特点，将其分为：①金融服务业包括银行、保险、证券、信托、基金、房地产等；②咨询中介服务业包括会计、代理、翻译、评估、拍卖、法律、教育培训、信息技术咨询等中介服务；③配套性服务业包括广告传媒、物流运输、装饰、会展、表演艺术等；④制造业；⑤批发商贸业；⑥一般性服务业；⑦其他类行业包括政府机构社会团体和企业管理机构等。

　　CBD 以三个硬核为核心，各自形成了三个功能亚区。由于各亚区硬核行业结构的差异，亚区之间的功能和特点有明显的分异。表 7-14 为北京市 CBD 三亚区行业结构比较。课题组以易拜咨询公司调查数据以及实地调研数据为基础，分别对三个亚区中主要办公楼宇内行业进行统计可知：针织路以东，光华路一线的东北亚区以 CCTV 和 BTV 为依托，形成以东方梅地亚为核心的文化传媒功能亚区，聚集了众多国内外知名的传媒机构，是影视文化、广告传媒业的集聚地，以广告传媒业为主的配套性服务业占其企业总数的 44.36%。建外大街与东三环交叉区则为高新技术、咨询、培训、中介等为主的信息咨询功能亚区，以京汇大厦、惠普大厦、中航工业大厦等为代表，南亚区的信息咨询业占企业总数的 33.17%。东三环与光华路交叉地带的西北亚区以渣打大厦、财富中心、富尔大厦、嘉里中心为核心，集中分布有银行、证券、保险、房地产等行业，主要功能为金融服务业，其金融服务业占企业总数的 42.16%。三个亚区其他行业差别并不明显。

表 7-14　北京市 CBD 三亚区行业结构比较　　　　单位:%

	金融服务业	信息咨询业	制造业	配套性服务业	批发商贸业	其他	合计
西北亚区	42.16	27.19	10.63	7.47	7.80	4.78	100.00
东北亚区	2.05	18.19	14.67	44.36	25.71	3.59	100.00
南亚区	7.10	33.17	21.29	10.58	18.98	8.88	100.00

　　以西北金融服务业亚区为例，随着离硬核距离的增大，核心功能逐渐减弱，而制造业、批发商贸业、配套服务业等其他非核心行业比例逐渐增多，到亚区边缘逐渐过渡为功能混合区（表 7-15）。

表 7-15　行业结构随硬核距离的变化特征　　　　单位:%

楼宇	金融服务业	信息咨询业	制造业	配套性服务业	批发商贸业	其他
富尔大厦	38.89	19.44	16.67	11.11	11.11	2.87
汉威大厦	5.73	33.33	21.86	10.75	20.07	8.24
东方宫宵大厦	1.89	26.42	9.43	28.30	22.64	11.32

三、CBD 办公功能立体分化

（一）CBD 内行业垂直分布特点

　　随着楼宇高度的增加，CBD 内行业的垂直分布规律体现得更加明显，对这一规律的研究也更加具有意义。由于客观条件的约束，无法获取 CBD 内所有办公楼宇的数据，因此本研究在 CBD 范围内选择行业数据较为完整的 16 座写字楼，共包含 1474 个企业。由于这些楼宇之间的层数不同，为了更好地体现不同层数楼宇行业的分布特征共性，将各楼宇按楼层平均分为三部分：上部、中部、下部。作各行业楼层分布图表，来研究楼层的垂直分布规律。由表 7-16、表 7-17 以及图 7-28 可知：

（1）企业数量、行业类型和功能随着楼层增高而减少。有将近一半的企业分布在楼宇下部，随着楼层的增高，企业数量越少。具体到每个楼宇，行业类型和功能也随之减少。

（2）楼宇上部整层或大面积占据现象十分明显。入住企业多为实力较为雄厚的国企。如 13 层高光华大厦的 12 ~ 13 层被某医药公司占据，18 层高惠普大厦的 8 ~ 18 层全为惠普公司办公场所。同时，由于使用面积较大，企业的整条相关产业链都会集中分布在所占楼层上，如招商局大厦的 20 ~ 23 层以及 28 层为韩国三星公司占据，包括三星产品的研发、制造、销售、市场考察和售后服务等。中服大厦的 18 ~ 27 层均为中服集团所有，包括原材料的研制、服装设计和制造、制成品的销售和广告包装等配套服务业一整条产业链。

（3）一般性服务业的低层化现象十分明显，包括便利店、餐饮娱乐、旅行社、洗衣店、银行储蓄所、邮政储蓄所等一般分布在 5 层以下的低层区，以便提高可达性，便于顾客光临。但健身房和美容医疗诊所等一般性服务业由于需要占用较大的面积，且不像上述服务业那样需要较强的可达性和临街分布特征，因此这一类服务业也会分布在楼层中上部。

（4）配套性服务业具有较为明显的低层化趋势。此类行业一般为小型的广告传媒以及物流运输公司，实力较为薄弱，且对其他行业的依附性比较强，因此选择入住楼宇下部的企业较多。

（5）与一般性服务业和配套性服务业相比，金融服务业、制造业、信息咨询业和批发商贸业的分布弹性较大，并没有明显的垂直分化现象。但功能相关的不同企业，由于业务往来密切，也有较明显的集聚趋势。同时其分布也与租金、企业的实力和决策人员的个人喜好相关。

（6）对于外资企业来说，不同国家的重点投资行业不同：韩国企业以信息技术等高科技产品的研发、制造、销售居多，英美企业的投资重点为制造业和金融服务业，港澳台地区和新加坡以贸易业居多。同一国家的不同外资企业存在集聚分布的现象，特别是行业相近或功能相关的企业。如京汇大厦的 20 层聚集了18 家韩国企业，大多为高科技电子产品的研发、制造和销售企业。同时，如表7-17 所示，随着楼层的增高，外资企业和港澳台投资企业的比重也随之增加。

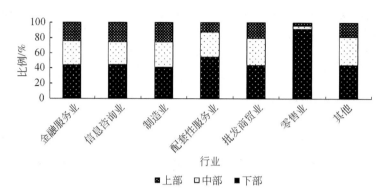

图7-28　北京CBD选定写字楼内各行业楼层分布比例图

表7-16　各北京CBD选定写字楼内行业楼层分布　　　　单位：个

楼层	金融服务业	信息咨询业	制造业	配套性服务业	批发商贸业	零售业	其他	合计
上部	24	116	79	22	62	3	8	314
中部	32	138	105	58	113	3	6	465
下部	44	205	128	96	135	68	9	695
合计	100	459	312	176	310	74	43	1474

表7-17　北京CBD选定写字楼内外资及港澳台企业楼层分布比例

楼层	外资及港澳台企业比例/%
上部	45.54
中部	41.94
下部	37.70

（二）CBD楼宇功能垂直分化规律

（1）两种功能的楼宇包括商业办公混合、商业住宅混合、办公住宅混合楼宇。商业办公混合楼宇较为常见，以世茂大厦、温特莱中心、中服大厦为典型。商业功能楼层占据楼层底部，临街趋势明显，一般不会超过5层，商业楼层以上为办公区域，办公是楼宇的主要功能。商业住宅混合楼宇有两种，一种为6层以下的普通住宅，第一层为临街低档零售业，2层及以上为住宅；另一种为高档商业和高档公寓混合型楼宇，以世界城为代表，1~3层为商业，4层以上公寓。办公住宅混合楼宇以SOHO楼宇为代表，办公区域分布在楼宇下部，上部为公寓，有部分楼层是职住一体。

（2）多功能楼宇以京广中心和国贸三期为代表，楼层高度均在 30 层以上。垂直利用特征表现得比较明显（图 7-29）。自下向上依次为商业、办公、公寓。商业的承租能力较强，且需要临街分布，以提高可达性，因此分布在底层，且一般不超过 5 层，包括高档零售业、餐饮业、酒吧、娱乐设施等。向上依次为办公区和公寓。营利性商务办公不需要临街，但是由于要提高企业间联系和工作效率，一般会分布在公寓和商业功能之间。宾馆较为特殊，分布弹性较大，若娱乐和餐饮功能明显，多位于商业区和办公区之间，而以住宿为主，兼有办公功能的宾馆则分布在楼宇上部。有些高档宾馆占据高层建筑的制高点，以获得较好的视觉景观效果来吸引顾客。

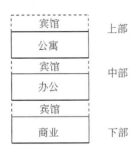

图 7-29　北京 CBD 多功能楼宇垂直结构示意图

四、CBD 与金融街的比较研究

金融街起源于元代的"金城坊"，从明代至今，聚集了多家银行而成为"银行街"。金融街和 CBD 于 1993 年国务院批复《北京城市总体规划》时同时起步。金融街位于西城区，南起复兴门内大街、北至阜成门内大街，西抵西二环路、东临太平桥大街，南北宽约 600m，规划用地约为 1.34km²。截至 2007 年，金融街区域内的金融管理机构的资产总额达到 18 万亿元人民币，占全国金融资产总额的 60%，控制着全国 90% 以上的信贷资金，65% 的保费资金，每天的资金流量超过 100 亿元人民币。相比之下，CBD 借助区域内的海外驻华使馆和新闻机构以及良好的配套设施和交通条件，吸引了大量的金融机构入驻。同时，CBD 产业规划将金融服务业作为其主导产业，与金融街形成明显的竞争关系（张铭，2003）。

（一）CBD 国际化水平明显优于金融街

本研究分别选取位于金融街和 CBD 内的部分写字楼进行行业类型结构比较，如图 7-30 所示，金融街的金融服务业比例约占 25%，而 CBD 金融服务业不足 10%。说明，在金融服务功能上，金融街明显优于 CBD。而 CBD 在制造业和批发贸易业要高于金融街，但在信息咨询业和配套服务业上，两者持平。

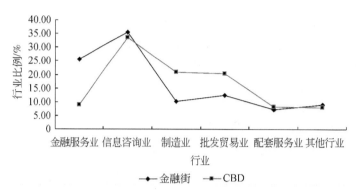

图 7-30　北京金融街与 CBD 选定写字楼内行业比例比较图

同时，如表 7-18 所示，金融街内外资与港澳台投资企业仅占 7.9％，而 CBD 则有将近一半的企业为外资和港澳台企业。尽管与 CBD 相比，金融街内的金融服务业机构比例优势较为明显，但其金融机构中仅有 7.52％为外资及港澳台金融机构，而 CBD 有 61.97％为外资或港澳台金融机构。同时，金融街汇聚了中国人民银行总行、银监会、证监会、保监会等国家金融管理机构，以及中国再保险集团、中国人寿保险公司、泰康人寿保险公司、华泰财产保险公司、东方资产管理公司等公司总部。相比之下，CBD 则吸引众多国外著名金融机构入驻，包括德意志银行、巴黎银行、瑞士银行、汇丰银行、渣打银行、花旗银行、中信嘉华银行等著名外资银行，但以分行和办事处居多，规模普遍较小。

表 7-18　CBD 与金融街外资及港澳台企业比较　　　　单位：%

功能区	外资及港澳台企业比例	金融服务机构中外资及港澳台企业比例
金融街	7.90	7.52
CBD	48.61	61.97

由此可见，金融企业对其他企业有较强的依附性，由于 CBD 集中了大量的外资及港澳台企业，也必然吸引外资金融机构为其服务，因此在国际化水平上明显优于金融街。而金融街则为国内中资银行金融机构总部的汇聚地，同时，在金融资产管理和决策功能上要更加突出。

（二）CBD 金融服务功能不足

如表 7-19 所示，国际上知名 CBD 一般都以金融服务功能作为其主导功能，金融服务业所占比重最大，且总部集聚效应明显。与之相比，北京 CBD 在金融业及总部聚集能力方面均有较大差别。即使有 148 家金融机构，但规模普遍较小，金融业务量较少，大多发挥搜集信息和联系客户的作用，缺少管理控制功能

（张杰，2007）。

表 7-19　北京 CBD 与知名国际 CBD 金融机构和跨国公司总部数量比较　　单位：个

城市	外国金融机构	跨国公司总部或地区总部
纽约	356	745
伦敦	481	375
北京	146	27

资料来源：张杰，2007

北京 CBD 金融业及总部集聚能力的不足，除了归因于我国的整体经济发展阶段和经济体制特点，部分原因也在于金融街对 CBD 金融功能的分流作用。从 2007 年以来，随着中国金融市场的全面开放，原本只服务于 CBD 内外企的外资金融机构有明显的开拓中国本土市场的趋势。随着这一趋势的日渐明显，这些外资金融机构在选址上也开始向金融街倾斜。如在 2006 年年底左右，瑞士银行、高盛银行、加拿大皇家银行、美洲银行、JP 摩根银行等五家外资银行都已签约金融街区域的英蓝大厦。这一现象使得 CBD 的金融功能发展面临更大的挑战。因此，如何处理和发展 CBD 与金融街之间的关系，是一个值得研究的问题。

综上研究，可知以下几点：

第一，北京市 CBD 大致呈现三个硬核区，其中以南硬核为主。由于交通、规划等原因，西北和东北硬核有核心地块零星分布，并没有连接成片。CBD 的垂直形状整体上呈现西高东低，沿东三环和建国门外大街两侧的楼宇高度最高，呈十字状。其垂直形状与用地特点、楼宇功能及建成时间有密切关系。

第二，CBD 内楼宇功能类型和分布具有较为明显的规律。办公楼宇占 CBD 内最大比重，成显著集聚分布。商业宾馆多沿街分布，地理位置较为优越，且均匀分散分布。

第三，公寓是 CBD 内不可或缺的楼宇类型，成集聚模式分布。同时，多功能楼宇及综合性小区也逐渐兴起，占据楼宇总数的比例越来越大，但因具有多种功能，其分布模式并不显著。由于历史、规划和行政因素，CBD 实际用地结构与规划用地结构有一定差异，特别表现在办公用地偏西分布。

第四，CBD 的办公功能偏西集聚，且距离主要干道交叉口越远，办公功能用地比例越小。CBD 以三个硬核为核心，各自形成三个功能亚区，分别为以南硬核为核心的信息咨询功能亚区，以西北硬核为核心的金融服务功能亚区，以及以东北硬核为核心的文化传媒功能亚区。且每个亚区随着距硬核距离的增大，主导功能逐渐减弱，最终过渡为功能混合区。

第五，与国际知名 CBD 相比，北京 CBD 的金融服务功能明显不足，部分原因是由于金融街对 CBD 金融功能的分流作用。因此，如何处理和发展 CBD 与金融街之间的关系，是一个值得进一步探讨的问题。

第六，CBD内多功能楼宇的垂直结构较为显著。自下而上依次为商业、办公、公寓。宾馆酒店分布弹性较大。对于办公功能而言，企业数量、行业类型随着楼层的增高而减少；楼宇上部整层占据现象明显。一般性服务业以及配套性服务业的低层化分布较为明显，而金融服务业、制造业、批发贸易业和信息咨询业的分布弹性较大，垂直分化现象不明显。外资和港澳台投资企业数量随着楼层增高而增加。

第八章 北京办公区位选择及其影响因素

区位（location）一词，除解释作空间内的位置（situation or position in space）外，还有"放置"和"为特定目的而标定的地区"两重意思。所以，区位与位置不同，它既有位，也有区，还有被设计的内涵（杨吾扬，1989）。区位的主要含义是某种事物占有的场所（李小建，李国平，曾刚等，2010）。相应地，办公区位是指办公活动所占有的场所。办公区位选择是企业根据自身发展条件和外部市场环境而进行的区位选址。然而，企业的发展并非静态，外部环境也不是一成不变，内外因素共同影响着企业的办公区位选择，必要情况下，企业将发生办公区位迁移。办公区位迁移就是企业对办公区位调整的一种特殊形式，是对办公区位的重新选择，以便更好地满足自身发展、适应市场需求和强化业务联系等。

办公区位选择研究可以从微观角度理解城市办公业空间结构的形成与发展。行业性质、企业规模及企业发展阶段等因素的差异，都将导致不同的办公区位选择偏好，进而对城市办公业的空间结构产生影响。本章根据经典区位理论结合国外办公空间相关研究成果，确定影响办公活动区位选择的因子，运用问卷调查法和深度访谈法获取相关数据，结合空间分析方法，探讨企业办公区位选择的微观机制。

第一节 办公活动区位选择的影响因子

一、办公活动区位选择的相关理论

（一）经典区位理论

区位理论（location theory）或称区位经济学、地理区位论，是关于人类活动、特别是经济活动空间组织优化的理论。区位理论是一门具有边缘性和交叉性的学科，既有地理学的内容又有经济学的内容。早在17~18世纪，就有几位政治经济学的学者试图解释农业土地利用的模式。由于研究的目的不同，就出现了不同的区位理论，区位理论也由最初的农业区位论发展到工业区位论乃至市场区位论、产业区位论等（杨吾扬，1989）。

1826年德国古典经济学者杜能发表了他关于资本主义农业空间组织的第一本名著《孤立国同农业和国民经济的关系》。他从生产地与消费地的距离出发，得到了农业作物分布的同心圆模型，这就是著名的农业区位理论。

19 世纪中叶以后，西欧的工业化大生产空前发展，在钢铁工业兴盛的背景下，德国经济学家龙哈德最早提出了由原料产地、燃料产地和销售市场构成的"区位三角形"。1909 年德国经济学家韦伯出版了《工业区位论：区位的纯理论》，他在龙哈德提出的理论基础上进行了修改，考虑了原料燃料费、劳动成本和运费三个因素，提出了著名的工业区位论。工业区位论的主要思想就是要找到在三个主要成本中费用最小的点，则这个点就是工业区位选择的最佳点。在韦伯研究的基础的上，帕兰德、胡佛、廖什、艾萨德等都根据自己的研究做了不同方面的深入探讨。进入20 世纪以来，将区位理论由古典学派转换为近代学派的大师，首推德国地理学者克里斯·泰勒。他在 1933 年发表的《德国南部的中心地》中，系统地提出了中心地理理论。他认为中心地的空间分布形态，受到了市场、交通和行政三方面因素的影响，从而形成了不同的中心地系统空间模型。由此产生了三角形聚落分布、六边形市场区，并对中心地的等级进行了划分。克里斯·泰勒将传统的地理描述为主的地理学研究方法，引入了对空间规律和法则探讨的现代地理学研究方法。在 20 世纪中后期，哈特向、哈格斯特朗则向区位理论动态研究等方面进行探索。

总的来说，区位理论就是为了寻求某种经济活动在什么空间位置可以取得最大的效果，即成本最小、利润最大、最靠近市场等。在考虑这样的问题时，就不免要涉及影响达成这样目的的限制性因素，这就是区位影响因子。

（二） 区位影响因子

研究目的的不同以及领域的不同，在进行区位选择的时候，其限制因素是不同的。即使是同一个行业为实现同一个目的而进行的区位研究，但由于研究样本所处的空间位置不同，其区位影响因子也不尽相同

韦伯最早提出了区位因子这个概念，他将区位因子定义为经济活动在某一特定地点进行时所得到的利益，即费用的节约。从区位理论来看，即特定产品在那里比在别的场所用较少的费用生产的可能性。区位影响因子可能是可以用货币进行度量的经济因素，也可能是出于某种考虑的不能用货币进行度量的非经济因素。区位影响因子的分类如图 8-1 所示。

这是区位理论中所用到的影响因子的概括，例如，杜能的农业区位理论考虑的就是市场距离，韦伯的工业区位论就考虑的是原料燃料费、劳动成本和运费，中心地理理论则考虑的是市场、交通和行政三方面的因素。基于对区位影响因子一般的考虑，可以将区位影响因子按照不同的分类进行划分（杨吾扬和梁进社，1997）。

（1）一般区位因子和特殊区位因子：一般区位因子就是对于某一行业中所有的部类企业都有影响的因子，如地租、劳动力成本等。而特殊区位因子则是这

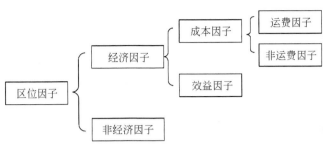

图 8-1　区位影响因子分类示意图

资料来源：李小建等，2010

一行业中某些特殊部类企业受到的特殊影响因素，这些因素不会对其他部类企业产生制约影响。如一些高精尖设备加工业对环境的要求很高，那么环境因子就是高精尖设备加工业的区位影响因子。

（2）地方因子和集聚因子：这是按照它们对区位作用的方式划分的。使某一行业固定选择在一定地点的因子就是地方因子，如上文提到的环境因子就会使高精尖设备加工业选定于环境好的地点。使某一行业或企业在某一个或某几个地点集中或分散，从而产生更由于发展的条件的因子就是集聚因子，如协作、资源共享等因子就是集聚因子中的集中因子，而地租提高、环境污染等因子则是集聚因子中的分散因子。

（3）自然技术因子和社会文化因子：由自然条件、科学技术等因素产生的对区位选择进行影响的因子就是自然技术因子，如平整土地对大型加工业的影响，海上石油钻取对大陆架的要求等。由社会经济形态和一定文化水平而对区位选择产生影响的因素则属于社会文化因子，如回族聚集地对清真食品零售业区位选择的影响。

不同的研究目的对区位选择影响因子的选择也是不同的，影响因子的选定要在前人理论的基础上与研究的实际情况相结合才能得到合适的影响因子。本研究中所选取的区位影响因子是根据杨吾扬等的区位影响因子分类与国外办公业区位选择相关研究中选取的影响因子相结合，再根据北京的实际情况进行筛选，得到城市办公活动区位选择的 10 个影响因子。

二、办公活动区位选择影响因子确定

对于影响区位选择的主导因子不同的学者有不同的看法，如李（Lee，1989）认为企业会选择对其节约成本、增加利润有利的区位。他以波哥大为例，选取与产品市场和供应商的接近程度、员工通勤距离、公共市政设施的质量及其可获得性等变量，研究了城市内部微观区位因素对企业区位选择的影响。克鲁格曼和维纳布尔斯（Krugman and Venables，1990）研究了产业集聚因素对企业选址的影响，认为具有较大的消费者市场规模和较高市场易进入性的空间地点会吸引更多企业的集聚，相反较高的消费品运输成本可能会阻碍企业空间的集中。戈特利布（Gottlieb，1995）提出随高科技企业和高级服务业的发展，令人愉快的微观环境逐渐成为企业在城市内部进行区位选择时越来越重要的影响因素。索恩格伦（Thorngren，1973）、托恩奎斯特（Tornquist，1973）等侧重于对公司之间的联系和信息流进行研究，认为联系成本是选址重要因素；而派伊（Pye）则认为首先是"扩展的空间"促使搬迁，然后才会考虑费用与远离中心等因素；塔普利（Tarpley）则认为靠近消费者和客户很重要（Alexander，1979）；梅耶（Mayer，2000）认为企业单位产品的生产成本是随空间变化的，这也使得企业的选址倾向发生改变。旁尼斯（Pones，2003）研究了通勤成本影响企业区位选择规律。伊尔兰菲尔特等（Ihlanfeldt and Raper，1990）发现地价、交通状况等因素影响企业在城市内部区位选择，但新成立的、独立的办公企业比其分部更注重与顾客及其供应商的相互靠近。

虽然国内对办公活动的研究尚处于起步阶段，但对其区位选择的因子研究也是各有偏重。刘天卓等（2005）建立博弈模型研究了产业集聚中的企业选址如何受运输成本和市场规模的影响。考虑产品运输成本，下游企业在消费市场规模较大的地点集聚；考虑原材料的成本，上游企业将与下游企业集聚。张华等（2007）认为影响企业区位选择的因素在不同的空间尺度存在显著差别，不同类型企业的区位选择行为也存在差异。孟晓晨等（2003）研究了外资企业在广州和深圳两市的空间分布，认为外资企业在城市内部呈规律性分布。贺灿飞等（2005）分析了北京市制造业外资企业的区位行为，认为北京市制造业外资企业的集聚程度由城内向城外显著递减，企业、产业和集聚因素共同决定了外资制造业的区位选择。

本节梳理了近年来国内外学者关于区位选择研究的代表性成果，通过对相关研究结论的综合与比较，将区位论与国内外办公活动研究的区位影响因子进行总结，发现租金作为办公区位选择最为主导因子，在很多成果中得以证实，如张景秋等（2010）依据租金的空间分布状况对北京城市办公活动经济空间结构进行解析。

由于租金作为主导因素对区位选择的影响会掩盖其他因素的作用，因此，本研究选取除了租金以外的10个因子，分别是：①靠近市中心；②靠近主体客户群；③靠近主要业务联系伙伴；④写字楼等级、声誉和地位；⑤有足够空间便于公司扩大规模；⑥周边商业和绿化条件；⑦公共交通方便；⑧感情因素；⑨周边文化设施及氛围；⑩国家及北京市相关政策影响。在预调研过程中，被访者在考虑主导因子时，又提出网络设施条件和方便与政府主管部门联系两个因子，因此在本节后续分析中，办公活动的影响因子为12个，12个因子大致可以归纳为交易成本、基础设施成本、信息成本及政策成本四个方面。

三、办公活动空间的满意度分析

在进行办公活动区位选择因子分析之前，首先对北京城区范围内办公空间的满意程度进行分析，以便为后续的迁移分析和深度访谈奠定基础。同时，也为北京城市办公空间规划建议提供依据。

选取在写字楼内上班的从业人员为问卷调查的主体人群，调查范围是北京城区五环以内的六个行政区范围，包括东城区、西城区、海淀区、朝阳区、丰台区、石景山区（以下简称城六区），此外，还包括了亦庄经济技术开发区，共7个区域。

通过查阅国内外对场所满意度研究的相关文献以及预调查结果，对以写字楼为工作地的工作环境满意度指标进行了筛选，选取了"公司周边交通状况"、"公司周边绿化状况"、"公司周边商业配套设施状况"以及"公司所在地整体环境感受"4项指标，在2009年7月和2010年7月课题组对北京城六区写字楼为载体的办公活动空间满意度进行调查。调查地点主体选取在西城区的紫竹院、金融街地区、广安门内；东城区的体育馆路、金宝街、东直门；朝阳区的CBD、安定门外、亚运村、燕莎、望京、酒仙桥；海淀区的中关村、学院路、马甸、上地；丰台区的西客站、方庄、马家堡、总部基地；石景山区的鲁谷和苹果园以及大兴的亦庄等写字楼分布相对集中的区域。

（一）被调查人基本属性特征

办公业从业者对自己公司所处写字楼整体环境满意度的认识和评价与被调查人群的基本属性相关，不同属性人群反映了不同的心理感受。为了确保问卷调查的科学性、客观性，并且通过被访者个体反映出整个群体的评价意愿，调查对象覆盖到了不同性别、年龄和职位（由于学历属性在预调查中90%以上被访者为大学及以上学历，故在正式调查时将此选项取消）。表8-1为被调查人基本属性统计表。

表8-1　被调查人基本属性统计表

项目	分项	调查样本数	百分比/%
性别	男	1392	48.30
	女	1488	51.70
年龄	25 岁及以下	773	26.80
	26 ~ 30 岁	1198	41.60
	31 ~ 40 岁	672	23.30
	41 ~ 50 岁	214	7.50
	50 岁及以上	23	0.80

续表

项目	分项	调查样本数	百分比/%
职位	秘书	124	4.30
	职员	1656	57.50
	助理	402	14
	主管	415	14.40
	经理	187	6.50
	其他	96	3.30
样本总数		2880	

根据对 2880 份有效问卷的被调查人基本属性进行分析，得出受访人员男女性别比为 48.3∶51.7，女性受访人数略高于男性，但基本上无特别的性别差异；受访人员的年龄层以 26 ~ 30 岁为主导，上延至 40 岁，25 岁及以下年龄段也占据相当比例；受访人员在公司的职位 57.5% 为普通职员，助理以上职位约占 35%。总体来看，本次调查的主体人群特征表现为具有较高学历的，年龄在 40 岁以下的公司普通职员和助理以上职位管理人员，这些人群也是目前在写字楼中工作的主要人群，他们对写字楼为载体的办公活动空间状况的满意状况，基本反映了一个城市办公活动空间满意度的一般状况。

（二）权重赋值与满意度评价

由于 4 个满意度评价指标的地位和作用不同，运用专家咨询法（德尔菲法 Delphi method）对各个指标的权重进行赋值（表 8-2）。

表 8-2　北京写字楼区位选择满意度指标权重

指标	公司周边交通状况	公司周边绿化状况	公司周边商业配套设施状况	公司所在地整体环境感受	总计
权重	0.4	0.2	0.3	0.1	1

针对满意度的 5 个等级划分，将"很满意"赋值 100，"很不满意"赋值 0；"一般"则属于较中性的评价，中性按照数值表达应该赋值为 50，但在通常人们的意识中，"一般"就是基本能够满足需求，与及格这个概念相似，所以最终赋值 60。"较不满意"则介于"很不满意"和"一般"之间，取中间值，赋值为 30。"满意"则介于"很满意"和"一般"之间，取中间值，赋值为 80（表 8-3）。

表 8-3　不同满意度等级选项对应的赋值

满意度等级选项	很满意	满意	一般	较不满意	很不满意
赋值	100	80	60	30	0

由此，给出基于 4 个指标的北京城市办公活动场所满意度评价公式

$$Qt_i = (C_i \times 100 + D_i \times 80 + E_i \times 60 + F_i \times 30 + G_i \times 0) / (I_i - B_i) \qquad (8\text{-}1)$$

式中，Qt_i 为第 i 个指标的满意度综合评价分值；$i = 1，2，3，4$（分别为 4 个指标）；C_i、D_i、E_i、F_i、G_i 分别为对于第 i 个指标的全部有效问卷中选择"很满意"、"满意"、"一般"、"较不满意"、"很不满意"五个评价选项的样本数；100、80、60、30、0 分别为"很满意"、"满意"、"一般"、"较不满意"、"很不满意"五个评价选项的数值；I_i 为调查问卷的总样本数；B_i 为该指标全部问卷中缺填的样本数。

进而，给出北京城市办公活动场所满意度综合评价公式

$$QZ = \sum_{i=1}^{4}(w_i \times Qt_i) \qquad (8\text{-}2)$$

式中，QZ 为北京城市以写字楼为载体的办公活动场所满意度综合评价的分值；w_i 为第 i 个指标的权重；Qt_i 为第 i 项指标的满意度评价分值。

（三）综合评价与分区评价

根据计算看出，北京城六区及亦庄开发区以写字楼为载体的办公活动空间满意度综合评价得分为 72.38，属良好等级。从各个分项指标得分情况看，北京城六区及亦庄开发区的办公业从业者对其公司周边商业配套设施状况的满意程度最高，得分为 75.67，对公司周围绿化状况最不满意，得分仅为 69.54。这说明：一方面，北京写字楼周边的商业配套设施相对完备，办公活动与商业活动联系紧密；另一方面，北京城区各写字楼集聚区周边的绿化状况存在明显不足，高密度的办公建筑群，迫使绿化面积大大消减，加上绿化手段单一、平面化严重等，造成从业人员对工作场所周边绿化状况不甚满意（表 8-4）。

表 8-4　北京城市以写字楼为载体的办公活动满意度综合评价

指标	公司所在地整体环境感受	公司周边绿化状况	公司周边交通状况	公司周边商业配套设施状况	总评
得分	72.63	69.54	71.26	75.67	72.38

北京城市的交通状况一直是人们关注的热点，从调查结果中看到，办公业从业人员对其所在写字楼集中区域的周边交通状况较为满意，评价值得分为 71.26。这表明随着北京城市交通设施建设的不断加强，特别是轨道交通建设的推进，办公集聚区多处于城市基础设施较为良好的地区，交通条件和道路基础设施条件较好。但是，由于办公活动经济联系强，人流、车流较大，造成基础设施载荷压力较大。

进一步分析各个城区的满意度评价得分（表 8-5），发现其满意度评价得分都在 65 以上，前三位分别是朝阳区、丰台区和东城区，分值都在 70 以上，朝阳区接近 80。这与三个城区注重对楼宇经济和总部经济的培育与建设密切相关。值得注意的是海淀区，满意度得分仅为 69.93，排名倒数第三。究其原因，一是由于市政建设相对薄弱，道路交通难以应对巨大的通勤流，交通拥堵现象严重；二是海淀区对办公业这样一种新型产业活动发展的总体认识不足，没有提升到一个主导产业的角度去看待，缺少对办公活动整体环境的建设，像商业配套和绿化环境的建设相对薄弱，被访者对它的整体评价不高。而石景山和亦庄，一是由于办公集聚区规模小，集聚程度较弱；二是被调查人对其商业配套设施、绿化状况和交通状况都不甚满意，尽管亦庄的办公园区内绿化环境较好，但从整体配套来看，还难以满足成熟商务活动的要求。

表 8-5　北京城市办公活动区位满意度分区统计一览

调查区	东城	西城	朝阳	海淀	丰台	石景山	亦庄
满意度得分	72.78	72.31	79.09	69.93	73.38	69.57	69.29
排名	3	4	1	5	2	6	7

综上所述，北京城市以写字楼为载体的办公活动满意度总体水平尚可。北京作为一个与世界接轨的大都市，在历经了从传统制造业向以办公业和生产性服务业为代表的新型产业调整和升级的过程，已经初步形成了从业者比较满意的办公集聚区，并将对未来城市发展起到重要的拉动作用。

（四）满意度空间分布特征

研究满意度空间分布特征，有助于细化北京城市办公业的区位选择现状及空间特征。首先，利用前面提到的基于点的全局自相关指数计算出 3 个分指标和满意度综合评价指标的 Moran's I 指数，发现满意度存在明显空间正相关特性（表 8-6）。对 Moran's I 结果进行了显著性检验，$Z\ Score = 29.24$，一般 $Z\ Score \geqslant 1.96$ 被认为具有显著性。其中，绿化和商业配套设施这两个指标的 Moran's I 指数较接近，分别为 0.453 和 0.432。说明这两个指标对于空间区位的依赖度高，人们对这两个指标的认同度也较高。

表 8-6　3 个分指标和满意度综合评价 Moran's I 指数

指标	满意度综合评价	绿化满意度	交通满意度	商业配套满意度
Moran's I 指数	0.551	0.453	0.138	0.432
$Z\ score = 29.24$				

交通状况的 Moran's I 指数为 0.138，说明交通状况满意度评价对空间的依赖度较小，认同度较低。结合北京城市交通实际，可以认为交通状况在大部分区域都存在评价较低的情况，这与北京城市交通发展的实际相吻合。

其次，通过采用克里金空间插值算法，对北京城区办公活动空间满意度分布特征进行分析（图8-2和图8-3），得出：

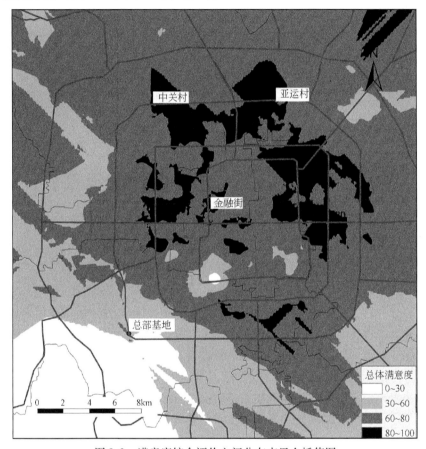

图 8-2　满意度综合评价空间分布克里金插值图

（1）满意度综合评价在空间上整体呈现出向北和东北方向延展的态势，中心城区从内向外逐渐递减，长安街一线以北地区满意度评价高于以南部地区域。表明传统老城区的城市内部结构和道路交通格局已经形成，对于办公业所要求的基础设施条件已不能满足，一些公司享受不到良好基础设施服务，同时还要承受租金日益增长和环境恶化，最终导致其向中心城区以外迁移；而南北之间的差异是与长期以来北京城市发展格局不均衡有关。

（2）满意度评价较高的区域呈现出片状或团块状，这与北京办公集聚区空间分布存在明显的一致性，如从北京市朝阳区国贸 CBD 开始沿三环向北到亮马桥、三元桥一带，再到亚运村商圈、奥运村商圈、海淀中关村等区域，均已形成较大规模的办公集聚区。在这些办公集聚区中的满意度评价明显高于其他区域（图 8-2）。

（3）满意度空间分布特征与商业配套设施空间分布联系紧密，受绿化满意度评价影响相对受交通满意度评价影响显著（图 8-3）。

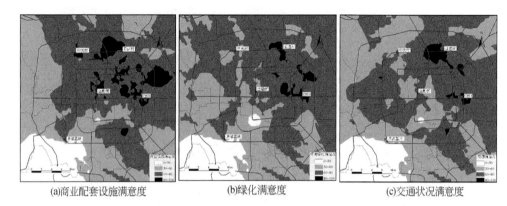

(a)商业配套设施满意度　　　　　　(b)绿化满意度　　　　　　(c)交通状况满意度

图 8-3　商业配套设施、绿化和交通满意度克里金插值图

第二节　办公区位选择的因子分析

主成分分析（principal components analysis）是由著名统计学家皮尔逊首先创立，后来被霍特林等发扬光大。这种方法主要是设法将原来的 p 个指标重新组合成一组相互无关的新指标的过程，即通常数学上的处理就为将原来的 p 个指标做线性组合（陈彦光，2008）。因子分析（factor analysis）是主成分分析的推广，它也是从研究相关矩阵内部的依赖关系出发，通过对变量相关系数矩阵内部结构的研究，把一些具有错综复杂关系的变量归结为少数几个综合因子的一种多变量统计分析方法。实际应用中，主成分分析和因子分析常常一起用于变量的约减，被称为主成分因子分析（PCFA）（王法辉，2009），这种方法主要就是考虑各指标间的相互关系，利用降维的思想将地理分析过程简化。

主成分分析就是设法将原来的 K 个观测变量 Z_k 重新组合成 K 个相互无关的新指标 F_k 的过程。

$$Z_k = l_{k1}F_1 + l_{k2}F_2 + \cdots + l_{kj}F_j + \cdots + l_{kK}F_K \tag{8-3}$$

当只保留最大 J 个成分时（$J < K$），有

$$Z_k = l_{k1}F_1 + l_{k2}F_2 + \cdots + l_{kJ}F_J + v_k \tag{8-4}$$

其中被舍弃的成分归入残差项 v_k 中，即

$$v_k = l_{k,J+1}F_{J+1} + l_{k,J+2}F_{J+2} + \cdots + l_{kK}F_K \tag{8-5}$$

式（8-4）和式（8-5）为主成分因子（PCFA）模型，它保留承载大部分信息的若干主成分，舍弃了包含较少信息的次要成分（王法辉，2009）。

Z_k 和 F_j 标准化后，上式中 l_{kj} 为变量 Z_k 与因子 F_j 之间因子荷载，反映变量与因子之间关系的强弱。主成分 F_j 也可以表示为原始变量 Z_k 的线性组合

$$F_j = a_{1j}Z_1 + a_{2j}Z_2 + \cdots + a_{Kj}Z_K \tag{8-6}$$

a_{Kj} 为因子与变量之间回归系数，称为因子得分系数。

主成分 F_j 彼此不相关，第一主成分 F_1 具有最大方差 λ_1。主成分对应的方差 λ_i 称为特征值。根据特征值的大小可以判断主成分（因子）的重要性程度。

一、区位选择主导因子的认定

（一）样本与数据

分析所用的数据来源于对北京行政区划调整前的八个城区 131 个街道内 16 个地点主要写字楼的问卷调查。这 16 个地点主要是根据 2005 年经济单位普查数据筛选得到的公司空间集聚地进行选择的。这些地点有的已经是规模较大的集聚地，有的则是初具规模的集聚地，在集聚地进行调查可以判断这些地段对区位选择的满意度是不是较高，什么是吸引择业集聚的因素等。因此，在这些地点进行的问卷调查获得的数据是有代表性的，是可以在这些数据的基础上进行分析，进而对北京办公业区位选择影响因素进行分析预测。

在影响因子①～⑩中，选择包括①的共有 1137 个，包括②的共有 1384 个，包括③的共有 1313 个，包括④的共有 825 个，包括⑤的共有 925 个，包括⑥的共有 931 个，包括⑦的共有 1547 个，包括⑧的共有 850 个，包括⑨的共有 528 个，包括⑩的共有 497 个。在所有问卷中，将①放在所有因素首位的共有 464 个，将②放在首位的共有 477 个，将③放在首位的共有 249 个，将④放在首位的共有 125 个，将⑤放在首位的共有 112 个，将⑥放在首位的共有 71 个，将⑦放在首位的共有 356 个，将⑧放在首位的共有 49 个，将⑨放在首位共有 39 个，将⑩放在首位的共有 47 个。

为了用量化的方式找到这些办公活动集聚地点人群普遍认同的区位选择主导因子，将所有问卷的结果进行统计，首先采用序位赋值法进行样本变量赋值，由于本次问卷要求被调查者按照自我认定的重要程度依次排列，因此将第一偏好赋值为 10，第二位赋值为 9，以此类推（表 8-7）。

表 8-7　办公活动区位选择影响因子排序赋值表

权重 影响因子代码	10 第一偏好	9 第二偏好	8 第三偏好	7 第四偏好	6 第五偏好	5 第六偏好	4 第七偏好	3 第八偏好	2 第九偏好	1 第十偏好
①	464	171	172	173	132	4	8	6	4	3
②	477	424	218	136	107	8	5	2	6	1
③	249	401	306	213	112	15	6	4	3	4
④	125	170	196	157	108	11	13	8	10	27
⑤	112	145	205	208	179	7	9	13	29	18
⑥	71	154	245	192	200	27	12	14	9	7
⑦	356	306	319	349	183	6	12	8	6	2
⑧	49	114	123	217	295	16	9	7	9	11
⑨	39	43	72	93	191	4	12	36	21	17
⑩	47	52	59	79	174	16	26	13	13	18

　　初步统计分析可以获得样本偏好的总体选择情况，根据表8-7求各因子加权平均值（表8-8）。

表 8-8　办公活动区位选择影响因子偏好排序

影响因子代码	加权平均值	偏好排序
①	8.478	2
②	8.673	1
③	8.249	3
④	7.604	5
⑤	7.331	7
⑥	7.358	6
⑦	8.095	4
⑧	7.006	8
⑨	6.411	10
⑩	6.588	9

　　因此可以得出，影响北京办公活动区位选择的主导因子是靠近公司主体的客户群，影响排在第二、第三位的分别是靠近市中心和靠近业务联系伙伴。而公司在区位选择上周边文化设施及氛围因素则是影响最小的因子。为了更进一步确定主导因子，同时对上面单纯使用统计方法得到的主导因子进行认定，下面就对包含网络设施条件、方便与政府主管部门联系两个因子在内的12个因子进行分析。

　　课题组对12个影响因子进行主成分因子分析，以期找到对北京办公活动区位选择影响最大的因子。数据的来源仍然是按照上文的方法进行赋值，未选到的

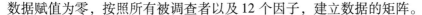

数据赋值为零，按照所有被调查者以及 12 个因子，建立数据的矩阵。

主成分分析的目的就是为了减少变量的个数，因而一般不会使用所有主成分，而是忽略一些带有较小方差的主成分，其将不会给总方差带来大的影响。主成分分析法是对众多指标进行排序的有效方法，然而，在应用实践中，主成分分析法在样本量大于 60 的时候，特征值大于 1 的前几个主成分的累计方差贡献率往往在 60% 以下，即全部信息的损失大于 40%，信息损失过大，极大地影响了研究结果的科学性和准确性。因此，本章对样本指标进行主成分因子分析前，增加了一个数据预处理程序，即统计各指标不同偏好程度的样本数，计算各指标不同偏好程度样本所占调查样本的百分比；根据各偏好权重进行加权，结果返回每个样本的 10 个不同指标中，将样本—偏好矩阵转换为样本—标矩阵（陈彦光，2008）。为了提高主成分结构，缩小方差贡献差距，根据数据特点，主成分分析前采用取对数方式进行数据变换。以上处理，第一，保证了做主成分分析时各变量平等性；第二，对数据进行预处理后，对分散的原始信息进行了集中，使得提取的大于 1 的主成分的累计方差贡献率大大提高（王建民和王传旭，2008）；第三，使主成分的应用突破了样本量的限制，样本量的大小不再影响提取主成分的累计方差贡献率，并可以扩大主成分的应用范围。这种方法在一定程度上保证了分析结论的科学性和准确性。

（二）区位选择主成分因子结构

主成分分析一般采用 KMO 检验或球形 Bartlett 检验。KMO 统计量用于比较变量间相关系数，取值范围在 0 ~ 1，越接近于 1，越适合做因子分析。一般认为，KMO 值大于 0.6 时，适合对所选变量做因子分析。球形 Bartlett 检验将检验相关矩阵是否是单位矩阵，检验结果如表 8-9 所示。从检验的结果看出，KMO 统计量为 0.705，适合进行主成分分析；球形 Bartlett 检验拒绝零假设，也说明变量适合进行因子分析。

表 8-9　KMO 检验和球形 Bartlett 检验

KMD 检验		0.705
球形检验	卡方	2129.154
	自由度	66
	显著性检验	0

（1）标准化后的变量相关矩阵（表 8-10）描述变量之间的相关情况。其中，correlation 对应的矩阵是相关系数矩阵，sig（1-tailed）对应的矩阵是单边 t 检验的显著性概率值，表明选取的 6 个变量存在较强的相关性。

表8-10　变量相关矩阵

指标	市中心距离	写字楼等级	足够空间便于公司扩大规模	周边商业和绿化条件	公共交通	感情因素	周边文化设施及氛围	政策	网络设施条件	靠近主体客户群	靠近主要业务联系伙伴	方便与政府主管部门的联系
相关系数矩阵												
市中心距离	1.000	0.105	0.113	0.109	-0.049	0.044	0.092	0.027	-0.010	0.046	0.051	0.030
写字楼等级	0.105	1.000	0.126	-0.010	0.111	-0.010	0.019	-0.043	0.037	0.043	0.053	0.027
足够空间便于公司扩大规模	0.113	0.126	1.000	-0.045	0.046	-0.047	-0.063	-0.023	0.017	-0.022	-0.033	-0.011
周边商业和绿化条件	0.109	-0.010	-0.045	1.000	0.087	0.064	0.016	-0.031	0.007	-0.006	-0.007	0.009
公共交通	-0.049	0.111	0.046	0.087	1.000	-0.056	-0.003	0.011	0.000	-0.002	0.013	0.028
感情因素	0.044	-0.010	-0.047	0.064	-0.056	1.000	-0.043	-0.109	-0.019	0.018	0.003	-0.004
周边文化设施及氛围	0.092	0.019	-0.063	0.016	-0.003	-0.043	1.000	-0.082	-0.020	-0.040	-0.051	-0.012
政策	0.027	-0.043	-0.023	-0.031	0.011	-0.109	-0.082	1.000	0.005	0.018	0.019	0.017
网络设施条件	-0.010	0.037	0.017	0.007	0.000	-0.019	-0.020	0.005	1.000	0.454	0.389	0.334
靠近主体客户群	0.046	0.043	-0.022	-0.006	-0.002	0.018	-0.040	0.018	0.454	1.000	0.534	0.398
靠近主要业务联系伙伴	0.051	0.053	-0.033	-0.007	0.013	0.003	-0.051	0.019	0.389	0.534	1.000	0.471
方便与政府主管部门的联系	0.030	0.027	-0.011	0.009	0.028	-0.004	-0.012	0.017	0.334	0.398	0.471	1.000
t检验的显著性概率值												
市中心距离		0	0	0	0.014	0.025	0	0.112	0.331	0.020	0.011	0.091
写字楼等级	0		0	0.329	0	0.325	0.193	0.028	0.051	0.026	0.008	0.111
足够空间便于公司扩大规模	0	0		0	0.021	0.018	0.002	0.150	0.222	0.166	0.068	0.316
周边商业和绿化条件	0	0.329	0		0	0.002	0.239	0.079	0.377	0.397	0.372	0.352
公共交通	0.014	0	0.021	0		0.006	0	0.315	0.497	0.471	0.276	0.108
感情因素	0.025	0.325	0.018	0.002	0.006		0.028	0	0.197	0.214	0.455	0.425
周边文化设施及氛围	0	0.193	0.002	0.239	0	0.028		0	0.183	0.036	0.011	0.293
政策	0.112	0.028	0.150	0.079	0.315	0	0		0.416	0.204	0.193	0.225
网络设施条件	0.331	0.051	0.222	0.377	0.497	0.197	0.183	0.416		0	0	0
靠近主体客户群	0.020	0.026	0.166	0.397	0.471	0.214	0.036	0.204	0		0	0
靠近主要业务联系伙伴	0.011	0.008	0.068	0.372	0.276	0.455	0.011	0.193	0	0		0
方便与政府主管部门的联系	0.091	0.111	0.316	0.352	0.108	0.425	0.293	0.225	0	0	0	

（2）公共因子方差表描述了提取的成分是否可以较好地体现原始变量（刘伯酉，2009）。从表 8-11 可以看出，现有公共因子很好地描述了选取变量。

表 8-11 公共因子方差表

指标	初始值	提取值
市中心距离	1.000	0.765
写字楼等级	1.000	0.511
足够空间便于公司扩大规模	1.000	0.609
周边商业和绿化条件	1.000	0.730
公共交通	1.000	0.757
感情因素	1.000	0.676
周边文化设施及氛围	1.000	0.823
政策	1.000	0.750
网络设施条件	1.000	0.500
靠近主体客户群	1.000	0.640
靠近主要业务联系伙伴	1.000	0.646
方便与政府主管部门的联系	1.000	0.518

注：提取法：主成分分析

（3）12 个影响因子主成分计算结果见总方差分解表（表 8-12）。总方差分解表描述 12 个因子的主成分特征根、贡献率和累计贡献率。以第一主成分为例，第一主成分的特征根为 2.309，贡献率和累计贡献率达到 19.238%，因此不能完全代表所选变量的信息。

表 8-12 总方差分解表

成分	初始特征值			提取后的载荷平方和			旋转后的载荷平方和		
	特征根	贡献率/%	累计贡献率/%	特征根	贡献率/%	累计贡献率/%	特征根	贡献率/%	累计贡献率/%
1	2.309	19.238	19.238	2.309	19.238	19.238	2.303	19.192	19.192
2	1.263	10.525	29.763	1.263	10.525	29.763	1.223	10.194	29.386
3	1.184	9.864	39.627	1.184	9.864	39.627	1.127	9.389	38.775
4	1.071	8.927	48.554	1.071	8.927	48.554	1.109	9.245	48.020
5	1.056	8.801	57.355	1.056	8.801	57.355	1.087	9.055	57.076
6	1.040	8.668	66.023	1.040	8.668	66.023	1.074	8.948	66.023

续表

成分	初始特征值			提取后的载荷平方和			旋转后的载荷平方和		
	特征根	贡献率/%	累计贡献率/%	特征根	贡献率/%	累计贡献率/%	特征根	贡献率/%	累计贡献率/%
7	0.879	7.321	73.344						
8	0.799	6.657	80.002						
9	0.730	6.082	86.084						
10	0.668	5.570	91.654						
11	0.558	4.651	96.304						
12	0.444	3.696	100.000						

提取法：主成分分析

由表 8-12 可以看出前 6 个主成分的累积贡献率为 66.023%，即保留了原始指标近 70% 的信息，故可将前 6 个主成分作为所选变量的代表，相当大程度上减少了原始数据的复杂性。虽然前 6 个主成分具有比较显著代表性，但由于信息损失量较高，也可以看出，这 12 个因子在办公业选址中都很重要，不会出现由个别几个因子就决定区位选择的情况，只能表明某个因子在区位选择时的影响相对更大一些。出现这样的情况，一方面是因为这些因子本身就是通过国外一些学者的研究结合北京实际情况确定的，都是证明对办公活动区位选择有影响的因子；另一方面也说明办公活动的区位选择是一个复杂系统，不是某几个单一因子就可以决定的，涉及方方面面的因素。所以，本书研究更多的是确定哪几个因子是对办公活动的影响更大，相对这 12 个因子来说是主导因子。

（4）因子载荷矩阵和因子得分如表 8-13 所示。为了更好地反映变量与主成分关系，本书采用方差极大旋转法，这是一种广泛使用的正交旋转法，它使每个因子载荷平方的方差最大，从而极化因子荷载。正交旋转后的主成分载荷矩阵，载荷系数代表各主成分解释指标变量方差的程度。在主成分分析中，一般认为大于 0.3 的载荷就是显著的（卢纹岱，2000）。因为原始变量较多，所以选取大于 0.50 的负载，使其能更好地解释原始变量。

表 8-13　因子载荷矩阵 *

指标	成分					
	1	2	3	4	5	6
靠近主体客户群	0.802	0.009	0.025	0.013	-0.011	-0.028
靠近主要业务联系伙伴	0.798	0.009	0.015	-0.007	-0.039	-0.030

续表

指标	成分					
	1	2	3	4	5	6
方便与政府主管部门联系	0.718	−0.009	0.029	0.021	0.031	0.021
网络设施条件	0.704	0.018	−0.057	−0.011	0.024	−0.003
公司扩大规模空间需要	−0.051	0.748	−0.090	0.047	−0.056	−0.181
写字楼等级和声誉	0.071	0.647	0.017	−0.121	0.241	0.117
周边商业和绿化条件	−0.012	−0.152	0.799	−0.055	0.257	−0.013
靠近市中心	0.043	0.429	0.576	0.151	−0.414	0.230
国家及北京市相关政策影响	0.015	−0.092	0.126	0.818	−0.083	−0.223
情感因素	−0.002	−0.073	0.325	−0.624	−0.249	−0.336
公共交通便利	0.009	0.139	0.143	0.051	0.845	−0.014
周边文化设施及氛围	−0.037	−0.059	0.049	−0.070	−0.038	0.900

提取法：主成分分析

旋转法：方差极大

＊旋转经 10 次迭代

　　由表 8-12 可知，第一主成分的权重中最大为 19.192%，是最重要选址影响因子。由表 8-13 可知，第一主成分在靠近主体客户群、靠近主要业务联系伙伴、方便与政府主管部门联系以及网络设施条件等指标上载荷较大，该主成分主要反映了企业对外联系强度方面的需求，可以认为第一是业务联系强度因子。是否有足够空间以便于公司扩大规模和写字楼的等级、声誉和地位在第二主成分上的载荷较大，这些变量指标多与写字楼本身条件相关，可以认为因子 2 为办公条件因子。因子 3 为商业条件因子，解释了总方差的 9.389%，包含 2 个变量信息，即周边商业和绿化条件以及靠近市中心。因子 4 为政策影响因子，解释了总方差的 9.245%，包含 2 个变量信息，即国家或北京市相关政策以及感情因素，如房地产相关政策、产业功能调整及布局政策等，或过去就在这个地区办公，有感情。因子 5 为公共交通因子，解释了总方差的 9.055%，包含 1 个变量信息，即公共交通便利程度。因子 6 为文化氛围因子，解释了总方差的 8.948%，包含 1 个变量信息，即周边文化设施情况以及是否有良好的文化氛围。以各主成分方差贡献率确定权重，采用因子加权总和建立办公业选址基本线性模型，计算方程为

$$F = 0.1919F_1 + 0.1019F_2 + 0.0939F_3 + 0.0925F_4 + 0.0905F_5 + 0.0895F_6$$

$$(8\text{-}7)$$

式中，F 为办公业选址总体得分；F_1、F_2、F_3、F_4、F_5、F_6 分别为相应各主成

分的得分。

二、主成分因子空间特征

因子1：业务联系强度因子，由靠近主体客户群、靠近主要业务联系伙伴、方便与政府主管部门联系以及网络设施条件等变量组成，其贡献率高达19.238%。业务联系强度因子作为办公区位选址的第一大影响因素，符合克里斯·泰勒的中心地理论。根据其影响分值归类后利用核密度估计法进行空间插值，自然划分法（natural breaks）划分出5个等级的因子1空间分布图。

（一）方便业务联系是空间选择的第一因素

从因子1得分空间分布看（图8-4），以业务联系强度为主要选址意愿的高密度区，集中于城市中心区域，以长安街沿线为核心区，向北延伸构成块状，呈北强南弱、东强西弱的格局。长安街沿线机关团体和事业单位等政务性办公业高度集中，体现出方便与政府主管部门联系的空间特征。高密度核心区域如王府井商圈、CBD、燕莎商圈、望京酒仙桥商圈、中关村商圈、马连道商圈均较为成熟，商业房地产高度密集，网络设施设备完善，交通发达，商业服务业繁华，是北京主要的办公业活动聚集地。由此可见，在竞争激烈的市场化格局下，办公业选址的首要考虑为业务和战略需要，大多数从业者认为"跟着客户和同行走肯定

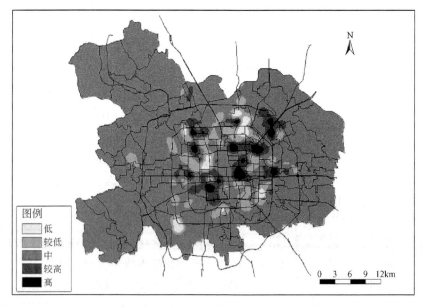

图 8-4 业务联系强度因子空间分布图

没错"，因此在选择办公场所选择方面从众心理较为显著。选址过程中这种明显的"羊群效应"，体现了公司个体对产业群体的关注。

（二）办公条件决定办公活动空间的二次选择

因子 2 为办公条件因子，是否有足够空间以便于公司扩大规模，以及写字楼的等级、声誉和地位在第二主成分上的载荷较大，这些变量指标多与写字楼本身条件相关。

从办公因子空间分布上看（图 8-5），以办公条件为主要选址依据样本在空间上呈斑驳聚集状，多分布于长安街以北。高密度区一般聚集于新建办公区或扩建办公区，包括亚奥商圈、上地商圈、中关村商圈、甘家口商圈、东直门商圈、CBD 东扩区。新建办公区或扩建办公区的写字楼大多在等级、声誉方面有较高的要求。上述商圈内写字楼数量众多，各具特色，如上地商圈、中关村商圈中办公物业，很多以自用为主，且建成初期大部分为乙级写字楼，租金水平与其他商圈比较也相对低廉，这便为想要扩大公司规模、成长型企业，尤其是高科技 IT 企业办公地点提供了选择。一些品质较好的写字楼大多作为大型企业的总部或者研发中心，如 IBM、Oracle、路透社、联想等知名企业都将研发中心设在这两个商圈。始于 20 世纪 90 年代北京亚运会之后的亚奥商圈，曾经是日韩企业在北京的重要办公地。但相当一段时间以来，该区域的写字楼市场发展比较缓慢，写字楼

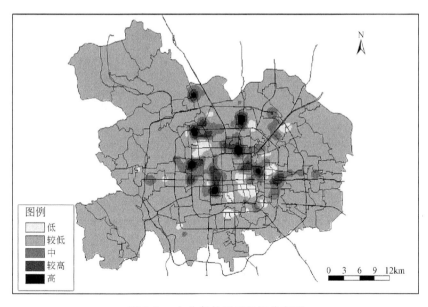

图 8-5　办公条件因子空间分布图

存量有限，缺乏高品质的甲级写字楼项目。与其他商圈相比，不具备特色的优势。入住的客户主要以国有企业、内资企业或民营、私营企业为主。而 2008 年北京奥运会的举办，该商圈基础设施得到大幅度改善，随奥运相关产业的迅速发展，大量在建或扩建办公类物业，使亚奥商圈办公条件、写字楼等级、声誉方面逐步提升。

（三）商业条件影响办公空间行业分化选择

因子 3 为商业条件因子（图 8-6），解释了总方差的 9.864%，包含 2 个变量信息，即周边商业和绿化条件以及靠近市中心。商业条件为主要选址意愿的高密度区在空间上较为分散，遍布于城市北部和东西部。近几年来，北京大型商业设施快速增长，商业地产每年都以 100 万~200 万 m^2 的速度增加。但北京商业设施空间布局不尽合理，南城缺少商业设施而北城的部分地区已经开发过度。商业设施布局空间分布不合理，导致商业条件为主要选址意愿的空间差异。其中，CBD、金融街商圈、上地商圈、亚奥商圈、中关村商圈都属于高密度区域。

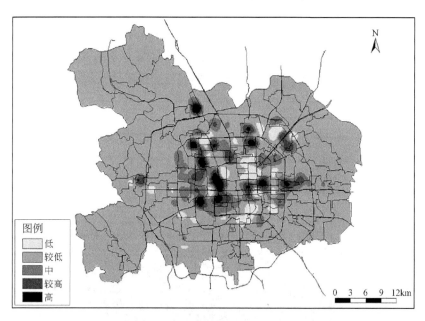

图 8-6　商业条件因子空间分布图

如 CBD 商圈，作为首都北京和国际化大都市接轨的一扇窗口，凭借其浓郁的商务气氛、优越的环境以及丰富的涉外资源、良好的基础设施条件，是许多价格敏感度不强的企业择业首选。这个商圈商用物业价格较高，净租金整体水平也高于其他商圈。但多年的自然衍变使该商圈写字楼的客户构成较为稳定，基本形成了以公司总部为核心，以外资金融保险机构、电信业、咨询服务机构为配套的产业生态链。目前入驻 CBD 商圈的世界 500 强企业超过 120 家，其他商圈只能望其项背。CBD 商圈已然成为众多全球知名跨国公司办公选址的首选地。写字楼租户以国际知名的外资公司为主，涉及的行业类型包括提供专业服务的律师事务所、咨询公司，以及外资银行、保险公司、能源类企业等。

2008 年北京奥运会的召开使亚奥商圈在原有基础上具备了新的发展机会和条件。未来，在这个地区将形成以体育、文化、商务、商业、居住等为主体的多功能混合性区域，这将进一步推动亚奥商圈商务环境不断改善。

金融街商圈坐落于北京东西主干线上，中心地带优势十分明显。目前，金融街商圈写字楼基本上是政府机构、国有银行与国家控股企业的汇聚之地，如中国银行、工商银行、中国网通、平安保险、泰康人寿，以及担任国家金融业监管职能的"一行三会"，即中国人民银行、中国保监会、中国银监会、中国证监会。随着中国加入世贸组织后对外资金融业的逐步开放，金融街商圈逐渐吸引了越来越多的外资金融机构入驻，如高盛、摩根大通、瑞银集团、加拿大皇家银行等。

（四）政策因子成为办公空间规划的先导

因子 4 为政策影响因子（图 8-7），解释了总方差的 8.927%，包含 2 个变量信息，即国家或北京市相关政策以及感情因素，如房地产相关政策、产业功能调整及布局政策等，或过去就在这个地区办公，有感情。以政策影响因子为主要选址意愿的高密度区并未形成大面积集中区域。总体上呈现北强南弱、东强西弱的空间格局。上地商圈、亚奥商圈、公主坟商圈、王府井商圈、CBD 商圈、望京酒仙桥商圈、方庄商圈均为政策影响因子意愿最强的区域。

感情因素作为选址主导因子，主观性较强，不具备规律性特征。而政府对北京城区投入以及政策偏好多年以来都影响着办公业选址空间格局。20 世纪 50 年代是国家行政管理中心和科研文教中心建设，80 年代是中关村园区建设，90 年代则是亚运村和 CBD 建设，而 2001 年奥运场馆设施的建设重心同样还是北部。北京市政府统计资料显示，2008 年，北京南部五区（崇文、宣武、丰台、房山和大兴）与北部五区（东城、西城、海淀、朝阳、石景山）相比，GDP 总量只是后者的 1/5；人均 GDP、全社会固定资产投资额、社会消费品零售额是后者的 1/3；财政收入是后者的 1/4。单看 1999～2004 年，北京就将高达 98% 的大型公共设施投资投向北部，南城只占到 2%。

众所周知，企业客户在享受各项优惠政策或者纳税申报事项审批时，是按照行政区域进行划分的。北城的中关村、金融街以及一些市级产业园，可以享受国家及北京市在建设、税收等领域的多种优惠。城南地区，除了丰台区科技园可以

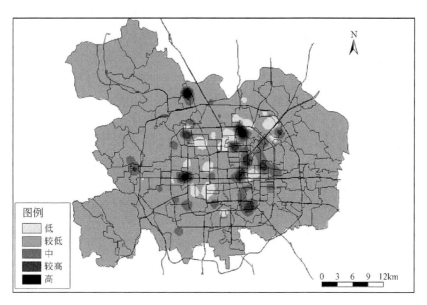

图 8-7   政策影响因子空间分布图

得到同等待遇外，再也没有其他区域可与其比肩而立。如依据海淀区政府在2008年8月发布的《海淀区促进创业投资企业发展暂行办法》有关规定，海淀区政府对当地办公楼市场提供政策性支持。具体政策：对工商、税务注册在海淀区的私募基金、风险投资企业，第一年补助办公楼租金的50%，第二年补助50%，第三年补助30%；对工商、税务注册在海淀区的科技型金融机构，第一年补助办公楼租金的30%，第二年补助30%。每个金融机构可申请租金补贴的面积最多为400m^2。该区域范围内许多租户成为该优惠政策的受益者。

随着北京市区域经济的发展，"两轴两带多中心"政策的稳步推进，市区以及城郊基础设施建设的不断完善，高科技园区或开发区的改造建设以及相关优惠政策的吸引，一些公司的办公区域也逐步向城郊延伸，办公郊区化日益显现。

（五）公共交通因子对从业人员影响大于对区位决策者的影响

因子5为公共交通因子，解释了总方差的8.801%，包含1个变量信息，即公共交通便利程度。以公交影响因子为主要选址意愿的高密度区在空间上形成北强南弱、东西并举的格局。高密度区与低密度区在空间上形成斑驳状，未显示出明显规律。高密度区在空间上集中于上地商圈、望京酒仙桥商圈、朝阳门外商圈、学院路等商圈。长安街沿线以南形成了不完整条带状的低密度区。

将公交因子密度图与北京轨道交通站点矢量化数据叠合（图8-8）。结果显示，仅有3个站点，东直门站、东四十条站和北京大学东门站落在高密度区内，而其他 120 个站点均落于低密度区内或中等密度范围内。基于轨道交通站点做 800m 的缓冲区，再次与公交因子图叠加，基本上所有低密度区都能被缓冲区所覆盖。这表明轨道交通已经使其周边办公业者充分地享受通勤的便利，因此，其周边被访者（公交通勤 800m 步行范围）并不认为公共交通便利程度为选址最主导因子。发达的公共交通，完善的基础设施，这使办公活动在区位选择时，对公共交通的考虑不会放在首要的位置。

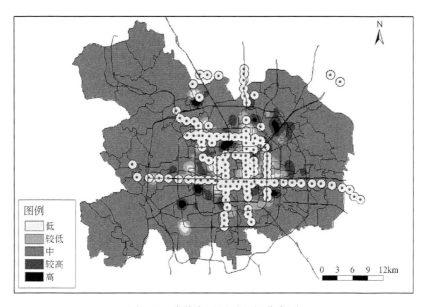

图 8-8　公共交通因子空间分布图

（六）文化氛围因子影响特色办公功能区的形成

因子 6 为文化氛围因子（图 8-9），解释了总方差的 8.668%，包含 1 个变量信息，即周边文化设施情况以及是否有良好的文化氛围。高密度区在空间上集中于西直门商圈、金融街商圈、王府井商圈、上地商圈、中关村商圈、望京酒仙桥商圈。

其中，代表性商圈为中关村商圈。中关村是 IT 行业办公密集区，以及全国最大的 IT 产品集散中心。更为重要的是，该地区汇集了全国众多的高等院校和科研院所，形成了独特的学院文化与科技文化，不少管理者或从业者选择在此办公的原因就是看好这片"沃土"的文化氛围，此因素让该区域的文化与企业生态环境独具魅力，成为其最具吸引力的招牌。

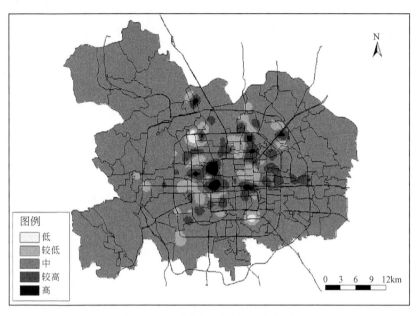

图 8-9　文化氛围因子空间分布图

第三节　基于因子分析的行业选址案例

针对北京市经济发展现状，在办公活动区位选址分析中选取具有代表性的四大行业，即交通运输、仓储和邮政业，信息传输、计算机服务和软件业，金融业（银行、证券、保险、财务公司），以及房地产业进行办公活动区位选址的案例分析。

一、交通运输、仓储和邮政业

通过对问卷获得的交通运输、仓储和邮政业的办公活动区位选择数据进行因子分析，得到因子载荷矩阵（表8-14）。

表8-14　交通运输、仓储和邮政业选址因子载荷矩阵

指标	成分				
	1	2	3	4	5
靠近主体客户群	0.815	−0.033	−0.019	0.002	−0.031
靠近主要业务联系伙伴	0.811	−0.021	0.019	0.011	0.029
方便与政府主管部门联系	0.712	−0.045	0.012	−0.065	−0.123

续表

指标	成分				
	1	2	3	4	5
网络设施条件	0.692	0.036	0.063	0.027	0.029
写字楼等级和声誉	0.110	0.681	−0.134	−0.036	0.155
公司扩大规模空间需要	−0.148	0.632	0.104	0.033	−0.111
国家及北京市相关政策影响	0.014	−0.218	0.752	0.089	−0.192
情感因素	−0.046	−0.170	−0.693	0.133	−0.125
靠近市中心	0.078	0.171	0.190	0.768	0.266
周边商业和绿化条件	−0.095	−0.135	−0.296	0.724	−0.196
周边文化设施及氛围	−0.096	0.051	−0.019	0.077	0.816
公共交通便利	−0.016	0.491	0.031	0.080	−0.509

进一步计算，得到因子得分系数（表8-15），根据该因子得分系数，可以写出各因子表达式。以因子1为例，其表达式为

$$Factor1 = 0.046 \times Z（靠近市中心）+ 0.067 \times Z（写字楼等级）- 0.057 \times Z（扩大规模需要）- 0.027 \times Z（商业绿化条件）- 0.01 \times Z（公交便利）+ 0.002 \times Z（感情因素）- 0.019 \times Z（文化设施氛围）- 0.029 \times Z（政策）+ 0.239 \times Z（网络设施）+ 0.345 \times Z（靠近业务联系伙伴）+ 0.346 \times Z（靠近客户群）+ 0.298 \times Z（方便与政府联系）$$

(8-8)

式中，Z为各个变量的正态分布标准化后的变量。

表8-15　交通运输、仓储和邮政业选址因子得分矩阵

指标	因子				
	1	2	3	4	5
靠近市中心	0.046	0.124	0.200	0.666	0.212
写字楼等级和声誉	0.067	0.561	−0.128	−0.061	0.156
公司扩大规模空间需要	−0.057	0.505	0.085	0.021	−0.087
周边商业和绿化条件	−0.027	−0.130	−0.200	0.622	−0.207
公共交通便利	−0.010	0.383	0.022	0.078	−0.440
情感因素	0.002	−0.135	−0.569	0.084	−0.122
周边文化设施及氛围	−0.019	0.057	−0.006	0.033	0.715
国家及北京市相关政策影响	−0.029	−0.195	0.637	0.135	0.175

续表

指标	因子				
	1	2	3	4	5
网络设施条件	0.293	0.041	0.028	0.034	0.042
靠近主要业务联系伙伴	0.345	− 0.002	− 0.014	0.021	0.043
靠近主体客户群	0.346	− 0.012	− 0.046	0.013	− 0.009
方便与政府主管部门联系	0.298	− 0.025	− 0.020	− 0.040	− 0.090

综合分析，交通运输、仓储和邮政业办公活动的区位选址主要受 3 个因子的影响，依次是：①业务联系强度，具体表现在靠近主体客户群、靠近主要业务联系伙伴、方便与政府主管部门联系以及网络设施条件良好；②办公条件因子，具体表现在是否有足够空间以便于公司扩大规模和写字楼的等级、声誉和地位等；③政策影响因子，交通运输、仓储和邮政业选址标准多受到国家、地区相关政策、产业功能以及产业布局政策的影响，而周边商业条件并不是其主要考虑的因素。

二、信息传输、计算机服务和软件业

通过对问卷获得的信息传输、计算机服务和软件业的办公活动区位选择数据进行因子分析，得到因子载荷矩阵（表 8-16）。

表 8-16 信息传输、计算机服务和软件业选址因子载荷矩阵

指标	因子					
	1	2	3	4	5	6
靠近主体客户群	0.776	0.094	0.155	0.074	− 0.051	0.023
靠近主要业务联系伙伴	0.771	0.096	− 0.020	− 0.018	− 0.076	0.043
网络设施条件	0.739	− 0.119	− 0.020	− 0.105	0.016	− 0.027
方便与政府主管部门联系	0.679	0.057	0.068	0.089	0.022	− 0.057
靠近市中心	− 0.006	0.896	0.039	0.000	0.153	0.053
公共交通便利	− 0.015	− 0.223	0.764	0.169	0.236	0.000
写字楼等级和声誉	0.029	0.157	0.644	− 0.143	− 0.327	0.024
公司扩大规模空间需要	0.009	0.174	0.167	− 0.767	− 0.054	0.089
周边商业和绿化条件	0.055	0.244	0.262	0.669	− 0.060	− 0.069
周边文化设施及氛围	− 0.056	0.189	− 0.040	0.012	0.850	− 0.085
国家及北京市相关政策影响	− 0.016	0.155	− 0.048	0.093	− 0.186	0.855
情感因素	0.008	0.336	− 0.154	0.141	− 0.418	− 0.569

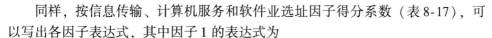

同样,按信息传输、计算机服务和软件业选址因子得分系数(表8-17),可以写出各因子表达式,其中因子1的表达式为

Factor1 = -0.002×Z(靠近市中心)-0.02×Z(写字楼等级)+0.09×Z(扩大规模需要)-0.001×Z(商业绿化条件)-0.015×Z(公交便利)-0.027×Z(感情因素)+0.019×Z(文化设施氛围)-0.011×Z(政策)+0.342×Z(网络设施)+0.349×Z(靠近业务联系伙伴)+0.346×Z(靠近客户群)+0.312×Z(方便与政府联系)

$$(8-9)$$

式中,Z为各个变量的正态分布标准化后的变量。

表8-17 信息传输、计算机服务和软件业选址因子得分矩阵

指标	因子					
	1	2	3	4	5	6
靠近市中心	-0.002	0.769	0.009	-0.035	0.145	0.078
写字楼等级和声誉	-0.020	0.166	0.570	-0.160	-0.271	0.013
公司扩大规模空间需要	0.009	0.182	0.194	-0.691	-0.027	-0.071
周边商业和绿化条件	-0.001	0.193	0.206	0.570	-0.054	-0.071
公共交通便利	-0.015	-0.159	0.655	0.114	0.220	-0.032
情感因素	-0.027	0.253	-0.119	0.135	-0.370	-0.510
周边文化设施及氛围	0.019	0.167	-0.004	-0.009	0.755	-0.078
国家及北京市相关政策影响	-0.011	0.153	-0.068	0.072	-0.173	0.797
网络设施条件	0.342	-0.107	-0.035	-0.101	0.055	-0.019
靠近主要业务联系伙伴	0.349	0.075	-0.035	-0.032	-0.024	0.053
靠近主体客户群	0.346	0.077	0.114	0.040	0.000	0.028
方便与政府主管部门联系	0.312	-0.064	-0.082	0.072	0.053	-0.047

综上分析,相比较而言,信息传输、计算机服务和软件业选址表现出6个主要影响因子。

首先为业务联系强度因子,在靠近主体客户群、靠近主要业务联系伙伴、方便与政府主管部门联系以及网络设施条件等指标上载荷较大,而不同的是,网络设施条件权重明显高于其他行业。

依次为:区位因子,表现为靠近市中心上载荷较大;公交便利和写字楼等级;商业条件因子;文化氛围因子和政策影响因子。可见,信息传输、计算机服务和软件业在选址过程中,重点考虑业务联系强度以及写字楼等级带来的声望和租金等因素。但由于行业专业要求,更加注重网络设施条件。同时,由于业务人

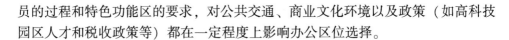

员的过程和特色功能区的要求，对公共交通、商业文化环境以及政策（如高科技园区人才和税收政策等）都在一定程度上影响办公区位选择。

三、金融与房地产业

对金融业（银行、证券、保险、财务公司）和房地产业进行因子分析，发现金融业区位选择的影响因素要多于房地产业，金融业选址受6个因子影响（表8-18），而房地产业只受4个因子的影响（表8-19）。

表8-18　金融业选址因子载荷矩阵

指标	因子					
	1	2	3	4	5	6
靠近主要业务联系伙伴	0.831	0.037	−0.001	−0.091	−0.076	0.048
靠近主体客户群	0.782	0.057	0.076	−0.024	−0.257	−0.044
方便与政府主管部门联系	0.701	−0.067	0.053	0.006	0.148	−0.024
网络设施条件	0.657	−0.008	−0.131	0.212	0.218	−0.081
写字楼等级和声誉	0.000	0.782	0.031	−0.093	0.045	0.246
公司扩大规模空间需要	0.004	0.749	0.019	0.106	0.087	−0.237
周边商业和绿化条件	0.015	−0.100	0.872	0.074	0.192	−0.025
靠近市中心	0.006	0.443	0.646	−0.055	−0.262	0.040
情感因素	−0.029	−0.022	−0.039	−0.790	−0.191	−0.220
国家及北京市相关政策影响	0.007	−0.016	0.007	0.674	−0.234	−0.228
公共交通便利	0.024	0.096	0.057	−0.028	0.882	−0.022
周边文化设施及氛围	−0.057	0.008	−0.003	0.009	−0.026	0.927

表8-19　房地产业选址因子载荷矩阵

指标	因子			
	1	2	3	4
靠近主要业务联系伙伴	0.813	0.032	−0.067	−0.028
网络设施条件	0.715	0.186	−0.069	−0.140
靠近主体客户群	0.711	−0.148	−0.149	0.275
方便与政府主管部门联系	0.592	−0.290	0.006	0.211
写字楼等级和声誉	0.228	0.688	0.236	0.126
公司扩大规模空间需要	−0.087	0.627	−0.159	−0.170
情感因素	0.131	−0.620	0.163	−0.047

指标	因子			
	1	2	3	4
周边文化设施及氛围	− 0.195	− 0.243	0.615	0.088
靠近市中心	− 0.074	0.321	0.593	0.043
周边商业和绿化条件	− 0.007	− 0.151	0.556	− 0.125
国家及北京市相关政策影响	− 0.085	− 0.091	− 0.240	0.803
公共交通便利	0.203	0.082	0.185	0.535

按金融业选址因子得分系数（表 8-20），可以写出各因子表达式，其因子 1 表达式为

$$Factor1 = -0.003 \times Z（靠近市中心）+ 0.006 \times Z（写字楼等级）- 0.02 \times Z（扩大规模需要）- 0.003 \times Z（商业绿化条件）+ 0.006 \times Z（公交便利）+ 0.017 \times Z（文化设施氛围）- 0.026 \times Z（政策）+ 0.288 \times Z（网络设施）+ 0.38 \times Z（靠近业务联系伙伴）+ 0.352 \times Z（靠近客户群）+ 0.315 \times Z（方便与政府联系）$$

$$(8-10)$$

式中，Z 为各个变量的正态分布标准化后的变量。

表 8-20 金融业选址因子得分矩阵

指标	因子					
	1	2	3	4	5	6
靠近市中心	− 0.003	0.234	0.491	− 0.042	− 0.244	0.020
写字楼等级和声誉	− 0.006	0.567	− 0.091	− 0.058	0.028	0.198
公司扩大规模空间需要	− 0.020	0.563	− 0.098	0.097	0.062	− 0.241
周边商业和绿化条件	− 0.003	− 0.207	0.760	0.028	0.163	− 0.026
公共交通便利	0.006	0.048	0.029	− 0.067	0.786	− 0.035
情感因素	0.000	− 0.018	− 0.005	− 0.683	− 0.129	− 0.226
周边文化设施及氛围	0.017	− 0.022	− 0.011	0.040	− 0.034	0.855
国家及北京市相关政策影响	− 0.026	0.013	− 0.006	0.589	− 0.238	− 0.186
网络设施条件	0.288	0.011	− 0.124	0.156	0.184	− 0.039
靠近主要业务联系伙伴	0.380	0.017	− 0.011	− 0.096	− 0.067	0.080
靠近主体客户群	0.352	0.028	0.053	− 0.033	− 0.232	− 0.004
方便与政府主管部门联系	0.315	− 0.067	0.049	− 0.025	0.131	0.011

按因子得分系数（表 8-21），可以写出各影响房地产业选址的因子表达式。

$$Factor1 = 0.01 \times Z（靠近市中心）+ 0.12 \times Z（写字楼等级）- 0.032 \times Z（扩$$

大规模需要）$+0.053 \times Z$（商业绿化条件）$+0.058 \times Z$（公交便利）$+0.075 \times Z$（感情因素）$-0.054 \times Z$（文化设施氛围）$-0.141 \times Z$（政策）$+0.35 \times Z$（网络设施）$+0.384 \times Z$（靠近业务联系伙伴）$+0.297 \times Z$（靠近客户群）$+0.258 \times Z$（方便与政府联系）（8-11）

Factor2 $= 0.221 \times Z$（靠近市中心）$+0.454 \times Z$（写字楼等级）$+0.381 \times Z$（扩大规模需要）$-0.092 \times Z$（商业绿化条件）$+0.099 \times Z$（公交便利）$-0.392 \times Z$（感情因素）$-0.134 \times Z$（文化设施氛围）$-0.003 \times Z$（政策）$+0.111 \times Z$（网络设施）$+0.022 \times Z$（靠近业务联系伙伴）$-0.071 \times Z$（靠近客户群）$-0.164 \times Z$（方便与政府联系）

（8-12）

Factor3 $= 0.48 \times Z$（靠近市中心）$+0.229 \times Z$（写字楼等级）$-0.124 \times Z$（扩大规模需要）$+0.439 \times Z$（商业绿化条件）$+0.183 \times Z$（公交便利）$+0.125 \times Z$（感情因素）$+0.475 \times Z$（文化设施氛围）$-0.178 \times Z$（政策）$+0.003 \times Z$（网络设施）$+0.011 \times Z$（靠近业务联系伙伴）$-0.058 \times Z$（靠近客户群）$+0.051 \times Z$（方便与政府联系）

（8-13）

Factor4 $= 0.088 \times Z$（靠近市中心）$+0.151 \times Z$（写字楼等级）$-0.103 \times Z$（扩大规模需要）$-0.108 \times Z$（商业绿化条件）$+0.447 \times Z$（公交便利）$-0.098 \times Z$（感情因素）$+0.099 \times Z$（文化设施氛围）$+0.724 \times Z$（政策）$-0.187 \times Z$（网络设施）$-0.107 \times Z$（靠近业务联系伙伴）$+0.162 \times Z$（靠近客户群）$+0.11 \times Z$（方便与政府联系）

（8-14）

式中，Z 为各个变量的正态分布标准化后的变量。

表 8-21　房地产选址因子得分矩阵

指标	因子			
	1	2	3	4
靠近市中心	0.010	0.221	0.480	0.088
写字楼等级和声誉	0.120	0.454	0.229	0.151
公司扩大规模空间需要	−0.032	0.381	−0.124	−0.103
周边商业和绿化条件	0.053	−0.092	0.439	−0.108
公共交通便利	0.058	0.099	0.183	0.477
情感因素	0.075	−0.392	0.125	−0.098

续表

指标	因子			
	1	2	3	4
周边文化设施及氛围	− 0.054	− 0.134	0.475	0.099
国家及北京市相关政策影响	− 0.141	− 0.003	− 0.178	0.724
网络设施条件	0.350	0.111	0.003	− 0.187
靠近主要业务联系伙伴	0.384	0.022	0.011	− 0.107
靠近主体客户群	0.297	− 0.071	− 0.058	0.162
方便与政府主管部门联系	0.258	− 0.164	0.051	0.110

综上金融业选址权重指标受政策影响和周边文化设施及氛围影响显著；而房地产业除了在靠近主体客户群、靠近主要业务联系伙伴、方便与政府主管部门联系以及网络设施条件等指标上载荷较大外，还表现为对办公条件、文化商业环境以及政策影响及公交便利方面的考虑。总体上看，国家或北京市房地产相关政策、产业功能调整及布局政策等因素，对房地产企业办公区位选址影响明显。

第四节 办公区位迁移分析

为了更好地分析办公活动区位选择影响机制，课题组在调查区域范围内还进行了办公区位迁移调查，包括面上的问卷调查、选择典型行业的实地考察以及深度访谈等。

一、办公区位选择的问卷调查分析

此次调研问卷总量为 2400 份，其中有效样本 2003 个，有效率为 83.4%。发生过搬迁的企业共计 281 个，占问卷总量的 14%。问卷调查的被访者是公司职工，对办公区位选择没有决策权。问卷主要从被访者搬迁后的感受和职工个体所认为搬迁的主要原因两个方面，来映射公司办公区位选择所重点考虑的因素，具体的选项设置及调查结果如表 8-22 所示。

表 8-22 办公区位迁移的原因及搬迁感受

搬迁前后感受			搬迁的主要原因		
选项	选择数量	频次/%	选项	选择数量	频次/%
室内空间变大	180	64.06	业务变化	96	34.16
与客户联系更方便	89	31.67	租金	75	26.69

续表

搬迁前后感受			搬迁的主要原因		
租金便宜	86	30.60	领导个人原因	70	24.91
交通出行更便捷	53	18.86	其他	45	16.01
周边环境更舒适	45	16.01	拆迁及市政建设	32	11.39
其他	6	2.14	主要客户搬迁	22	7.83
			北京市产业功能布局牵动	20	7.12

从表 8-22 可以看出，公司办公区位选择主要考虑如下因素。

（一）办公面积需满足企业发展的需求

问卷结果显示，约 64% 的被调查者感觉到搬迁后办公空间扩大，并且 34.16% 的被调查者认为业务变化是引起办公区位迁移的主要原因。可见，随着企业的进一步发展，其业务范围扩大，企业所需的员工数量将增加，现有办公场所难以满足企业的发展需求，企业需要重新选择办公面积较大的地点，而充足的办公面积成为企业区位选择的首要因素。

（二）便于与客户进行联系

问卷结果显示，31.67% 的被调查者感觉与客户的联系更加方便。办公活动的本质特征是信息交流与沟通并以此解决问题来获得市场收益（Daniels, 1975）。因此，对于办公区位来讲，便于交流是关键，而区位的空间临近在很大程度上有益于提高办公活动的效率。在城市内部微观尺度上，产业空间集聚效益依然存在，业务上紧密联系的企业选择相邻区位，以减少距离的空间摩擦、缩短办公活动联系时间、加强相互间的合作与交流，这对促进信息流通、提高企业竞争力，具有重要的影响意义。

（三）租金成本应在企业可支付能力范围

城区内部土地利用结构调整，优势区位逐步被经济效益高的商业、商务写字楼所占据。区位优势明显的写字楼，其交通可达性及写字楼的声誉相对较高，吸引了众多企业，租金也日益攀高。企业的经济效益具有差异性，相应的，对租金的支付能力也不同。对于企业来讲，租金成本在可支付范围内，可以降低企业的运营风险，减轻成本压力。

（四）领导的个人喜好

企业领导决定着办公区位的选择。在调查过程中，被调查者表示一部分企业搬迁是由于领导居住地搬迁，为减少领导个人职住通勤时间，企业通常搬迁至其住所附近的办公区。另外，领导对某一区域的个人情感，也影响其办公区域的重新选择，如创业的发源地等。

此外，根据问卷调查显示，发生区位迁移且公司规模在 50 人以下所占比例达到 55.87%，规模在 50~99 人占 17.79%，规模在 100~299 人的占 14.23%，规模 300 人以上的仅占 12.1%（图 8-10）。说明规模较小的公司发生办公区位迁移的可能性较大，这主要是由于小规模企业成长过程中的不定性因素较多，如业务范围的变化与扩大、对租金的可承受能力、领导的主观随意性等；而规模较大的公司，业务相对成熟、联系网络稳定，其办公区位迁移的可能性相对较小。

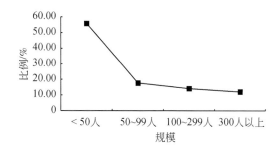

图 8-10 不同规模企业发生区位迁移的比例

二、中央在京政务性办公区位变迁分析

我国从 1982 年起经历了六次大规模的机构改制，一些政务性机构由于职能的变化存在撤销、合并、增加下级机构等现象，名称有过一些变化，此外由于政务性办公机关的特殊性，部分机构区位的准确信息难以得到，故无法将其一一对应。本次研究以 2009 年存在且可以掌握到中央在京政务性办公机构区位为依据，对比每个办公机构在 1983 年、1990 年、1998 年和 2003 年的区位，将它们进行归纳总结，试图找出影响政务性办公区位演变的因子。

（一）发生一次搬迁的政务性办公机构情况分析

经过对五个年份的比较，可将这些办公机构分成三个类型。第一类，办公区位没有发生过变动；第二类，办公区位发生了一次变动；第三类，办公区位发生了两次或三次变动。

经过对符合要求的办公机构各年份区位研究可确定共有 70 个。属于第一类的，即办公区位在几年中都没有发生过变动的占多数，共有 48 个；属于第二类的，即办公区位在几年中发生过一次变动的，共有 15 个；属于第三类的，即办公区位在几年中发生过两次以上变动的，共有 7 个。从以上分类可以看出：大多数政务性办公区位还是比较稳定的，在相当长的时间内都没有发生变化。但也有 22 个政务性办公机构的区位由于种种原因而发生了变化，这 22 个办公机构是本次研究的重点，掌握其区位演变的历程是分析出区位变化影响因子的关键。表 8-23 为政务性办公区位发生一次变动位置的机构。

表 8-23　政务性办公区位发生一次变动位置

机构名称	1983 年	1990 年	1998 年	2003 年	2009 年
交通运输部	海淀区复兴路 10 号	海淀区复兴路 10 号	东城区建内大街 11 号	东城区建内大街 11 号	东城区建内大街 11 号
卫生部	西城区后海北沿 44 号	西城区后海北沿 44 号	西城区西直门外南路 1 号	西城区西直门外南路 1 号	西城区西直门外南路 1 号
中国人民银行	西城区三里河南三巷 3 号	西城区三里河南三巷 3 号	西城区成方街 32 号	西城区成方街 32 号	西城区成方街 32 号
国务院侨务办公室	东城区北新桥三条 1 号	东城区北新桥三条 1 号	西城区阜外大街 35 号	西城区阜外大街 35 号	西城区阜外大街 35 号
国家旅游局	东城区东长安街 6 号	东城区建内大街甲 9 号	东城区建内大街 9 号	东城区建内大街甲 9 号	东城区建内大街甲 9 号
农业部	东城区和平里东街 18 号	朝阳区农展馆南里 11 号	朝阳区农展馆南里 11 号	朝阳区农展馆南里 11 号	朝阳区农展馆南里 11 号
国家民族事务委员会	西城区羊肉胡同	西城区太平桥大街 252 号	西城区太平桥大街 252 号	西城区太平桥大街 252 号	西城区太平桥大街 252 号
民政部		西城区西皇城根南街 9 号	东城区北河沿大街 147 号	东城区北河沿大街 147 号	东城区北河沿大街 147 号
审计署		海淀区采石路 12 号	西城区展览路北露园 1 号	西城区展览路北露园 1 号	西城区展览路北露园 1 号
国家税务总局		宣武区枣林前街 66 号	海淀区羊坊店西路 5 号	海淀区羊坊店西路 5 号	海淀区羊坊店西路 5 号
国务院港澳事务办公室		西城区百万庄南街 12 号	西城区月坛南街 77 号	西城区月坛南街 77 号	西城区月坛南街 77 号
国家烟草专卖局		宣武区虎坊路 11 号	宣武区宣武门西大街 26 号	宣武区宣武门西大街 26 号	宣武区宣武门西大街 26 号
国家外汇管理局		西城区月坛南街 32 号	海淀区阜成路 18 号华融大厦	海淀区阜成路 18 号华融大厦	海淀区阜成路 18 号华融大厦

续表

机构名称	1983 年	1990 年	1998 年	2003 年	2009 年
国务院国有资产监督管理委员会		海淀区万泉河路 66 号	宣武区宣武门西大街 26 号	宣武区宣武门西大街 26 号	宣武区宣武门西大街 26 号
国土资源部			西城区冠英园西区 37 号	西城区阜内大街 64 号	西城区阜内大街 64 号

资料来源：5 个年份的地图、北京黄页及实地调研

　　由表 8-23 可以知道：15 个在京政务性办公机构的区位发生了一次变动。其中卫生部、中国人民银行、国家旅游局、国家民族事务委员会、国务院港澳事务办公室、国家烟草专卖局、国土资源部这 7 个政务性办公机构的区位虽然发生了变化，但都是在原来所在的城区变化，没有发生城区之间的变动。其他 8 个办公区位发生了城区之间的变化，具体演变情况如图 8-11 和表 8-24。由于政务办公机构的名称较长，在图形中标注有一定困难，故将名称用编号代替。

表 8-24　中央在京政务性办公区位发生一次变动机构编号对应表

编号	名称	编号	名称
1	交通运输部	9	审计署
2	卫生部	10	国家税务总局
3	中国人民银行	11	国务院港澳事务办公室
4	国务院侨务办公室	12	国家烟草专卖局
5	国家旅游局	13	国家外汇管理局
6	农业部	14	国务院国有资产监督管理委员会
7	国务院民族事务委员会	15	国土资源部
8	民政部		

　　从以上演变的过程比较可以得知：政务性办公区位在城区之间确实发生了演变，但演变后的政务性办公机构在各城区分布的比例没有改变。分布在西城区的数量最多且没有变化，其次是东城区、海淀区、宣武区和朝阳区。虽然政务性办公机构集聚在西城区的特点没有改变，但经过仔细观察图 8-11，还是可以看出一些演变特点，变动后区位较初始区位来讲，分布的范围有所扩大，整体上区位集聚程度下降，具有分散化的趋势。

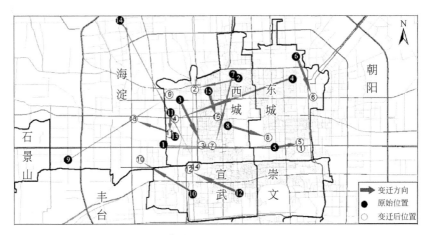

图 8-11　中央在京政务性办公区位发生一次变动示意图

(二) 发生两次及以上搬迁的政务性办公机构情况分析

除了区位发生过一次变动的政务性办公机构外，还有区位发生过两次及以上变动的机构（表8-25），这些机构的区位变化过程更加复杂，原因也更加多元化。

表 8-25　中央在京政务性办公区位发生多次变动位置表

机构名称	1983 年	1990 年	1998 年	2003 年	2009 年
司法部	西城区西直门内中大安胡同	朝阳区五里沟甲 4 号	朝阳区朝阳门南大街 10 号	朝阳区朝阳门南大街 10 号	朝阳区朝阳门南大街 10 号
文化部	东城区北河沿大街	东城区东安门北街甲 83 号	东城区东安门北街甲 83 号	东城区朝阳门北大街 10 号	东城区朝阳门北大街 10 号
海关总署	西城区羊肉胡同	西城区太平桥大街 4 号	西城区太平桥大街 4 号	东城区建国门内大街 6 号	东城区建国门内大街 6 号
国家质量监督检验检疫总局	东城区鼓楼赵府街 20 号	东城区鼓楼赵府街 20 号	海淀区知春路 4 号	海淀区马甸东路 9 号	海淀区马甸东路 9 号
宗教事务局	西城区西安门大街 22 号	西城区西安门大街 22 号	东城区交道口北三条 32 号	西城区后海北沿 44 号	西城区后海北沿 44 号
监察部		海淀区花园北路 35 号	海淀区皂君庙 4 号	海淀区皂君庙 4 号	宣武区广安门南街甲 2 号
国务院台湾事务办公室		西城区府右街 2 号	西城区阜外大街 35 号	西城区阜外大街 35 号	宣武区广安门南街 6 - 1 号

　　由表8-25可以得到：文化部办公机构发生了两次变动，但都是在东城区中；其他6个政务性办公机构的变动都发生了城区之间的变动。同样由于政务办公机构的名称较长，在图形中标注有一定困难，故将名称用编号代替（表8-26、图8-12）。

表8-26　政务性办公区位发生多次变动机构编号对应表

编号	名称	编号	名称
1	司法部	5	宗教事务局
2	文化部	6	监察部
3	海关总署	7	国务院台湾事务办公室
4	国家质量监督检验检疫总局		

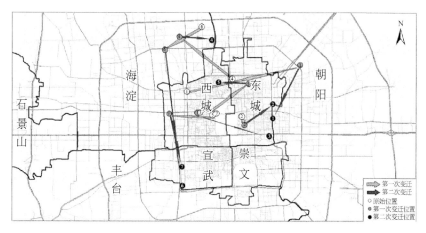

图8-12　发生两次及以上搬迁的政务性办公区位变化图

　　政务性办公区位在城区之间不仅发生了演变，而且演变后的政务性办公机构在各城区分布的比例也有所改变。最明显的特征是：分布在西城区的数量由4个减少到2个再减少到1个、分布在宣武区的从0增加到2个。东城区的区位变动数量没有改变、海淀区和朝阳区变化不明显。由上可以总结出：办公区位变动过两次的政务性办公机构的分布在西城区下降、东城区不变、宣武区增加。

　　经过仔细观察图8-12可以看出：初始区位都集中在长安街及其延长线的北侧且分布相对密集；第一次变动后的区位仍然都集中在长安街及其延长线北侧，但分布的范围有所扩大，整体上看密集程度下降，具有分散化的趋势；第二次变动后的区位最明显地变化是分布在西城区的办公机构减少到了1个，而在长安街及其延长线南侧的宣武区有所分布，此外，分布在东城区的办公区位很靠近朝阳区。

从交通环线的角度来分析，初始区位有 6 个都集聚在二环线内；第一次变动后的区位有 3 个都集聚在二环线内、3 个在三环线周边；第二次变动后的区位也有 6 个集聚在二环线内，但不再仅仅局限在西二环和北二环。

综上可知：这 7 个政务性办公机构的区位既有从内城变动到外城，也有从外城变动到内城或者是内外城内部相互变动的，位移前后的各办公区位虽然发生了变化，但仍然聚集在西城区和东城区的特点是没有改变的。这与发生一次变化的特征是一致的。

(三) 中央在京政务性办公区位的演变特征

综合以上分析可以得出中央在京政务性办公区位演变过程的特征是：

(1) 政务性办公区位由于其带有浓厚的政府色彩，具有不同于一般性办公机构的特殊性，它的区位演变受到国家政策体制、城市规划、传统城区定位等多方面影响。

(2) 政务性办公区位变迁的数量有限。在被调查的 70 个中央在京政务性办公机构中，办公区位没有发生过变动的有 48 个，占到了近70%的比例。这说明其区位相对来说还是很稳定的。

(3) 在 22 个区位发生变迁的政务性办公机构中，存在区位发生一次变迁和两次变迁两种情况。发生过一次变迁的机构有 15 个，其中 7 个变迁在本城区中，其他 8 个发生了城区之间的变动，但总体来看，分布在各城区的政务性办公机构比例没有改变，西城区仍然占到最大份额。区位发生过两次变迁的机构有 7 个，它们的演变历程比较复杂，两次变迁后最明显的特征是分布存在分散化的趋势，西城区的区位数量逐渐下降。但对于区位无论是变动了一次或两次的办公机构来说，其区位变迁历程既有内城向外城变动的情况也有相反情况，也存在内外城内部之间的调整。因此，各政务性办公区位的变迁过程与城区差异无直接关系。

(4) 22 个区位发生一次或两次变迁的政务性办公机构情况的区位演变原因不能一概而论。为了清楚地了解其演变原因，将选取 5 个区位进行过两个变迁的机构进行深度访谈，进一步确定影响其区位变迁的原因。

三、商务性办公区位迁移的案例分析

与第六章一致，课题组选择通信与电子设备制造业作为办公区位迁移的案例进行具体分析。

(一) 办公活动区位迁移情况

研究数据来自北京市第一次和第二次基本单位普查数据，在研究对象中筛选通信与电子设备制造业办公地址发生变化的公司。在北京原有的八个城区范围内，1996~2001年进行了搬迁的通信与电子设备类公司共有29家（图8-13）。图中数字表示被调查公司序号，箭头指向表示搬迁后的公司位置。

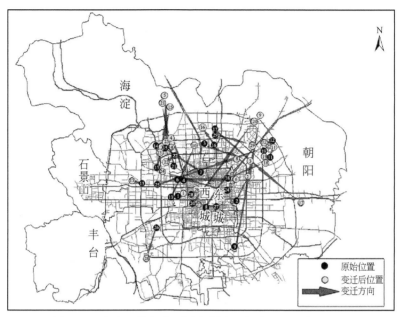

图8-13 北京通信与电子设备制造业相关企业区位变化图

资料来源：1996年、2001年北京市基本单位普查

第一，对公司搬迁前后的位置进行分析。公司搬迁前，其中在二环内的公司共有7家，二环到三环之间的公司有7家，三环到四环之间的公司共有10家，四环到五环之间的公司共有5家，五环外则是一家公司都没有。而在公司搬迁后，二环之内的公司有2家，二环到三环之间的公司有5家，三环到四环之间的公司有6家，四环到五环之间的公司有11家，五环外有5家。

第二，以天安门为中心点，搬迁后向天安门靠近的公司为向心的公司，搬迁后与天安门距离增加的为离心的公司。其中，向心的公司仅有3家，即1号公司、28号公司和14号公司，即使加上搬迁后仍在在内城，与天安门距离变化不大的27号公司，也仅有4家公司是向中心点靠近的。其他的25家公司则都向外进行了距离不同的搬迁。

第三，从搬迁的方向上来看，有6家公司向西北方向搬迁进入了海淀区，有8家公司向东北方向搬迁进入了朝阳区。因此，从跨行政区搬迁来看，则公司搬迁后首选的城区是海淀区和朝阳区。

第四，从交通区位看，搬迁前的公司大部分都位于交通干线附近，而搬迁后的公司则有不同程度的分散。

第五，从搬迁后各城区的情况看，海淀区有公司 11 家，朝阳区有 14 家，西城区有 3 家，丰台区有 1 家。而在海淀区和朝阳区搬迁后的公司有集聚的趋势，分别在中关村附近、上地附近和酒仙桥附近。

(二) 空间偏向性分析

通过对 1996 年和 2001 年北京市基本单位普查数据的分析，在北京城八区范围内有 29 家通信与电子设备类的公司发生了明显的位移，并出现了一定的偏向性位移（图 8-14）。

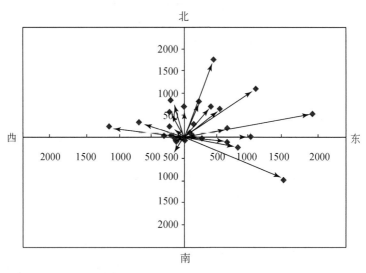

图 8-14 商务性办公活动空间位移偏向性分析示意图（单位：10m）

从图 8-14 可以看到，北京通信与电子设备制造业独立办公活动空间向北位移的距离要远远高于向南位移的距离。进一步来看，向东北方向的移动是最多的，而且移动的距离也是最远的；向西北方向的移动虽然也很多，但从移动的距离上看，不如向东北方向移动的远；向西南方向的移动是所有方向中最少的，而东南方向虽然发生移动的样本数量不是很多，但向这个方向移动的距离都比较远。

从各公司位移距离可以看出，绝大部分公司位移的距离都在 10km 以内，所有位移公司中只有 5 家公司位移后与原来公司位置的距离在 10km 以上，剩下的公司都在 10km 以下。各公司位移的平均距离是 6688m，也就是 6.5km 左右。可见，公司位移的距离是一个适中的距离，既可以保证改善与原地址的各项条件，使自己的位移的需求得到满足，也不会与原地址差异特别大，出现新环境需要很长时间适应的情况。

（三）商务性办公活动区位选择趋势

第一，从总体上看，选择靠近中心点的相关企业数量在急剧减少，而选择远离中心点的相关企业数量大大增加了。几乎所有的通信与电子设备制造业独立办公活动在区位选择时都考虑向外迁移，或者可以说出现了办公郊区化的特征。

第二，海淀区和朝阳区对于相关企业的区位选择有很大的吸引力，绝大部分企业在重新进行区位选择时都选择了这两个城区，这就说明了北京通信与电子设备制造业有向西北进入海淀区、向东北进入朝阳区的区位选择偏好。

第三，北京通信与电子设备制造业相关企业在进行区位选择的时候，受到交通的影响正在逐渐减小，重新选址后位于交通干线附近的公司数量减少了。

第四，北京的通信与电子设备制造业在区位选择上受到了集聚效应的影响，愿意选择在已有行业集聚区内进行办公活动。

（四）影响商务性办公活动空间位移的因素分析

1. 由内向外迁移的主要原因

第一，从租金的角度看，一般来说越靠近市中心，地租越贵。在这样的情况下，为了节约成本，向外搬迁是可以接受的。

第二，随着公司业务的发展，公司的规模不断扩大，但越靠近市中心，增加可租用办公空间变得越来越难，这对于公司的发展是不利的，而向外搬迁可以解决这一个问题。

第三，从公司内部的员工来说，越靠近市中心，城市开发的密度越大，在这样的情况下，停车的方便性、上下班交通的便捷性、公司内部乃至周围环境的舒适性都很难得到保证。由于以上的原因，虽然靠近市中心，企业招收员工、与外部的联系、公司的声望容易得到保证，但从综合考虑，仍然是向外搬迁比较有利。因此就出现了郊区化的现象。

2. 优先选择海淀区和朝阳区的原因

第一，海淀区和朝阳区本身的定位和发展状况是吸引公司的先决条件。海淀区科技文化产业的发展和众多的高校及科研院所等资源优势，朝阳区的涉外资源及商务优势都是吸引公司的原因。海淀区科技文化产业的发展使公司本身和客户都对本城区的相关产业有认同感，公司希望加入被客户认同的城区，客户也优先考虑去海淀区找此类公司进行合作。众多的高校及科研院所则能满足公司对人力资源的要求。而朝阳区的商务发展，带动了整个城区经济的发展，公司位移到此可以获得丰富的潜在客户。

第二，这两个城区都是北京传统的通信与电子设备制造业集聚地，这种集聚

效应的影响，也吸引着公司在位移时优先选择这两个城区。

第三，相比内城来说，这两个城区地租要便宜，获得可租用办公场地更容易，加上这两个城区发展较快，新建的办公场所无论从外型上还是从功能上都要好于内城，对公司有很大的吸引力。

第四，这两个城区基础设施条件相对较好，对于公司停车、上下班的交通状况、公司周围的环境状况都有一定的改善，这使得公司的搬迁容易得到员工的支持。此外，通信产业的发展和北京交通路网的加密，使得迁入这两个城区的公司，在与外部联系和可进入性等方面都得到了很大程度的改善。

3. 交通因素下降与集聚因素上升

第一，北京交通路网的加密和公共交通的完善使北京各城区，特别是以前较偏远的地区其可进入性增强了，这就使得公司虽然向外位移了，但公司和客户的可进入性并没有降低多少，或者说这种可进入性的降低是在公司可以接受的范围内。

第二，通信业的发展和城市基础设施的完善，使得公司之间以及公司和客户之间不再必须进行面对面的沟通，往往电话和网络的沟通就可以完成交流，这也使得公司对位移后周围的交通状况考虑降低了。

第三，很多同行业的公司在某地集聚，就会产生集聚效应，使本行业需要的信息、资源乃至市场都向此地集聚。而公司位移到集聚地，就可以共享这些信息、资源和市场，这对于一个公司的发展是很重要的，即使集聚使此地的地租上升，公司也愿意进入此地。

第四，行业集聚促使集聚区声望的提升，反过来影响行业不断在此集中。例如，中关村就不仅在北京业内，甚至在全国范围内都有很大的名气，公司位移到这样的集聚地，对于提高公司的声望与在业内的地位有很大的作用，对于公司以后的发展有很大的好处，这也使得公司愿意迁移至此集聚地。

（五）变化趋势预测

在对北京通信与电子设备制造业区位选择变化概况进行阐述，以及对这种位移产生的原因进行分析后，可以根据这些因素结合北京目前的基本情况，对未来北京通信与电子设备制造业相关企业区位选择的变化趋势进行预测。

第一，按照目前海淀区和朝阳区的发展趋势，三环附近以及集聚点附近的地租和交通状况都在向不利于公司节约成本的方向发展。而随着城市总体规划的进一步实施，特别是随着通州、亦庄、大兴等北京新城的发展，对通信与电子设备制造业相关企业具有一定的吸引力。因此，在此情况下，可以预测今后北京的通信与电子设备制造业在区位选择时，仍然以离心扩散为主导，从近郊区向远郊新城方向位移。

第二，从城区之间来看，海淀区和朝阳区仍然将是未来一段时间内通信与电子设备制造业相关企业进行区位选择的主要方向。而丰台区则是相关企业进行位移的次要选择，可以预测在未来一段时间内，丰台区的通信与电子设备制造业将会有较大的上升空间，其主要依据是因为海淀区和朝阳区已经形成了较好的基础，而且已经形成了几个较有影响力的集聚区，在今后的一段时间内这两个城区仍将会是公司进行区位选择的首选。而丰台区由于自身的发展，加上城市布局优化及产业园区建设等政策的影响，相对南城其他城区已经有了快速发展的趋势。

第三，从南北城来看，虽然未来一段时间内，位移的主要方向仍然是北城，但南城将也会有较快的发展，特别是未来十年，南城很可能会超过北城，成为公司位移的主要方向。这是因为北城虽然产生了集聚效应，但同时也产生了很多其他问题，例如，地租上升、竞争激烈、空间饱和等，使在北城选址的成本高于收益。而南城相关企业密度较小，仍然有较大的发展空间，只要在基础设施和政策上给予一定的支持，南城就会有较快的发展。

第五节　办公区位迁移的深度访谈分析

问卷调查方法在获取办公区位迁移影响因素上有一定的局限性，突出表现在被调查人局限在已设定的问题框架内。问卷调查难以获取全面的、更深入的区位迁移因素。因此，采用深度访谈法继续对办公区位选择问题进行调查，访谈法与文献法、问卷法、观察法并列为社会科学研究中的四大经典研究方法，是社会科学研究中一种重要的研究方法。与问卷调查相比，访谈具有更大的灵活性以及对意义进行解释的空间（颜玖，2002）。

运用深度访谈，本研究分别选择 5 个搬迁过两次以上的中央在京政务性办公机构和 2 个搬迁两次及以上的商务性办公机构进行深度访谈，访谈对象选取在各相关机关内工作过 10 年以上、经历过区位变迁且职位在处级及以上的人员，以及企业的高级副总裁。受访者的职位和工作经历都可以使得他们充分了解所在机构或企业的区位演变历程，并在企业办公区位选址上具有重要话语权。通过受访者的描述和分析，挖掘影响办公区位选择的内在机制。

访谈过程中，按照事先准备的访谈提纲对被访者谈论范围进行控制，引导被访者沿着预定的目标进行回答，避免跑题现象。受访者按照事先列出办公迁移可能产生的原因和下次区位选址所要考虑的因素，结合自身的实际情况，进行相应的描述和分析。

一、中央在京政务性办公区位变迁

研究选取了 5 个区位发生过两次及以上变动的政务性办公机构进行深度访谈，它们是国家质量监督检验检疫总局、司法部、文化部、监察部和海关总署。访谈提纲主要涉及三方面的内容：影响其搬迁的可能因素、对不同区位的偏好以及受访者对政务性办公区位选择影响因素的个人观点（表 8-27）。

表 8-27 深度访谈汇总表

机构名称 深度访谈	质检总局	司法部	文化部	监察部	海关总署
区位变动次数	3	2	2	2	2
区位具体位置	东城区鼓楼赵府街 20 号	西城区西直门内中大安胡同	东城区北河沿大街	东城区海淀区花园北路 35 号	西城区羊肉胡同
	海淀区知春路 4 号	朝阳区五里沟甲 4 号	东城区东安门北街甲 83 号	海淀区皂君庙 4 号	西城区太平桥大街 4 号
	朝阳区朝阳门外大街甲 10 号	朝阳区朝阳门南大街 10 号	东城区朝阳门北大街 10 号	宣武区广安门南街甲 2 号	东城区建国门内大街 6 号
	海淀区马甸东路 9 号				
本机构区位变动的原因 / 上级指示原因或其他行政原因	√	√	√	√	√
机构自身的原因，如职能、办公范围变化	√			√	√
集聚便于联系		√	√		
经济原因					
环境原因					
原有位置另有他用					
其他原因				√	

续表

机构名称 深度访谈		质检总局	司法部	文化部	监察部	海关总署
区位最优的原因	周边环境好	√		√		√
	地理位置及交通好	√	√		√	√
	与其他密切联系的机构距离近		√	√	√	
	距离市中心					√
影响政务性区位变动的原因	上级指示原因或其他行政原因	√	√	√	√	√
	机构自身的原因，如职能范围变化	√				
	集聚原因	√	√	√		
	经济原因					
	环境原因			√	√	√
	原有位置另有用途					

注：√表示被访者选择的影响因素

（一）访谈情况解释

1. 上级指示及机构自身原因是中央在京办公区位变动的根本因素

在询问办公地点搬迁的主要原因时，5 个受访者都选择了"上级指示原因或其他行政原因"；3 个受访者选择了"机构自身的原因"，如国家质量监督检验检疫总局，是由国家技术监督局和国家出入境检验检疫局两个独立机构合并而成的，在合并后职能范围的扩大使得对办公场所有了更高的要求，具备了扩充规模的条件，而搬到马甸的原因则是因为上级的指示。

而其他 4 个原因"经济原因"，由于经济的原因导致位置的变动；"环境原因"，周边环境因素（包括交通、地理位置等因素）的影响；"原有位置另有他用"，如原来的位置拆迁或改成商业用途等；"其他原因"则没有人选择。但是应该注意的是，没有人选择仅是因为被访人认为其所在机关的区位演变没有以上4个方面的原因，并非所有中央在京政务性机构的区位演变都不受这四方面制约。

事实上，政务性办公的政治特殊性在很大程度上决定了它区位演变的特殊性。与商务性办公区位演变所经常考虑的经济因子、环境因子不同，引起政务性办公区位演变最常用的因子就是上级指示原因或其他行政原因，而这些原因也仅仅是表象，发生演变的机构并不能真正了解上级指示的根本原因。其他2个因子：机构自身的原因和集聚便于联系是引起政务性办公区位演变的显现因子，具有很强的可判断性，在本机关工作一段时间的受访人均可以确信提出这2个因子是政务性办公区位演变的主要原因。

2. 地理位置及交通好是政务性办公从业人员比较看重的因子

在对个人区位偏好选择中，有4个机关选择了"地理位置及交通好"这个原因；有2个机关选择了"周边环境好"和"与其他密切联系的机构距离近"这三个原因；只有1个机关选择"距离市中心"这个原因。如监察部所在的皂君庙周边是北京高科技产业集聚地区，分布有综合性大学和高新技术单位，且这里的交通十分便利，有地理优势，便于监察部与其他相关业务行政部门之间的联系。再如，文化部位于东二环朝阳门，是北京传统的政务性办公机构区位，周边的交通、采购、办公环境优良，且周边有不少大使馆，文化部的特点与之可以相互呼应，组织相关活动等；文化部和各机关都有联系，文化宣传、组织演出等都需要其他部委的配合，位于此地，有利于和其他机关的联系。

由此可见，地理位置及交通好是政务性办公机构都比较看重的因子。对于政府机关工作人员来讲，交通便利的区位条件意味着出行方便，便于事务联系；而周边环境好的选项则说明环境幽雅、临街但并不喧闹的区位是非常适合政府机关办公选址的；与其他密切联系的机构距离近则是代表了政务性集聚的一个特征。同样的情况下，地理位置的临近可以促进各办公机构的联系紧密程度，提高办事效率。特别是对于一些经过机构调整合并后搬迁的办公机构，合并后办公职能的扩大，办公场所有所扩大，拥挤度下降，具有独立的办公空间，让人心情愉悦。

3. 行政和集聚因子是影响政务性办公区位选择的首要因子

受访人认为影响政务性办公机构区位变化最主要的因子是三个，分别是"上级指示原因或其他行政原因"，即上级的行政要求或其他行政原因；"机构自身的原因"，如职能、范围变化（和其他单位合并或分解），所以需要改变原有的位置的规模（扩大或缩小）；"集聚原因"，原来分立的机构在合并后，各职能部门之间的联系增强，而这些分支机构搬到一起后，有利于行政办公联系。

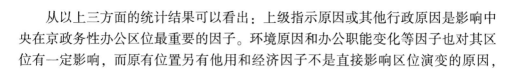

从以上三方面的统计结果可以看出：上级指示原因或其他行政原因是影响中央在京政务性办公区位最重要的因子。环境原因和办公职能变化等因子也对其区位有一定影响，而原有位置另有他用和经济因子不是直接影响区位演变的原因，但上级行政原因里考虑到了这些因子，只能作为弱化因子来描述。

例如，原来的位置拆迁或改成商业用途等和其他原因，毕竟政务性办公业也是属于办公业的一种，承载其功能的办公区位是一个实体结构，也受到影响办公业一般区位因子的影响。经济因子在一般性办公业区位演变中的作用不可小视，甚至在某些条件下是最重要的作用。但在这里没有作为主要因子被提到。一是因为经济因子在政务性办公区位演变中的作用确实不太重要，二是因为上级的行政指示中没有明确提出。

（二）政务性办公区位迁移的影响因素分析

由上面分析可知，5 个政务性办公机构都选择了上级指示原因或其他行政原因、3 个选择了集聚原因、3 个选择了环境原因、1 个选择了机构自身原因。因此，关于中央在京政务性办公区位的演变特征，将重点分析是上级指示原因或其他行政原因、集聚原因和环境原因。

1. 上级指示原因或其他行政原因

由深度访谈的结论可知，受访人表示无论是自身所在机关的区位演变还是他们认为的影响政务性办公区位演变，首要影响因子都是上级指示原因或其他行政原因。这与办公活动区位演变的一般因子有很大区别，从前几节的分析中也可以看出，政务性办公区位的演变是在国务院六次大规模的机构改革影响下促成的。

这六次大规模的机构改革有四个方面的特点和改革的长远目标是明确一致的：政企分开、转变政府职能；建立有中国特色的行政管理体系；改革重点集中在经济管理部门和专业管理部门；人员分流的趋向、安排思路基本一致（范希春，2003）；尽管每次改革的具体目标和措施各有所侧重，但改革在逐步深化和完善。

六次改革都会撤销、合并、新增机构，或者改变原有机构的职能。随着机构名称和职能的变化，其区位也会相应发生变化。例如，国家质量监督检验检疫总局就是由于合并后职能增加，导致区位的变化。而机构改革后，也带来了显著的特点：政府组织机构更加优化；政府转变职能的方向更加明确；政府的公共服务意识更加强烈；政府职权划分更加科学。因此，不难看出：上级行政的指示或其他行政原因是影响中央在京政务性办公区位演变的首要因子。

2. 集聚原因

对于中央在京政务性办公区位的演变，集聚主要体现在：

（1）区位指向——对于政务性办公区位来说，由于历史原因和政治原因，西城区和东城区成为政务性办公机构集聚区。

（2）社会经济环境因子的诱导效应——政府的政策会使某些区域形成对政务性办公有吸引力的社会经济环境，如西城区三里河地区；长安街及其延长线能够成为政务性办公区位的集聚地，很大程度上是因为长安街一直以来都是中央政府的代名词，知名度、影响力要远远高于其他地区，因此政务性办公区位一般倾向于向这一区域集聚，形成路径依赖。

3. 环境及其他原因

环境及其他原因在这里主要是指政务性办公机构内部的舒适度、办公宽敞情况；办公场所周边的环境，如绿化、配套基础设施、交通通达度、选择交通工具多样性等。环境及其他原因并不是影响政务性办公机构区位的重要原因，而是在上级行政原因下的辅助原因，如上级行政原因可能包括了环境等因素。

但不可否认的是，政务性办公机构在中国的地位很特殊，尤其是中央机关，代表了政府的形象，其内部环境和所在区位都是非常重要的。

二、商务性办公区位选择深度访谈

商务性办公区位选择深度访谈对象选择了两家在行业内具有一定影响的典型企业。同时，对于北京城市发展而言，所选择的两个案例样本也反映了北京产业结构的优势特征，是城市办公活动和办公业的主导产业构成，具有代表性和典型性。一个样本是结合制造业属独立办公的电子通信与计算机业，选择相关联较强的软件服务业，该公司是总部设在北京的上市公司；一个样本是以休闲文化产品为主导的总部在福建而设计研发在北京的知名企业，也是一家上市公司。

（一）软件服务业的区位迁移

该公司是亚太地区零售和消费品行业高流动性解决方案及服务的市场领导者，同时也是中国本土第一家在 NASDAQ 上市的软件和服务企业。行业性质为外商独资，规模达 800 多人，其中在北京就职的人数为 100 多人。受访者为该企业的高级副总裁，一直效力于该企业，对企业前后情况非常了解，清楚企业区位迁移路径及办公区位选择的主要原因。

该公司前后进行了 4 次搬迁，企业办公区位迁移路径如图 8-15 所示。1998年公司成立之初，办公区位选择在中关村附近的外国专家公寓；2000 年搬迁至国贸招商局大厦；后由于租期满，2003 年搬迁至东方广场；2005 年搬迁至亦庄北工大软件园；2009 年年初至今，落户 CBD 铜牛国际大厦。

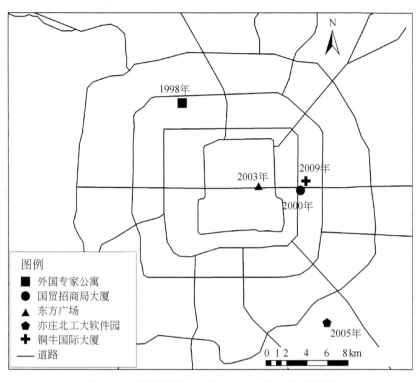

图 8-15　某软件服务业公司办公区位迁移路径图

对企业每一次办公区位迁移的原因和重新选择办公区位所重点考虑的因素总结如下：

（1）中关村外国专家公寓（1998～2000 年）。

1998 年公司成立之初，规模仅有 10 人，企业处于刚起步阶段。中关村一带软件业较为发达，而且将公司注册在中关村享受一些优惠政策待遇，有利于软件服务业的创业发展。出于行业上集聚及相对优惠政策的考虑，将企业的最初办公区位选定在中关村。

（2）国贸招商局大厦（2000～2003 年）。

为树立公司形象，企业考虑选择声誉较高的办公区位。招商局大厦位于国贸CBD 核心区位，且该大厦刚刚开盘，写字楼租金较低，于是考虑搬迁至此。另外，在中关村办公的两年多时间里，企业发现中关村并不适合软件服务业的发展，表现在：该区域跳槽、创业等波动性较大，人心浮躁，企业员工也易受到其他公司人员流动的影响，对企业人员稳定性存在潜在威胁。

（3）东方广场（2003～2005 年）。

招商局大厦租期已满，下一阶段的租金要求提价，租金成本的提高迫使企业

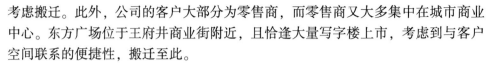

考虑搬迁。此外，公司的客户大部分为零售商，而零售商又大多集中在城市商业中心。东方广场位于王府井商业街附近，且恰逢大量写字楼上市，考虑到与客户空间联系的便捷性，搬迁至此。

（4）亦庄北工大软件园（2005～2009年）。

搬离东方广场的原因：①与公司的发展定位不相符。东方广场大多为外商集团和金融机构，写字楼整体定位偏高，不适合软件服务业的发展，并且客户群认为在此办公过于奢侈，并不利于树立企业形象。②招收员工不利。IT员工并不看好这片区域，周边交通拥堵且消费较高，员工生活成本较大，不利于招收员工。③租金成本。东方广场位于黄金商业地段，写字楼租金高且提租快，公司为减少租金成本和投资者的压力，考虑搬迁。

选择亦庄北工大软件园的原因：①租金成本较低。亦庄开发区写字楼租金普遍较低，办公区位选择在此，每年可以节约60%的租金，投资者的压力将大大减小。②生活环境。亦庄开发区环境优惠且较为安静，生活配套设施较为齐全，且员工的生活成本较低。③领导个人喜好。公司领导居住地搬至亦庄，选择此地可缩短企业领导职住通勤的时间。

（5）铜牛国际大厦（2009年至今）。

搬离亦庄开发区的原因：①企业形象定位。亦庄的办公环境相对冷清，上市公司会在如此偏远的地方办公令客户难以想象，随着企业的发展壮大，亦庄已不适合树立公司的企业形象。②新加入团队的心声。2008年年底，企业业务扩展，收购其他公司，新加入的团队认为亦庄并不适合该企业的发展，为整合分散的办公区位，需要重新选址。③招收员工困难。公司在亦庄招收IT员工较难，招收高端人才更加困难。

选择铜牛国际大厦的原因：①树立企业形象。铜牛国际大厦位于CBD国贸附近，写字楼声誉较高，有利于树立企业形象。另外，CBD核心区主要集中外企、金融和投资机构，而铜牛国际大厦位于CBD核心外围，也符合软件服务公司的发展定位。②租金成本。2008年金融危机，写字楼租金下降，借此宏观经济背景，考虑重新选择办公区位。铜牛国际大厦可以整层出租，租房采用"3+2"的方式，即租房合同签约3年，租期满后可以根据企业的情况续签2年，租房条件比较宽松。③对企业员工的考虑。公司大部分员工居住地位于城东，在东边选址较为实际。④客户的感受。公司刚起步时，客户并不在意写字楼租金低、声誉不好等问题，而更看重公司是否脚踏实地地进行业务，合作客户不希望看到办公奢侈的现象。但随着公司的发展壮大，上市后，客户希望公司从亦庄走出来，树立企业形象；同时，该区位也便于与客户进行业务联系。

（二）产品设计与研发机构的区位迁移

被访者所在的集团公司是一家集制鞋、鞋材、服装、包袋等体育运动专业装备器材的外向型企业，1989 年创业，是国内体育运动品牌知名的民营企业，总部在福建，2009 年企业在香港上市。

其创意研发中心是集团隶属下的产品设计与研发机构，2008 年在北京成立，规模 49 人，其目标是改变企业"重制造、轻研发"的现状，把品牌旗下的全系列鞋类产品和配件器材类产品的设计研发提高到一个新的水平。接受访谈的是研发中心执行总裁，他对企业在北京的区位选址非常熟悉，并且具有决策权，其言论可以反映创意研发中心区位变迁的实际情况（图 8-16）。

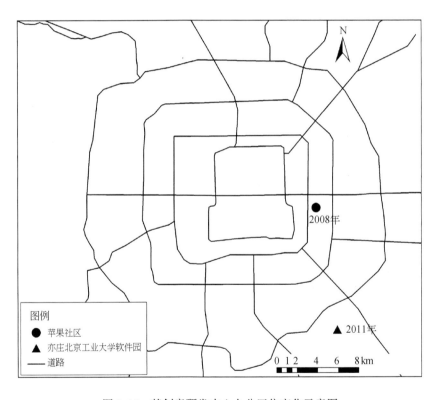

图 8-16　某创意研发中心办公区位变化示意图

1. 大尺度下的区位选择

集团总部在福建，而其旗下的创意研发中心选择在北京，原因主要在于以下三点：

（1）文化时尚。产品的设计需要潮流文化，包括设计的文化理念、商业的文化氛围等。北京是全国的文化中心，引领全国文化时尚的潮流，将研发中心落在北京，有助于及时捕捉时尚文化元素。

（2）人才市场。产品设计所需的人才比较特殊，尤其是运动鞋的设计人才较为紧缺。北京是人才中心，各类人才聚集于此，便于企业招收合适的员工。

（3）信息交流。北京是信息交流中心，关于产品及潮流等方面的信息汇聚于此，便于企业收集与发布信息。

2. 选择苹果社区的原因

2008 年，研发中心成立，公司规模仅有 8 人，临时选择一处暂时的办公地点。半年后，公司开始扩招，人员的增多使得临时办公场所空间不足，为满足办公面积的使用需求，考虑选择正式的办公场所。最初选择苹果社区的主要原因有以下四个：

（1）交通相对便利。苹果社区位于 CBD 核心外围，距离地铁 1 号线和 10 号线相对较近。

（2）艺术氛围。公司属于产品设计与研发机构，工作环境需要一定的艺术氛围。而苹果社区的建设偏重艺术，开发商有意打造其艺术氛围，在社区内部设有美术馆、画廊。虽然建筑性质属于居住小区，但是住家很少，而是很多画家在此进行创作，艺术氛围浓厚，便于员工感受艺术气息，激发创作灵感。

（3）租金成本。该区位写字楼租金较高，对于刚成立的公司而言，租金成本的压力较大。而在获得同等办公面积的前提下，苹果社区的租金仅为周边写字楼的 1/3，选择在此，有利于减少公司的运营成本。

（4）建筑结构改造。经过协商，苹果社区可以进行房屋结构改造，在租金成本不变的情况下，通过做夹层的方式，增加了办公面积。

3. 决定搬迁的原因

（1）办公面积不能满足企业发展的需求：随着公司的发展，各部门相对完善，员工数量大幅增加，现有的场所无法提供充足的办公面积，制约了公司的发展。

（2）企业形象：集团在北京召开产品发布会，迫于办公条件的限制，研发中心只能临时整理出一个房间。而目前办公地点缺乏写字楼的商务气氛，签约的球星在此召开记者发布会，会影响到企业的形象问题。

（3）建筑设施问题：存在一些细节问题，如房屋功能规划不合理，使用不方便；配电采用的是临时电，夏天会有跳闸现象；网络速度慢。

4. 选择亦庄开发区的原因

（1）环境条件优越：研发需要相对安静的环境，虽然艺术氛围很重要，但对于过度商业化的艺术街区，并不适合研发设计机构。亦庄开发区远离城区，周边环境安静，符合公司的预期设想。

（2）安全性：公司业务发展不可避免地需要加班。亦庄开发区治安良好，路灯等基础设施完善，利于提高员工尤其是女员工的夜晚出行安全性。

（3）员工的生活成本：亦庄开发区的房租和用餐等生活成本较低，有利于减小员工的生存压力。

（4）领导个人喜好：公司领导最初创业的地点是亦庄开发区，对该地区存有个人感情。另外，领导的居住地也在亦庄，选择在此办公，可以节省领导的时间成本，创造更多的价值。

（5）交通状况：中心城区交通拥堵严重，通勤时间成本较大，而亦庄开发区内部交通通畅。另外，高速公路和轨道交通的建设，加强了亦庄与中心城区的联系。

（6）租金成本：亦庄开发区写字楼租金较低，运营成本压力小。同时，北京工业大学软件园出售独栋办公建筑，在此购买属于自己的独栋办公楼，从长远来看，非常经济。

（7）其他相关行业的示范效应：与集团公司业务联系密切的一些知名品牌都将其总部设在亦庄，并获得了区位选择的成功，为公司的办公区位选择决策起到示范作用。

第六节　办公郊区化及其影响因素分析

近年来，随着北京城不断外扩，"退二进三"的城市产业发展和规划政策，使得很大一部分制造业迁出城区，向郊区发展，实现了人口、工业的郊区化，同时，随着独立于制造业的办公活动需求的不断增加，在该区域出现了以写字楼建设集聚特点的办公郊区化。在北京最为典型的就是亦庄经济开发区。

亦庄经济开发区也称北京经济技术开发区，筹建于1991年，是北京唯一的经国务院批准建设的开发区（图8-17）。亦庄开发区在打造北京现代制造业基地的同时，办公园区建设也逐渐发展起来，写字楼初具规模，成为北京市写字楼市场的新热点。

一、郊区办公空间调查

亦庄的写字楼多集中在开发区中部地带，有高层的单纯办公功能的写字楼，如朝林大厦、博大大厦等；有商住两用的公寓式办公建筑，如荣京丽都；也有低密度的商务办公园区（office park）。针对不同类型的办公建筑，课题组分别于2009年6月、7月对位于亦庄的创新大厦、办公园区、朝林大厦及荣京丽都进行

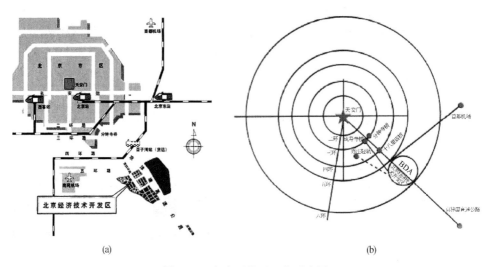

(a)   (b)

图 8-17　亦庄开发区区位示意图

资料来源：http：//www. yizlife. com/NewsView. asp？id＝499

实地数据采集和办公空间满意度、职住空间和业务空间联系以及办公区位选择影响因素问卷调查。共发放问卷 110 份，其中有效回收 84 份。问卷涉及郊区办公的环境、交通、业务联系及区位选择因素等几个主要方面，目的在于深入认识郊区办公的空间感受与空间联系，探索影响办公郊区化的主导原因（表 8-28）。

表 8-28　问卷调查样本的基本情况

性别	频数/%	年龄	频数/%	职位	频数/%
男	50	≤25 岁	19.1	秘书	2.4
		26～30 岁	50	职员	58.3
		31～40 岁	22.6	助理	7.1
女	50	41～50 岁	7.1	部门主管	9.5
		>50 岁	1.2	经理	4.8
				其他	17.9

（一）满意度调查

选取绿化环境、交通状况及周边商业配套设施状况三方面来了解郊区从业人员对整体环境的感受。从问卷的结果来看，亦庄的从业人员对其整体环境的感觉持较为中立的态度，认为亦庄的绿化环境、交通状况及商业服务设施较为一般。对绿化环境感觉一般主要是由于所调查的办公楼附近，其绿化主要是行道树配置，没有形成大片的绿化带景观轴，且树木栽种年头较少，街道两旁没有形成林荫道，且步行游憩系统缺乏。

从亦庄的交通区位来看，位于五环与六环之间，临近京津塘高速公路，区外交通联系畅达，区内道路设施完善，且没有城区交通拥堵的现象。但是区内的公交系统及开发区与城区之间的轨道交通系统不够完善，导致居住在城区而工作在郊区的就业人员，其通勤的时间成本较大，成为被调查者对交通状况评价一般的主要原因（表8-29）。

表8-29　写字楼从业人员对公司位置满意度调查

满意度	从业人员对办公地点的总体感觉		绿化环境		交通状况		商业设施	
	样本	满意度/%	样本	满意度/%	样本	满意度/%	样本	满意度/%
很满意	8	9.5	7	8.3	4	4.8	4	4.8
满意	32	38.1	32	38.1	25	29.8	16	19
一般	39	46.4	41	48.8	48	57.1	50	59.5
较不满意	3	3.6	4	4.8	6	7.1	12	14.3
很不满意	2	2.4	0	0	1	1.2	2	2.4

亦庄虽已投资建设大型购物中心，并且规划了商业街区，但商业氛围沉淀不足，并且在很多写字楼及办公园区附近，缺乏餐饮零售等商服设施。

（二）空间联系

本研究主要从两方面分析郊区办公的空间联系，一是居住与就业的空间联系（表8-30），二是公司业务往来的空间联系（表8-31）。

表8-30　职住空间联系调查结果

项目		样本/个	占总样本数的百分比/%
居住地	城区	37	44
	远郊区县	5	6
	亦庄	42	50
职住单程能勤时间（小时）	<0.5	28	33.3
	0.5~1	28	33.3
	1~1.5	15	17.9
	1.5~2	9	10.7
	>2	4	4.8

项目		样本/个	占总样本数的百分比/%
采用的交通方式	自驾车	17	20.2
	乘坐公交	64	76.2
	步行/骑自行车	2	2.4
	乘坐出租车	1	1.2
合计		87	100

表8-31　公司业务空间联系情况调查结果

空间联系	同市内客户公司的联系		同市外的业务公司联系		同政府/上级主管部门的联系	
	样本	比例/%	样本	比例/%	样本	比例/%
很方便	5	6	6	7.1	8	9.5
较方便	23	27.4	27	32.1	29	34.5
一般	48	57.1	47	56	39	46.4
较差	6	7.1	2	2.4	4	4.8
很差	2	2.4	2	2.4	4	4.8

1. 职住空间联系

主要考虑通勤所产生的时间成本。调查结果显示，就业人员中的44%居住在城区，50%居住在开发区内，另有6%居住在其他远郊区县。33.4%单程通勤时间超过1小时，职住分离所产生的交通成本成为对开发区交通评价较低的主要原因。20.2%采用自驾车交通方式，其中71%对停车设施的评价满意。76.2%的被调查乘坐公共交通，其中仅有31%认为其公交系统方便，大部分被调查者认为，在亦庄乘坐公共交通不方便。其中认为公交方便的被调查者中，有73%居住在亦庄开发区，可见，亦庄区内的公共交通系统基本可以满足日常需求，但是亦庄与城区的公共交通系统尤其是快速轨道交通系统有待完善，这也是影响其交通评价的主要因素。

2. 公司业务联系

主要针对其每周的外出办公次数、最长进行业务联系的区位及完成一次业务联系的单程时间（从办公地点到最长进行业务联系的地方单程所用的时间）来考察郊区办公业务联系的便捷度。问卷调查结果显示，46%的被调查者每周需要外出办公，外出办公频率不高，其中56%每周外出办公的次数仅1~2次，38%每周需3~5次外出办公，仅6%需经常性外出办公。最长进行业务联系的区位，51%位于城区（其中朝阳最多，占到45%，海淀30%次之），49%位于亦庄开发区内。进行业务联系单程所消耗的时间在1小时之内的占到72%，仅13%所用时间超过了1.5小时，其主要是与朝阳、海淀进行业务联系。

由此可见，亦庄开发区的空间联系中，企业之间的业务联系主要是在开发区内、朝阳区和海淀区之间完成。因此，在进行开发区内外交通规划时，应着重将亦庄的办公节点串联起来；在发展亦庄与城区之间的交通联系时，应着重安排其与朝阳、海淀办公密集区的交通网线。从被调查者外出办公的次数来看，其与城区的业务联系强度并不高，这也是企业选择郊区办公的一大原因。

二、郊区办公区位影响因素分析

问卷设计了影响办公活动区位选择的13个因素，要求被调查者挑选出自己认为的重要影响因素（6个以内）。结果显示影响郊区办公的区位选择因子中（表8-32），最为重要的是办公地点的周围环境，这主要是亦庄的郊区区位环境相比中心城区要优越，企业看重其良好的环境因素，选择入驻郊区。租金成本、安全性、居住条件、交通便捷度、充足的办公空间面积及政策因素也是影响郊区办公活动区位选择的重要因素。而领导的个人喜好、是否接近公司总部、机场及物流中心作为区位选择因子并不重要。

表8-32　郊区办公活动区位选择因子统计表

郊区办公区位选择因子	选择数量	频数/%
①租金成本	40	47.6
②安全性	40	47.6
③居住条件	34	40.5
④人力资源（招聘员工是否方便）	16	19
⑤交通方便程度及停车场、公交站等交通设施	34	40.5
⑥政策因素（办公园区、科技园区政策优惠等）	26	31
⑦办公地点及周边环境条件	49	58.3
⑧通信网络的便捷程度	23	27.4
⑨充足的办公空间面积	30	35.7
⑩接近公司总部	5	6
⑪接近机场及物流配送中心	6	7
⑫周边的餐饮与购物情况	15	17.9
⑬公司领导个人喜好	2	2.4

通过分析亦庄的问卷调查结果，总结影响郊区办公活动区位选择因素主要有以下几个方面。

（一）周边环境条件

周边的环境条件主要包括自然环境和产业环境。从自然环境的角度来讲，郊区办公环境可以总结为低密度、低容积率、高绿化率的花园式办公。以亦庄为例，其独特的"产业生态空间"优势，以及良好的自然生态环境，极大地发挥了"边缘化新生态办公"的价值。从产业环境的角度来看，产业环境对企业的可持续发展非常重要，它将关系到企业的长期、稳定、快速发展，这样企业周边的邻居是谁就很重要。如亦庄，目前入区企业近 2000 家，其中世界 500 强企业就有 60 多家，国际跨国公司有 80 多家，其整体的产业环境相当优越。

（二）区位租金成本

土地有偿使用制度的确立，土地级差效益发挥作用，土地的真正价值得以体现。城区内部土地利用结构调整，优势区位逐步被经济效益高的商业、商务写字楼所占据，工业、居住被迫外迁。内城区优势区位的商业氛围及写字楼声誉，吸引了众多企业，其相应的租金也日益升高。租金成本对于企业的影响作用分两种：一是对于产出效益高的企业来讲，租金成本的影响并不显著，但是，随着企业规模的扩大，对办公空间面积的要求也将越来越大，相应的租金成本将进一步提高。考虑到未来写字楼租金仍将继续上涨，搬出中心城区，在郊区购买属于自己的独栋办公楼，从长远来看，非常经济。二是对于规模小、产出低的企业（包括外地想要进驻北京的企业）来讲，为了缩小企业运作成本，降低企业风险，就要考虑选择租金成本较低的郊区。

（三）安全性

安全性是基于环境、犯罪和交通等综合因素的考虑。目前，北京的小汽车保有量已经突破 400 万辆，由此所带来的交通与环境压力相当严重。内城区的空气污浊，常常引发各种疾病，病毒的传染也首先在内城区传播并使之成为最严重的热点地区。交通问题在城区也十分严重，交通事故成为潜在的危机，随时可能爆发。同时，城区的部分热点地区，也成为犯罪的高发地区。与之相比，郊区的环境优越、交通通畅、治安良好，安全性较城区要高，基于这样的考虑，安全性成为影响郊区办公活动的重要因素。

（四）居住条件

从中观尺度分析，郊区的自然环境要优于内城区，主要体现在空气质量、绿化环境、交通环境等。从微观尺度上来看，郊区的住宅多为新建建筑，房屋质量要优于内城区的老住宅。郊区的房价要低于内城区，追求大面积住宅，从购房个体的经济实力出发，选择郊区，可以节省住房成本。

（五）交通便捷度

从郊区与城区间的交通联系分析，高速公路、城市快速干道等交通路网的发展与完善以及私家车的日渐普及，大大消除了人们对于郊区化办公的负面感受。城市道路规划及城市郊区化的同步推进，公共交通尤其是轨道交通的郊区化延伸，大大减少了交通通勤的时间成本。从郊区内部的交通联系来看，郊区人口密度相对城区要低，其人均道路面积要大大高于内城区，交通拥堵程度较中心城区要低得多。另外私家车的普及也从客观上加快了办公活动向郊区迁移。

（六）政策因素

政策对郊区办公活动的区位选择影响主要体现在城市规划和制定实施规划目标的优惠政策。从2004年开始，北京城实施"两轴、两带、多中心"的规划构想，使得郊区发展新的商务副中心成为可能。《北京市"十一五"时期重点新城发展实施规划》使得亦庄、通州、顺义等成为企业的集结地，从城市规划的角度，保证了办公业的实体组织在郊区空间地域单元的落实。优惠政策是政府为协调发展、保证规划目标实现所制定的，入驻企业可以获取经济利益。

三、办公郊区化的动力机制探讨

北京作为中国首都，现代化国际大都市，在相继出现的人口、工业、商业郊区化后，办公郊区化现象渐渐显现。亦庄开发区写字楼数量的逐年增多，已成为北京的14大热点写字楼商圈之一（其中13个在城区内）。结合问卷调查分析，分三个层面即内城推力、郊区引力和中间力量，来剖析办公郊区化动力机制（图8-18）。

（一）内城推力

（1）租金成本：城市土地有偿制度的确立，使土地级差地租得以实现，城区内部土地利用结构调整，优势区位逐步被经济效益高的商业、商务写字楼所占据，工业、居住被动外迁。内城区优势区位的商业氛围及写字楼声誉，吸引了众多企业，写字楼租金成本的提高成为部分企业外迁的重要因素。

（2）交通拥堵：据北京市公安局公安交通管理局统计，北京目前的机动车保有量已经超过400万辆。机动车保有量的高速增长，带来了严重的交通压力，

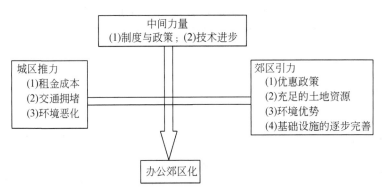

图 8-18　办公郊区化动力机制构成示意图

尤其是在城市办公密集区的节点处如中关村一带，经常会出现交通拥堵现象，增加了交通时间成本，影响了企业效率。

（3）环境恶化：受经济利益的驱使，即在城区内有限的土地上获得更高的利益回报，在城区，尤其是办公密集区内，很难进行绿地和公共空间的建设。加上小汽车数量增加，城区内的空气质量严重恶化，办公密集区人口拥挤，公共交通承载量有限，突发出许多矛盾冲突。追求良好的办公环境，成为部分企业外迁的又一重要因素。

（二）郊区引力

（1）优惠政策：从问卷的统计结果来看，有30%的企业认为郊区的优惠政策是吸引其入驻开发区的主要因素。亦庄开发区作为北京市唯一一个国家级经济技术开发区，入驻的企业同时享受国家级经济技术开发区和国家高新技术产业园区双重优惠政策。一些免税、减税政策，对单位和个人在本市从事技术转让、技术开发业务和与之有关的技术咨询、技术服务取得的收入，免征营业税。同时，针对不同行业特点，制定了相应的优惠政策。如对软件企业进口所需的自用设备，以及按照合同随设备进口的技术（含软件）及配套件、备件，除列入《外商投资项目不予免税的进口商品目录》和《国内投资项目不予免税的进品商品目录》的商品外，均可免征关税和进口环节增值税。

（2）充足的土地资源：随着企业的不断发展，其规模也逐步增大，由此产生的对办公面积的需求也越来越高。郊区的土地资源相对充足，且租金要远低于城区典型办公密集区。扩大办公面积，同时又节约租金成本，也是郊区吸引企业的重要因素之一。

（3）环境优势：城市发展到一定阶段，由此产生的"城市病"严重影响了城区的环境和交通状况。郊区人口相对较少，通过科学合理的规划，其交通环

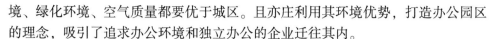

境、绿化环境、空气质量都要优于城区。且亦庄利用其环境优势，打造办公园区的理念，吸引了追求办公环境和独立办公的企业迁往其内。

（4）基础设施的逐步完善：起初郊区的各项基础设施并不完善，这成为郊区吸引企业的一大弱势。随着郊区自身的不断发展与完善，其公共服务设施、道路交通基础设施等都有了很大改观，减少了企业外迁的顾虑。同时，郊区人口较城区要少，资源的人均占有量（如人均道路面积、人均绿化面积、人均医生数量等）反而成为郊区吸引企业的优势。

（三）中间力量

（1）制度与政策：城市土地有偿使用制度的逐步确立，土地的真正价值得以体现，土地级差效益开始发挥作用。加上"退二进三"的城市规划政策，使得经济效益高的产业逐渐占据市中心的"黄金地段"，而经济效益较低的产业如工业，逐渐迁往郊区，与之相伴的就业人口也逐步迁往郊区。住房制度改革，加大了购房的自主性，为郊区提供了广阔的房地产开发空间。这些都为办公业的郊区化奠定了基础。

（2）技术进步：小汽车的普及、轨道交通的发展，极大地缩短了城区与郊区通勤的时间成本。如亦庄在建的轻轨，建成后，预计与城区的单程通勤时间仅需15分钟。网络和通信技术的发展，在很大程度上替代了传统的面对面的交流方式，为办公郊区化提供了技术保证。

第七节　城市办公区位选择影响因素

结合前六节的研究内容，对以北京城市办公活动区位迁移和选择为研究对象的办公区位选择影响因素进行总结。总体来讲，依照办公职能划分为政务性办公和商务性办公，两者均受到包括相关政策、行政联系、文化氛围、个人偏好等在内的12个因子的影响，并形成了各自不同的主导因素（图8-19）。

一、政务性办公区位的影响因素

（一）行政因素

北京作为全国的政治中心，一直非常注重行政中心的建设和发展。在北京城市建设发展进程中，长安街及其延长线以北地区由于历史和政治条件以及发展机会，一直都是政务性办公区位选择和规划的重点地区，形成一种区位选择的惯性，这种惯性选择也在很大程度上影响了政务性办公区位的选址。同时，由于政务性办公区位对外部建筑和交通的要求，也形成了随着城市建设的不同发展阶段

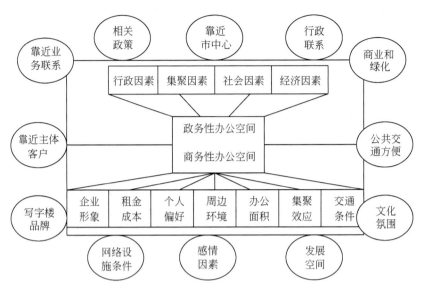

图 8-19　城市办公区位选择影响因素结构示意图

区位优势而定的局面。例如，从一开始在西城区和东城区集中布局，后随着北京城市建设沿环线向外辐射，城市建设重点向北偏移，活动范围也随之扩大，进而拉动政务性办公区位的建设重点也向二环、三环附近地区转移。可以说，政务性办公区位的空间分布也反映了北京城市规划和建设的发展方向和轨迹。

（二）集聚因素

　　政务性办公空间作为城市空间结构的重要组成部分，综合国内外的政务性办公区位的发展情况看，政务性办公业为了树立其代表政府的正面、权威形象，必须要有快速获取信息和享受集聚效益带来的办公便利性。因此，长安街及其延长线作为政务性办公区位的传统优势仍将延续，其作为全国政治中心的地理优势是使得分布在周边的政务性办公机构居多的重要原因。东城区和西城区都是国家政治中心的主要载体，传统的历史风貌和特点也使得相当数量的政务性办公机构集聚在此。

　　集聚因素同时也反映了对交通便捷程度的要求，在政务性办公区位选择中，交通的便利程度是影响其区位选择的重要因子。从理论上来说，城市最发达的内部和外部交通联系形成一个便捷的交通网络，能给予单位时间内最高的办事通达机会，而且还可以通过公共交通系统将办公机构内部的部分成本（如人员的交通费用）转移到社会公共成本上来。

　　北京的政务性办公区位基本上都选择在三环以里的范围内，环线、地铁、公

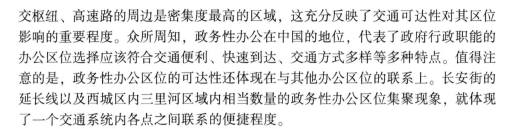

交枢纽、高速路的周边是密集度最高的区域，这充分反映了交通可达性对其区位影响的重要程度。众所周知，政务性办公在中国的地位，代表了政府行政职能的办公区位选择应该符合交通便利、快速到达、交通方式多样等多种特点。值得注意的是，政务性办公区位的可达性还体现在与其他办公区位的联系上。长安街的延长线以及西城区内三里河区域内相当数量的政务性办公区位集聚现象，就体现了一个交通系统内各点之间联系的便捷程度。

（三）社会因素

社会因素被认为对政务性办公区位的选择会产生影响。这主要是由于城市内部的各种地域景观一般都具有不同的象征意义，并被用来传递包括实力、成就、信誉或更直接地代表特定功能区的形象。这种表象特征不仅对城市办公空间的吸引力和凝聚力产生影响，而且在一个社会表征良好的区域内办公，会让群众树立起对此政务性办公机构的重视与信赖。

（四）经济因素

从经济角度来看，虽然政务性办公的特点和其组织结构各不相同，但共同之处是，区域内办公空间是建立在各个机构相互联系的基础上，并由此集聚带动区域内相关功能的增长，从而产生外部经济，即集聚带来的成本节约。在政务性办公机构之间的关系网络中，除了业务联系之外，非正规联系与信任非常重要，地理位置的接近易于增加互相之间的信任度。同时，加强机构与相关单位之间的分工协作，将促进信息的流动，带来创新，进而促进城市管理效益的整体提升。

二、商务性办公区位选择影响因素

因办公职能的差异，商务性办公与政务性办公相比，具有不同的区位选择影响因素，具体可以概括为以下七个。

（一）企业形象

企业形象是企业内外对企业的整体感觉、印象和认知，是企业状况的综合反映。良好的企业形象可以增强客户对企业的认知和信任，有利于建立良好的业务联系，促进企业的健康发展。办公场所是企业形象重要的表达手段，因此，企业搬迁及办公区位选择将企业形象作为重要的考虑因素，办公区位决策倾向于适合自身发展定位的、有利于树立良好企业形象的写字楼。

（二）租金成本

土地有偿使用制度的确立，级差效益发挥作用，城市用地结构调整，优势区位逐步被经济效益高的商业、商务写字楼所占据，工业、居住被迫外迁，优势区位写字楼的租金日益升高。租金成本对于企业的影响作用分两种，一是对于产出效益高的企业来讲，租金成本的影响并不显著，如金融、投资和外资企业，其经济实力和产出效益巨大，对于租金成本的支付能力强。这些企业更看重写字楼的声誉和树立企业的形象，其办公区位选择偏好写字楼的黄金地段，大多集聚于CBD核心区。而其他行业的经济效益相比较而言要低，租金成为写字楼筛选入驻行业的调节器，作用到城市空间上便出现了行业空间分异的格局。另外，独栋办公楼的兴起，吸引了一些有实力的企业。虽然这些企业能够支付高额租金，但是随着人员规模的扩大，对办公空间面积的要求也将越来越大，相应的租金成本将进一步提高，考虑到未来写字楼租金仍将继续上涨，购买属于自己的独栋办公楼，从长远来看，非常经济。二是对于规模小、产出低的企业（包括外地想要进驻北京的企业）来讲，为了缩小企业运作成本，降低企业风险，就要优先考虑选择租金成本较低的区域（陈叶龙和张景秋，2010）。

（三）个人偏好

问卷调查数据与访谈结果都反映出决策者个人偏好对办公区位迁移的重要影响。办公区位的选择虽然会考虑员工的心声，但最终的区位决策由决策者个人意志所决定。企业领导普遍倾向将办公区位选在自己居住地附近的写字楼，缩短自己的职住通勤时间、提高工作效率，以创造更多的价值。

（四）周边环境

周边环境条件主要包括自然环境和产业环境。自然环境方面，企业比较看重周边的安静与舒适性，良好的自然生态环境和完善的基础设施条件，是影响企业办公区位选择的重要因素。产业环境方面，包括写字楼周边的商务和文化氛围，通俗讲就是企业的邻居是谁。产业环境对企业的可持续发展非常重要，它将关系到企业的长期、稳定、快速发展。良好的产业环境对提高员工的工作效率、激活员工的创造灵感及稳定员工浮躁的情绪都有重要的影响。

（五）办公面积

企业的发展是其办公区位迁移的内在动力。随着企业的成长，企业规模不断增大，原有办公区位通常无法满足日益增长的员工数量对办公面积的使用需求。企业需要采取迁移方式，扩大办公面积。而这种扩张性的迁移，又促进了企业重新审视自身发展和市场条件，充分利用外部资源，优化企业的空间业务联系网络。

（六）集聚效应

企业办公区位的重新选择往往受到其他企业区位决策的影响，于是，企业的迁移常常表现出空间集聚的特征。形成这种集聚效益的原因主要表现在两个方面：一是示范效应，先期企业迁入某一特定区位，如获得成功，就会产生示范效应，促使其他企业以此为参照，效仿该企业的办公区位决策行为；二是联动效应，核心企业区位迁移，会带动其他关联企业跟随性搬迁，以保持企业间的空间联系强度。

（七）交通条件

交通条件通常以可达性为指标，是衡量办公区位满意度的重要指标之一。员工的职住通勤时间和乘坐公共交通的便利程度，可以反映办公区位交通条件的优劣。交通可达性关系到员工及企业领导通勤的时间成本和便利程度，企业办公区位迁移普遍重视对交通条件的考虑。

另外，不同的行业及企业的不同发展阶段，其区位选择所考虑的因素不尽相同，以上七个因素是多数企业重点考虑的办公区位选择因素。研究发现，虽然各行业在进行办公区位选择时，所考虑的具体因素存在细节上的差异，但总体来讲，办公区位选择的主要因素基本一致。

第九章 政策建议

办公空间不仅是城市转型过程中形成的新的增长空间，同时，作为一种工作空间，也是城市功能布局和居民行为的必要组成。根据《雅典宪章》，城市规划的目的是解决居住、工作、游憩与交通四大功能活动的正常进行，然而，在城市环境建设越来越彰显的今天，以人为本的环境建设就格外显得重要。无论是城市的居住环境，还是工作环境，人是环境使用和建造的主体，人对客观条件的改造，其目的不仅仅是能正常从事经济活动，更重要的是能健康、安全、舒适地居住和工作。北京宜居城市建设目标的提出，指导居住环境建设更多关注人的满意和幸福感受；同样，对于占据一个人1/3或者更多时光的工作地——办公空间而言，则更需要从人的满意和幸福感出发进行规划和建设。

第一节 北京城市办公空间发展建议

随着"人文北京、绿色北京、科技北京"建设进程的不断深入，以办公活动和生产性服务业为代表的城市新型产业将成为城市经济活动空间的主体。与传统制造业空间建设要求不同，办公业的空间建设在要求更便捷、更高效的同时，还要求更舒适，人文特色更显著，更便于交流和沟通。因此，良好的商务配套环境和绿化条件成为办公空间规划建设的重点。对于北京今后办公空间建设与发展，提出如下几点建议。

一、整体规划，重点建设

对于城市经济活动空间规划需要有一个整体性，这里所说的不仅是产业布局规划，而是在产业布局规划基础上的产业空间规划。北京有"总部经济"的概念，也有"楼宇经济"的概念，这两个概念都隶属于办公业。

因此，对以写字楼为载体的经济活动空间规划就不仅仅是一个房地产项目建设，而应该从北京城市办公业发展的整体出发，对写字楼的投资建设审批要从城市办公空间规划的城区与郊区、近郊与远郊、重点与一般的视角考察，避免跟风建设、无序竞争。同时，在有整体规划后，要进行重点建设，形成城市的主中心与副中心相结合、功能互补、疏密结合的产业发展空间格局。

二、从地方文化入手建设有中国特色的办公空间

通过对商业配套设施和绿化状况的满意度分析，可以看到在北京办公集聚区范围内，商业配套设施和办公空间存在伴生现象，一般发展较为成熟的办公区，符合其商业配套设施满意度评价较高，如国贸、亮马桥、三元桥、亚运村、奥运村、中关村、金融街等区域，但总体感觉缺乏特色，而南城则由于人口密度过大，符合办公需求的商业配套设施改造成本高，其满意度明显较低。对绿化状况的满意度也存在同样的特点，如东北部地区绿化满意度评价整体较高，最高的区域出现在国贸附近和朝阳门到东大桥一带，在西三环到南三环沿线一带内推到西南二环，出现了一个满意度评价明显较低的区域，甚至在西南二环结点附近出现了30分左右的满意度评价"洼地"。

因此，建议应依据各个办公集聚区的自身特点，充分挖掘属地文化特色，认识到位于办公集聚区内的商业配套设施是与办公活动伴生的，不是单纯地以承担城市某种商业功能为主导，也不是单纯的购物中心，应注重商业配套设施的地方性与国际化融合，营造一种中国北京特色的商务环境。同时，采用立体化、多样式方法，加大对办公空间的绿化力度，构建一个优美精致、高效低碳，具有中国和北京地方文化特色的城市办公空间。

三、优化办公空间布局，引导城市均衡发展

从对北京城区办公空间满意度分布特征分析，可以看到北京城市沿长安街一线以北地区普遍高于以南地区，真实反映了北京城市发展地域不均衡的现状。北城的过度发展给交通、环境造成更大压力，而南城的土地资源和交通区位优势无法转化为城市发展要素。南城基础设施建设有很大潜力，政府相关部门应该加大对南城的投资力度，把南城的资源盘活，分担北城压力，实现北京城市全面均衡发展，像丰台总部基地建设就是一个很好的以办公业为发展动力的例证。因此，建议以办公空间规划和布局优化为引导，市政和基础设施建设先行，加快北京南城地区的经济、社会发展，以缓解因北京城市南北空间发展不均衡而造成的一系列问题。因此，办公业的合理布局需要政府和市场双方的共同努力。政府应在政策、土地方面积极引导办公业的合理布局。

（一）合理的写字楼建设

写字楼是办公活动的空间载体，办公业其特殊的行业属性决定了它对办公空间即写字楼的较高要求。除了为办公人员提供足够的工作空间以外，写字楼的内部设施也应加以完善，绿色节能环保的设计更能吸引企业入驻。写字楼的开发建设

需要建立在对办公用房的市场进行充分评估的基础上。供不应求的市场将不利于办公业的发展，而供大于求的市场则会使过多的写字楼闲置，造成资源浪费。另外，写字楼应满足不同层次的需要，如科研机构往往要求低密度的办公空间。对于那些旧的无法满足现代化办公要求的写字楼，要积极加以改造利用，以创造新的价值。

（二）完善配套的服务设施

交通方面，办公业频繁的交流要求包括停车场在内的交通配套设施得到进一步的完善。其他服务功能方面，在办公区附近建立购物设施、宾馆、饭店、文化和娱乐设施等场所，以提高办公区的工作环境，避免单一的办公功能所造成的城区"空洞化"。

四、分类指导办公空间布局优化

（一）商务性办公空间布局应以带动区域整体经济提升为重点

（1）对行业联系强度高的公司，应强化在租金和人才等政策方面的引导，在其办公活动分布较少的地方降低"准入门槛"，在分布特别密集的地区，适当提高"准入门槛"，从而使大公司做精、做尖，小公司分布更趋于合理，以促进商务性办公活动的发展，进而带动地方以及北京城市整体经济的发展和升级。通过深度访谈及实地调研发现，CBD核心区主要集聚金融投资及外商机构，而一些相关服务行业（如软件服务业），其经济效益通常低于金融行业，但出于与客户空间联系便捷性的考虑，这类企业倾向将办公区位选在CBD核心外围。这主要是由于租金提高了行业的准入门槛，租金内在的经济机制起到了调节作用，促使北京城市办公活动的行业空间分异格局的形成。

（2）加大对南城基础设施的投入，改善商务性办公活动进入的环境。从根本上吸引商务性办公活动向南城扩展，带动南城经济的发展，缩小与北城的差距。丰台总部基地是优化布局办公空间的良好载体，但从调查中发现，总部基地目前还处于以房产带项目的过程，并没有把入驻公司的等级和功能作为区域产业布局的先导来考虑，从而缺乏整体性和带动性。

（3）各城区地方政府要深入了解城市商务性办公功能的特点及其影响因子的作用，对能够吸引商务性办公活动进入的优势因子继续保持，对限制办公活动进入与发展的劣势因子进行改善，为区域产业升级、有效疏解中心城区压力、促进区域协调发展创造一个良好的发展环境。

（二）政务性办公空间布局要考虑政治性要求

本研究课题组提出应降低中心城区办公空间密集度，分行业分类向近郊分散、明确城区功能，减少功能叠加、加强办公空间整合集约发展，依托通州、大兴等新城规划建设引导部分机关外迁。

北京传统的政务性办公空间布局在长安街及其延长线和传统中轴线的两侧，按照《北京城市总体规划（2004～2020年）》的要求，北京的中轴线以文化功能为主，以中部历史文化区、北部体育文化区、南部城市新区为核心，体现了古都风貌与现代城市的完美结合。其中，中部地区荟萃北京历史文化名城的精华，应严格保护；北部地区以奥林匹克中心区为主体，建成国际一流的文化、体育、会展功能区；南部地区通过引导发展商业文化综合职能及行政办公职能，带动南城发展。而长安街及其延长线是体现北京作为全国政治、文化中心功能的重要轴线；规划以中部的历史文化区和中央办公区为核心，在东部建设中央商务区，在西部建设综合文化娱乐区，完善长安街轴线的文化职能。

因此，一个好的地理位置可以彰显办公业的实力可以达到宣传其形象的效果。办公业在选址过程中必须要虑到城市功能布局的特点，政务性办公区位作为其中比较特殊的一类，在布局调整时还需要充分考虑其自身具有的政治性特点。

第二节　北京办公空间调整优化建议

一、政务性办公空间调整建议

（一）城区从密集分布转向调整优化

根据第四章对中央在京政务性办公区位分布特征的分析，北京西城区和东城区是政治、文化中心功能和重要经济功能集中体现的地区，也是历史文化传统与现代国际城市形象集中体现的重要地区。但不可否认的是，中央在京政务性办公区位分布密集的西城区和东城区已接近饱和，此外，受到商业设施和北京城市总体规划的影响，今后的政务性办公发展已不适宜在内城布局。从密集转向调整优化，特别是严格控制城区建设规模是当务之急。

（二）积极扶持政务性办公区位向近郊分散

由深度访谈可以知道，政府行为即行政指令或上级指示是影响中央在京在办公区位发展和演变的最主要原因，在今后的发展中，这依然将成为影响其区位的最主要因素。中央政务性办公区位多集中在市中心区，且北部明显多于南部。但在集聚区内的分布则相对分散，沿交通干线分布特点明显。由此可见，通达性越好、环境越好，越容易吸引政务性办公机构的集聚。同时不可否认的是，中央在京政务性办公区位已有向近郊分散的现象，在已形成的集聚区内，会有不断向外围扩散的趋势。

根据政务性办公职能和行政等级在现有基础上、在城市近郊区范围内进行调整，如石景山区结合动漫产业和休闲旅游产业布局，海淀区结合高新技术产业和电子通信业布局，朝阳区结合文化创意和中心商务功能的发展，而丰台区则应该扩展和深化总部基地的职能，结合金融街东扩、丽泽商务副中心和南城发展战略，优先发展以国有和民营企业总部和中小企业金融孵化为主导的办公空间。

(三) 结合新城建设，引导部分中央在京机关外迁

调整优化可以结合新城建设进行，如通州区、大兴区和顺义区都已在六环外为中央机关预留了办公楼建设用地，尤其是通州区已在运河周围规划了 7 个功能区，而其中之一就是行政服务功能区，该区域主要为中央部委的机关预留办公楼建设用地，占地为 $3km^2$。虽然哪些部委、何时将在通州建办公楼，目前还没有确定，但可以确定的是，中央有关领导已经意识到了众多政务性办公机构集聚在西城区、东城区的不便之处，在未来会将某些机构搬至远郊的中央部委机关预留的办公楼建设用地。

值得说明的是，行政办公区的迁移将在很大程度上对迁入地产生影响，这其中有好的影响，也会带来一些问题。在行政办公区规划中应注意与当地历史文化的衔接、与环境的协调，更为重要的是应选择在职能上能有效疏解中心城区压力，并能为迁入地发展带来契机。同时，还要考虑到迁移后带来的职住分离问题以及由此产生的交通流量。

(四) 功能分化进一步明确，减少不同功能在空间的叠加

中央在京政务性办公区位已在长安街及其延长线、西城区三里河、西城区阜成门—西直门、西城区广安门、东城区朝阳门、东城区和平里等区域形成了集聚点，这些区域内存在政务性机构的条件比较成熟，并且已经形成了集聚效应，有可能在今后继续增加新的政务性办公机构。但是这种增加是有限度的，不是无休止的增加，否则很容易产生规模不经济。此外，以上这些区域有的本身承载了其他的功能，如西城区阜成门—西直门是全国的金融管理中心所在地，集聚着大量的金融机构总部、驻华金融办事处等，若在此地继续增加政务性办公机构，势必会造成金融机构与政务性机构对区位的挤占，造成了资源的紧张局面。因此，对于今后政务性办公机构的区位来说，除了适度继续分布在以上区域外，还应开拓新的适合政务性办公机构的新区域。

此外，西北二环与西北三环之间、东二环沿线以及北三环部分区域是中央在京政务性办公区位分布比较密集的区域。这些区域的交通通达性在一定程度上解

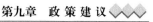

释了众多政务性机构在此集聚的原因。但随着北京城区内交通路线的日趋完善以及多条地铁的竣工和通车，在今后的政务性机构区位分布中，地铁沿线、东三环、北三环将成为政务性办公区位的重点范围。此外，长安街及其延长线以南的二环范围也将成为政务性办公区位的又一亮点。

（五）加强办公功能空间整合，集约发展

长安街延长线与阜成门—朝阳门之间的水平区域内是中央在京政务性办公区位最为密集的区域，建议通过规划引导，在今后能有效地缓解这种情况的加剧和扩展。北京要提升城市的核心经济功能，优化产业结构与布局，增强城市综合竞争力。要坚持整体和集约发展的原则，对区位、职能和发展目标相近的区域加强资源整合与共享，打破行政界限，实施统一的规划与管理，有效避免重复建设。

二、商务性办公空间发展趋势预测及对策建议

通过对北京城区商务性办公空间集聚分析，对北京商务性办公空间发展趋势进行预测，并在此基础上提出一些对策建议。

（一）趋势预测

1. 空间偏向性将继续存在并向北集中

这主要是两方面的原因导致的：一方面，这是由于空间分布的特点决定的。目前北京主体的商务办公活动及其联系主要分布在北城，并在北城的一些地方形成了行业的集聚地，加上北城的客户资源要大于南城，业务联系伙伴也多于南城，所以，在集聚效应的影响下，未来一段时间内仍将向北城集中。另一方面，这是由收入因子决定的。由于北城的办公活动和组织发展较快，可提供的就业岗位和需求明显大于南城，进而在北城就业的机会和收入水平相对要高。

2. 商务性办公活动将会向城区外围和远郊区扩展

受租金因素和地租理论的影响，越向中心靠近租金越高，而越向外围靠近租金越低。随着地价的提升，将推动某些行业的办公组织和机构由市中心区向外围扩展；随着北京交通建设的不断深化和推进，中心城区与城区外围地区，特别是与远郊区的交通联系越来越便捷，公司向外搬迁后的出行交通成本增加就相应减少了。此外，随着信息技术的发展，虽然向外扩展可能会影响与客户和业务联系伙伴的面对面交流的频次，但网络、多媒体通信等技术手段的发展，也会减少这方面带来的不利影响。而郊区办公面积的扩大、环境质量的提高都会对办公企业外迁产生积极影响。

（二）对策建议

（1）加强政策和规划引导，充分发挥商务性办公活动对城市产业升级和功能调整的影响，形成更大的增效优势，进而对北京城市整体经济发展起到积极的作用。在商务性办公活动分布较少的地方降低"进入门槛"，降低商务性办公活动成本，对重点发展区域，制定相应的培育政策，吸引有潜力的企业进驻；在分布特别密集的地区，适当提高门槛，调整优化布局，从而使大企业做精、做尖，小企业做优，分布趋于更加合理。

（2）加大对南城基础设施的投入，改善商务性办公活动进入的环境。南城发展的重点是改善办公环境，提高办公环境的吸引力。一方面可以更加科学合理地引导办公活动的空间分布均衡，创造和谐高效的办公环境；另一方面将有效地带动南城经济的发展，缩小南北城区之间的差距。

（3）结合办公空间的行业集聚特征，形成行业特点与空间优势合力。通过对办公空间行业结构的研究，发现北京城区基于行业结构的办公空间分布大体呈现三种集聚模式：①建筑业、房地产业及教育文化业等多表现为"大分散、小集聚"模式，有热点区存在，但热点区的空间范围不大。②批发和零售业、社会服务业及科技服务业等多表现为"大分散、大集聚"模式，热点区内规模大的公司较多，且空间范围较大。③交通运输业和金融业则多表现为"小分散、大集聚"模式，空间点位分布相对集中，规模较大公司集聚分布，并形成范围较大的集聚热点区。各个写字楼内就业人数多且吸纳率高的行业公司区位更倾向于沿交通干线分布，交通条件依然是办公区位选择的重要影响因素。

在了解到这些特征后，政府相关部门在对北京城市办公活动进行布局、对城市功能空间布局优化时，应考虑将城市办公空间优势与行业集聚分布特点相结合，形成合力。如对于集中程度明显高于其他行业的金融办公，其区位选择的地理尺度较小，应重点在小尺度范围内重点建设，切忌分散；而对于批发零售业、社会服务业等行业，则可以在较大地理尺度内进行布局。

三、重点推进金融办公集聚区的建设

从办公业的职能划分来看，金融办公是办公业的重要组成部分。近年来，北京市金融业与GDP保持同步增长的趋势，金融资产总量已经占到全国金融资产总量的40%，金融服务业已经成为首都经济的支柱产业。依据北京金融管理局的相关研究，北京的国际金融中心定位是金融管理控制中心、金融业支付结算中心、金融信息中心、金融行业标准制定中心、金融批发业务中心、资金调度中心和金融中介服务中心，以体现北京作为中国首都在世界政治经济中的地位和影响力。

（一）强化金融办公功能区

北京先后建设规划了金融街和 CBD 两个金融功能区。根据两个功能区的规划，金融街功能定位为资金最密集、资讯最发达的国家级金融管理中心，CBD 则是国际金融机构的主要聚集区。但是与发达国家金融功能区相比，北京的金融功能区内金融办公发展水平明显不足。在功能设计上，金融街和 CBD 存在着部分的交叉和重复现象，产业配套设施不完善。结合对金融办公业的空间分析，可以发现，无论是金融街还是 CBD 都需要加强硬核的商务金融功能建设，而不是以酒店商业服务为主导的建设开发。同时，还要加强作为金融和商务办公所需要的软、硬件环境建设，如数据传输和存储的高效网络环境，良好的商务交流环境以及相应的政策环境等。因此，近 5 年，应强化大约 4.2km^2 范围内的金融办公功能区核心区建设，以达到极化作用。

（二）大力推动发展总部经济

北京不仅是最大的跨国公司中国总部基地，也是最大的国内公司总部基地。据不完全统计，全球 500 强企业的中国总部有一半以上都在北京入驻，而且全国 500 强企业的前 100 强有将近 80 家在北京。总部经济的优势为北京建设国际金融中心提供了坚实的实体支撑。因此，要大力推进总部经济的发展，一方面完善商务环境，吸引跨国公司总部入驻 CBD；另一方面加快丰台总部基地的建设和运用，吸引国内知名企业总部和研发机构入驻，提升北京金融运行层面的地位。

（三）建设以金融要素信息处理为核心的实体办公组织

纵观世界性国际金融中心，其金融资本和要素交易市场都是具有世界影响力的。例如，全球最大的股票交易所就位于纽约，NASDAQ 指数成为左右世界经济的晴雨表。伦敦股票交易所也是世界四大股票交易所之一，由此衍生和派生的金融办公组织和机构对于世界城市的地位确定至关重要。

北京目前的金融资本市场和要素交易市场均不发达，缺少有影响力的诸如证券公司、保险公司、基金管理公司、财务公司和投资公司等市场功能性实体办公机构。因此，北京应加强对金融交易和金融要素办公机构的建设和布局，大力发展证券期货、投资银行、基金管理和货币经济、财务合算等实体公司，增强金融市场功能，为北京建设世界城市奠定基础。

第三节　城市空间布局与办公空间分散

办公空间分散是指通过积极引导的途径，适当限制城市核心区的经济活动，将一部分办公活动引向城市核心区外围的功能扩展区，甚至是郊区，从而降低城市核心区的压力，带动郊区的经济发展，缩小城区间的差别，实现城郊间较为均衡的发展。随着交通及通信事业的发展，把所有办公活动集中于某一区域发展已不合时宜。通过办公活动空间分散战略，疏解城市中心压力，优化城市空间布局，将成为大城市空间的未来发展趋势。

2010年第六次全国人口普查主要数据显示，北京市人口分布极不平衡，人口密度每平方千米1195人，其中核心区为每平方千米23 407人，是城市功能拓展区的3.1倍、城市发展新区的24.4倍、生态涵养发展区的109.8倍①。人口的空间分布不均衡，很大一部分原因是就业场所的空间分布不均衡所致，办公业作为重要的吸纳就业人口的经济活动，其空间布局将直接影响到整个城市空间结构的合理性。城区人口分布的极度不平衡，进一步加重了中心城区的压力。基于此，课题组提出基于办公活动空间分散的城镇体系规划管理，以期通过办公活动空间分散，带动人口、就业的空间分散，实现缓解中心城区交通拥堵、环境恶化等城市问题的调控目标。

一、认识办公集聚区规模等级结构，构建多中心的城市办公功能区

北京市政府应充分认识并明确办公密集区的规模等级结构，以CBD为主体核心区，金融街、中关村、燕莎、上地等为次一级中心，并加快南四环总部基地、京西商务区、亦庄新城等城南和城西地区的办公功能区建设，构建基于不同行业特点的不同规模等级结构的办公活动密集区。

北京城市办公空间应构筑多中心结构，而不是单中心的形式。在现有空间格局的基础上，集中建设功能分化的办公区域，促使零散分布的写字楼走向规模集聚分布，进而形成新的增长极，吸纳城市办公组织机构向此集聚，以此来分散北京城市办公活动过度集聚于特定区域所产生的诸如交通拥堵、环境恶化、空间结构失衡等问题。

二、明确办公集聚区的职能分工，与城市功能分区相适应

从北京目前形成的四大办公活动密集区来看，CBD是北京市最高等级的办公

---

① 资料来源：北京市统计局相关负责人2011年5月5日公布于电信手机报的信息。

活动密集区，各行业实力强的企业集聚于此，属于综合性办公集聚区；金融街以金融办公业为主要功能；中关村集聚大量的科研技术服务业；上地成为 IT 业等高新技术产业的集聚区域。同时，北京市应进一步深化各办公活动密集区的功能定位，作为引导城市功能分区的强有力的理论依据，促进城市规划对城市空间资源的合理配置。在此基础上，还应积极配合城市规划对城市功能分区的要求，引导相关行业向功能区集聚，一方面实现由集聚分布所产生的规模效益，形成空间结构清晰的城市功能分区；另一方面还可以减少相关行业间业务交流所产生的通勤量，缓解北京市的交通压力。

三、构建城市办公空间的发展轴线，优化城市办公空间布局

以长安街及其延长线为办公业的东西发展轴线，并积极依托地铁及主要交通干线，构筑城市办公业的南北发展轴线，通过轴线串联各办公集聚区，并辐射带动周边办公业的发展，促进办公业空间网络结构的形成，建立高效、便捷的办公空间联系网络，促进物质、信息、人员及资本等要素的空间流动。实现北京城市办公空间分散化为多中心的、彼此之间有高强度联系的有机整体这一目标，以此形成北京办公空间的多中心结构，推动北京城市办公业的良性循环，优化城市办公空间布局。

四、调整城市建设的投资导向，加快郊区的各项基础设施建设

基础设施的建设水平可以反映某一地区硬件条件，加强郊区基础设施建设、提高郊区生产、生活的硬件条件，可以从一定程度上消除企业向郊区迁移的心理顾虑。从北京目前的城市现状来看，城区北部和东部地区的基础设施建设相对成熟；京西、城区南部等地区的基础设施水平相对落后，而这些区域的办公业初具规模，有望成为新的办公活动密集区。因此，应调整城市建设的投资导向，加大对这部分具有发展潜力区域的投资力度，引导办公活动来此集聚，推进办公活动的纵深发展，实现办公活动的空间分散，以此缓解城市空间结构失衡所带来的城市问题。

五、通过"推力"与"拉力"双重作用，促进办公活动的空间分散

政府通过宏观调控，对市场进行干预，利用其权力可以使某个地区办公业迅速集中，同样，也可以促使办公活动的空间分散。

通过城市规划调控手段，合理控制中心城区的建设。各企业对中心城区有限区位的争夺，提高了中心城区的租金水平，一方面实现了土地的经济价值，另一方面也迫使部分企业向核心区外围迁移，形成中心城区对办公活动空间分散的

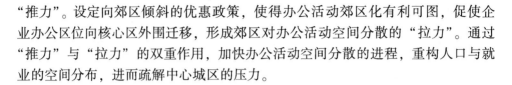

"推力"。设定向郊区倾斜的优惠政策，使得办公活动郊区化有利可图，促使企业办公区位向核心区外围迁移，形成郊区对办公活动空间分散的"拉力"。通过"推力"与"拉力"的双重作用，加快办公活动空间分散的进程，重构人口与就业的空间分布，进而疏解中心城区的压力。

（一）加强基础设施建设，推动郊区向新城转换

基础设施不完善，是影响郊区吸引人口、产业的重要原因之一。加强郊区公共服务设施的建设，促使郊区向集居住、就业、购物、娱乐于一体的新城发展。鼓励城区人口向郊区迁移，制定相应优惠政策，吸引企业入驻郊区，实现郊区与城区之间的职住平衡，减少钟摆式通勤对城市交通产生的压力。

建设轨道交通，与城区现有轨道交通连接，形成城区—郊区放射型交通系统，加强城郊间联系，减少通勤成本。协调好轨道交通与道路交通的联系，完善公交换乘系统，在主要的交通节点处合理配置好停车设施，方便自驾车换乘公交，以减少私家车的使用率。

（二）加强环境配套建设，营造富有亲和力的公共空间

企业迁往郊区的因素很多，其中环境因素是其中之一。应继续突出郊区的环境优势，加强绿化建设，规划步行道—机动车道分行的双重交通系统，丰富郊区的街道空间。建设尺度适宜、富有亲和力的休闲广场、公共绿地，并通过步行道系统串联起来，形成体系完成的城市公共空间系统。这将极大改善郊区的环境，吸引人口、企业迁往郊区。

参 考 文 献

阿瑟·奥·沙利文.2002.城市经济学.周京奎译.北京：中信出版社：209-211.

北京市国土资源和房屋管理局.2004.北京地价.北京：中国计量出版社.

曹小曙,薛德升,阎小培.2005.中国干线公路网络联结的城市通达性.地理学报,60（6）：903-910.

柴彦威.2000.城市空间.北京：科学出版社,109-123.

Chang K T.2009.地理信息导论.北京：清华大学出版社.

陈孟萍,景体华,魏书华,等.2007.北京经济发展及其在京津冀地区的地位作用.城市,（6）：3-8.

陈伟新.2003.国内大中城市中央商务区近今发展实证研究.规划研究,27（12）：18-23.

陈彦光.2008.地理数学方法及其应用.北京：北京大学出版社：192,226-228

陈叶龙,张景秋.2010.郊区办公活动的区位影响因素分析——以北京市亦庄为例.首都师范大学学报（自然科学版）.31（6）：69-73.

陈叶龙.2011.北京城市办公业空间结构研究.北京：首都师范大学硕士学位论文.

陈瑛,汤建中.2001.国际大都市 Sub-CBD 建设刍议.世界地理研究,10（2）：1-6.

陈卓.2009.中央在京政务性办公区位演变及影响因素研究.北京：首都师范大学硕士学位论文.

楚义芳.1992.CBD 与城市发展.城市规划,16（3）：3-8.

崔功豪,魏清泉,陈宗兴.1999.区域分析与规划.北京：高等教育出版社.

戴德胜.2006.层次性与多元化——中国 CBD 发展的建构特征.现代城市研究,2：63-66.

戴军,李翠敏,白光润.2005.上海市中心城区商务办公区区位研究.规划研究,1（31）：10-13.

戴维,黄 W S,杰·李.2008.ArcView GIS 与 ArcGIS 地理信息统计分析.张学良译.北京：中国财政经济出版社：232-236.

德史密斯.2009.地理空间分析——原理、技术与软件工具.杜培军,张海荣,冷海龙译.北京：电子工业出版社,165-173.

丁健.1994.国际大都市 CBD 的功能特征、增长机制、发展趋势及其启示.外国经济与管理,2：43-46.

董光器.1998.北京规划战略思考.北京：中国建筑工业出版社,97.

樊绯.2000.20 世纪城市发展与 CBD 功能的演变.城市发展研究,4：43-46.

范剑勇,王立军,沈林洁.2004.产业集聚与农村劳动力的跨区域流动.管理世界,（4）：55-58.

范希春.2003.改革开放以来国务院机构历次重大改革比较研究.北京行政学院学报,（6）：

12-14.

方远平，闫小培.2007. 西方办公活动区位研究进展. 世界地理研究，2（16）：38-44.

丰东升.1994. 上海 CBD 及其与城市发展. 现代城市研究，5：22-26.

顾朝林，甄峰，张京祥.2000. 集聚与扩散——城市空间结构新论. 南京：东南大学出版社：54-56.

顾朝林.1999. 经济全球化与中国城市发展. 北京：商务印书馆.

顾向荣.2001. 加强政策导向 振兴伦敦经济——伦敦规划咨询委员会的建议. 北京规划建设，5：65-68.

郭丽娟，王如渊.2009. 四川盆地城市群主要城市通达性及空间联系强度研究. 人文地理，3（24）：42-48.

国家技术监督局.1994-08-13. 国民经济行业分类和代码（GB/T 4754-94）. 北京：中国标准出版社.

国家统计局.2007. 中国统计年鉴 2006 年. 北京：中国统计出版社.

国家统计局.2008. 中国统计年鉴 2007 年. 北京：中国统计出版社.

国家质量监督检验检疫总局.2002-05-10. 国民经济行业分类（GB/T 4754-2002）. 北京：中国标准出版社.

何旭德，姚战琪.2006. 中国金融服务业的产业关联分析. 金融研究，（5）：1-15.

贺灿飞，梁进社，张华.2005. 北京市外资制造企业的区位分析. 地理学报，60（1）：122-130.

贺瑛华，蓉晖.2008. 金融中心建设中的政府作为——以纽约、伦敦为例. 国际金融研究，2：60-66.

黄森华.2006. 关于北京金融功能区建设的初步探索. 北京行政学院学报，2：60-62.

贾磊，张景秋.2010. 北京城市办公集聚区空间联系强度研究. 经济地理，30（6）：938-943.

贾磊.2010. 北京城市办公集聚区空间可达性研究. 北京：首都师范大学硕士论文.

金凤君，王姣娥.2004.20 世纪中国铁路网扩展及其空间通达性. 地理学报，59（2）：293-302.

李波.2003. 应用 CBD 系统理论分析北京 CBD 发展问题. 北京理工大学学报（社会科学版），5（6）：46-48.

李翠敏，吕迅.2005. 上海办公楼区位初探. 上海师范大学学报（自然科学版），1（34）：97-101.

李俊峰，焦华富.2010. 江淮城市群空间联系及整合模式. 地理研究，3，（29）：535-544.

李沛.1999. 当代全球性城市中央商务区（CBD）规划理论初探. 北京：中国建筑工业出版社.

李小建，李国平，曾刚，等.2010. 经济地理学. 北京：高等教育出版社.

李志刚，薛德升，Michael Jyons，等.2008. 广州小北路黑人聚居区社会空间分析. 地理学报，63（2）：207-218.

梁绍连，胥建华，于丽丽，等.2008. 我国现阶段城市 CBD 等级体系建构与发展研究. 上海城市管理职业技术学院学报，17（1）：37-40.

林彰平，闫小培 . 2006. 转型期广州市金融服务业空间格局变动分析 . 地理学报，8（61）：818-827.

刘伯西 . 2009. 天津市房地产市场主成分分析及金融相关问题研究 . 华北金融，51：151-154.

刘佳娣 . 2011. 北京市金融办公业的空间分布及空间联系特征 . 北京：首都师范大学硕士论文 .

刘涛 . 2007. 国外 CBD 演化及开发对我国 CBD 建设的启示 . 上海城市管理职业技术学院学报，16（2）：41-44.

刘天卓，陈晓剑 . 2005. 产业集聚与公司选址模型分析 . 经济管理，（18）：33-38.

卢纹岱 . 2000. SPSS for Windows 统计分析 . 北京：电子工业出版社：401-419.

陆大道 . 1999. 区域发展及其空间结构 . 北京：科学出版社：112-116.

孟斌，张景秋，王劲峰，等 . 2005. 空间分析方法在房地产市场研究中的应用——以北京市为例 . 地理研究，24（6）：956-964.

孟凌 . 2000. 重庆市 CBD 演化过程及其机制研究 . 四川师范学院学报（哲学社会科学版），4：41-44.

孟晓晨，石晓宇 . 2003. 深圳"三资"制造业企业空间分布特征与机理 . 城市规划，27（8）：19-25.

慕刘伟 . 2005. 典型国际金融中心的中小企业融资体系构架及其对我国的借鉴意义 . 理论与改革，4（12）：96-100.

宁越敏 . 2000. 上海市区生产服务业及办公楼区位研究 . 城市规划，24（8）：9-12.

牛惠恩，李国平 . 1998. 甘肃与毗邻省区区域经济联系研究 . 经济地理，（3）：51-56.

潘海岚 . 2008. 现代服务业部门统计分类的概述与构想 . 理论新探，（3）：44-46.

秦波 . 2003. 重庆市 CBD 的地域界定研究 . 城市规划会刊，3：84-89.

邱灵，申玉铭，任旺兵 . 2008. 北京生产性服务业与制造业的关联及空间分布 . 地理学报，63（12）：1299-1310.

瑞斯托·劳拉詹南 . 2001. 金融地理学：金融家的视角，孟晓晨，攀绯，李燕茹译 . 北京：商务出版社：2-55.

申玉铭，邱灵，王茂军，等 . 2007. 中国生产性服务业产业关联效应分析 . 地理学报，62（8）：821-830.

沈金箴，周一星 . 2003. 世界城市的涵义及其对中国城市发展的启示 . 城市问题 . 3：13-16.

石忆邵，范胤翡 . 2008. 上海市商务写字楼租金差异及其影响因素 . 地理研究，27（6）：1427-1436.

时辰宙 . 2009. 国际金融中心的金融监管——伦敦、纽约的经验教训与上海的作为 . 上海经济研究，3：71-78.

宋玉静 . 2009. 河北省生产性服务业产业关联及空间分布特征分析 . 北京：首都师范大学硕士论文 .

苏雪串 . 2009. 论世界城市的经济功能 . 学习与实践，4：35-39.

孙一飞 . 1994. CBD 空间结构演化规律探讨 . 现代城市研究，1：32-34.

汤国安，杨昕 . 2006. ARC GIS 地理信息系统空间分析实验教程 . 北京：科学出版社 .

汤建中.1995.上海 CBD 的演化和职能调整.城市规划,3:35-54.

田霖.2006.区域金融成长差异——金融地理学视角.北京:经济科学出版社:13-14.

田文祝.1998.多伦多战后办公业的发展与分布特征.国外城市规划,3:38-42.

王朝晖,李秋实.2002.现代国外城市中心商务区研究与规划.北京:中国建筑工业出版社.

王法辉,金凤君,曾光.2003.中国航空客运网络的空间演化模式研究.地理科学,23（5）:519-525.

王法辉.2009.基于 GIS 的数量方法与应用.北京:商务印书馆:80-81.

王建民,王传旭.2008.主成分模型在满意度研究中的应用新探索.市场调研,11（556）:213.

王劲峰,等.2006.空间分析.北京:科学出版社:436-438.

王劲峰,李连发,葛咏,等.2000.地理信息空间分析的理论体系探讨.地理学报,55（1）:92-103.

王力.2008.中国区域金融中心研究.北京:中国金融出版社:11.

王巍,李明.2007.国际金融中心的形成机理及历史考评.广西社会科学,4:65-68.

王远飞,何洪林.2007.空间数据分析方法.北京:科学出版社.

王云.1996.国际金融中心的形成对上海的启示.上海综合经济,4（1）:29-31.

温锋华,李立勋,许学强.2008.20 世纪 90 年代以来我国商务办公空间研究综述.热带地理,28（5）:439-443.

温锋华,许学强,李立勋.2008.西方国家办公空间研究综述.世界地理研究,（6）:86-89.

吴秀芹,张洪岩,李瑞改,等.2007.地理信息系统应用与实践.北京:清华大学出版社.

吴一洲,吴次芳,贝涵璐.2010.转型期杭州城市写字楼空间分布特征及其机制.地理学报,65（8）:973-982.

肖亦卓.2003.国际城市空间扩展模式——以东京和巴黎为例.城市问题,03:30-32.

谢守红,宁越敏.2004.世界城市研究综述.地理科学进展,23:56-66.

熊剑平,刘承良,袁俊.2006.国外城市群经济联系空间研究进展.世界地理研究,1（15）:63-70.

徐刚.2002.地区间铁路货物运输 O-D 分布特征分析.中国铁道科学,（2）:118-121.

徐和平,蔡绍洪.2006.当代美国城市化演变、趋势及其新特点.城市发展研究.（5）:13-16.

徐辉,彭萍.2008.基于引力模型的江西省经济区划分与协调发展研究.地理科学,28（2）:169-172.

闫小培,石元安.1995.广州市新老中心商业区土地利用差异研究.热带地理,15（3）:218-228.

闫小培,许学强,杨轶辉.1993.广州市中心商业区土地利用特征、成因和发展.城市问题,4:14-20.

闫小培,姚一民,陈浩光.2000.改革开放以来广州办公活动的时空差异分析.地理研究,19（4）:359-368

闫小培,周春山,冷勇,等.2000.广州 CBD 的功能特征与空间结构.地理学报,55（4）:

475-486.

颜玖 . 2002. 访谈法在社会科学研究中的应用 . 北京市总工会职工大学学报，（6）：44-50.

杨家文，周一星 . 1999. 通达性：概念、度量及应用 . 地理学与国土研究，15（2）：61-66.

杨莲芬 . 2008. 中心城市 CBD 系统及其发展对策研究 . 商业经济，3：25-27.

杨涛，过秀成 . 1995. 城市交通可达性新概念及其应用研究 . 中国公路学报，8（2）：25-31.

杨吾扬，梁进社 . 1997. 高等经济地理学 . 北京：北京大学出版社：157-158.

杨吾扬 . 1989. 区位论原理——产业、城市和区域的区位经济分析 . 兰州：甘肃人民出版社，
    3：13-18

杨云鹏 . 2009. 北京市制造业独立办公活动空间分布及其区位选择研究——以通信与电子设备
    制造业为例 . 北京：首都师范大学硕士论文 .

于邵璐 . 2010. 北京市中心商务区办公业集聚与立体分化研究 . 北京：首都师范大学硕士论
    文 .

张华，贺灿飞 . 2007. 区位通达性与在京外资企业的区位选择 . 地理研究，26（5）：984-993.

张杰 . 2007. 北京 CBD 金融业发展特色及对策分析 . 首都经济贸易大学学报，3：120-123.

张景秋，蔡晶 . 2002. 北京市中心商务区发展阶段分析 . 北京联合大学学报，16（1）：
    114-117.

张景秋，蔡晶 . 2006. 北京城市办公业发展与城市变化阶段分析 . 城市发展研究，（3）：80-83.

张景秋，陈叶龙，孙颖 . 2010. 基于租金的北京城市办公活动经济空间结构解析 . 地理科学，
    30（6）：833-838.

张景秋，陈叶龙，张宝秀 . 2010. 北京市办公业的空间格局演变及其模式研究 . 城市发展研究，
    17（10）：87-91.

张景秋，陈叶龙 . 2011. 北京城市办公空间的行业特征研究 . 地理学报，29（4）：675-682.

张景秋，郭捷 . 2011. 北京城市办公活动空间满意度分析 . 地理科学进展，30（10）：
    1225-1231.

张景秋，贾磊，孟斌 . 2010. 北京城市办公活动空间集聚区研究 . 地理研究，29（4）：
    675-682.

张景秋 . 2002. 北京市中心商务区发展阶段分析 . 北京联合大学学报，16（1）：114-117.

张景秋 . 2004. 北京市中心商务区内部结构分析 . 北京联合大学学报，2（1）：86-91.

张敬淦 . 1997. 北京规划建设纵横谈 . 北京燕山出版社 .

张理泉，郑海航，蒋三庚 . 2003. 北京商务中心区（CBD）发展研究 . 北京：经济管理出版
    社 .

张铭 . 2003. 北京的 CBD 与金融街 . 中国城市经济，11-12：71-72.

张文忠，刘继生 . 1992. 关于区位论发展的探讨，人文地理，（9）：9-13.

张文忠 . 2000. 经济区位论 . 北京：科学出版社，300-305.

张云，孙桂芳，程丽萍 . 2007. 国际金融中心形成模式和条件及对上海的启示 . 改革与战略，
    9：66-69.

章兴泉 . 1993. CBD 走向集中还是分散 . 城市规划，1：48-50.

郑伯红 . 2004. 重庆市大都市区 CBD 系统演变的机制与规律 . 经济地理，24（1）：48-52.

郑建峰.2006. 交通流与区域空间联系的关系研究. 西安：长安大学硕士论文.

郑文晖，宋小东.2009. 全球化下经济空间结构演化趋势的解析. 城市规划学刊，（1）：81-89.

周宝砚.2008. 改革开放以来中国历次国务院机构改革述评. 经济研究导刊，（15）：194-195.

周伟林.2008. 企业选址智慧. 南京：东南大学出版社：106-109.

周一星.1997. 城市地理学. 北京：商务印书馆.

朱英明，姚士谋.2001. 国外区域联系研究综述. 世界地理研究，（6）：16-24.

1999. 我国七次机构改革简况，统计与预测，3：58.

Abadie A, Dermisi S. 2008. Is terrorism eroding agglomeration economies in central business districts? Lessons from the office real estate market in downtown Chicago. Journal of Urban Economics, 64: 451-463.

Alexander I. 1979. Office Location and Public Policy. London and New York: Longman.

Anselin L. 1995. Local indicators of spatial association- LISA. Geographical Analysis, 27 (2): 93-115.

Armstrong R B. 1972. The Office Industry: Patterns of Growth and Location. MIT Press: Cambridge.

Asensio J. 2002. Transport mode choice by commuters to Barcelona's CBD. Urban Studies, 39 (10): 1881-1895.

Atack J, Margo R A. 1998. Location, location, location! the price Gradient for vacant urban land: New York, 1835 to 1900. Journal of Real Estate Finance and Economics, 16 (2): 151-172.

Baradaran S, Ramjerdi F. 2001. Performance of accessibility measures in Europe. Journal of Transportation and Statistics, 4 (2): 31-48.

Barrows D, Bookbinder J. 1967. The role of office industries in development planning. The Annals of Regional Science, 10 (1): 61-70.

Bateman M. 1985. Office Development: A Geographical Analysis. Great Britain: Palgrave Macmillan: 67-108.

Beaverstock J V, Doel M A. 2001. Unfolding the spatial architecture of the East Asian financial crisis: the organizational response of global investment banks. Geoforum, 32: 15-32.

Berechman J, Paaswell R. 2001. Accessibility improvements and local employment: an empirical analysis. Journal of Transportation and Statistics, 4 (2): 49-66.

Besag J E. 1997. Comments on Ripley's paper. Journal of the Royal Statistical Society, Series B, 39: 193-195.

Bogart W T, Ferry W C. 1999. Employment centre in greater cleveland: evidence of evolution in a formerly monocentric city. Urban Studies, 36 (12): 2099-2110.

Bollinger C R, Ihlanfeldt K R, Bowes D R. 1998. Spatial variation in office rents within the atlanta region. Urban Studies, 35 (7): 1097-1118.

Brooks J S, Young A H. 1993. Revitalizing the central business district in the face of decline: the case of New Orleans, 1973 ~ 1993. The Town Planning Review, 64 (3): 251-271.

Brounen D, Jennen M. 2009. Asymmetric properties of office rent adjustment. Journal of Real Estate Finance and Economics, (39): 336-358.

Brouwer H J. 1989. The spatial restructuring of the Amsterdam office- market. Neth. J. of Housing and Environmental Res, 4 (3): 257-274.

Bunnell T, Barter P A, Morshidi S. 2002. Kuala Lumpur metropolitan area: a globalizing city-region. Cities, 19 (5): 357-370.

Bunting T E. 2004. Decentralization or recentralization? a question of household versus population enumeration, Canadian Metropolitan areas 1971 ~ 1996. Environment and Planning A, 36: 127-147.

Burgess E W, Park R E. 1925. The City. Chicago: University of Chicago Press: 47-62.

Carter H. 1995. The Study of Urban Geography. 4th Edition. London: Edward Arnold.

Castells M. 1996. The Rise of Network Society. Oxford: Blackwell.

Cervero R, Wu K L. 1998. Sub- centring and commuting: evidence from the San Francisco Bay Area, 1980 ~ 1990. Urban Studies, 35 (7): 1059-1076.

Coffey W J, Shearmur R G. 2002. Agglomeration and dispersion of high- order service employment in the Montreal Metropolitan region, 1981 ~ 1996. Urban Studies, 39 (3): 359-378.

Coffey W J. 1996. Examining the thesis of central business district decline: evidence from the Montreal metropolitan area. Environment and Planning A, 28: 1795-1814.

Colwell P F, Munneke H J. 1999. Land prices and land assembly in the CBD. Journal of Real Estate Finance and Economics, 18 (2): 163-180.

Cowan P. 1969. The Office: a Facet of Urban Growth. London: Heineman: 152-189.

Curtis J R. 1993. Central business districts of the two Laredos. Geographical Review, 83 (1): 54-65.

Dalvi M Q, Martin K M. 1976. The Measurement of accessibility: some preliminary results. Transportation, (5): 17-42.

Daniels P W. 1974. Spatial Patterns of Office Growth and Location. New York: John Wiley: 1.

Daniels P W. 1975. Office Location: An Urban and Regional Study. London: G. Bell and Sons Ltd: 1, 133-159.

Daniels P. 1977. Office location in the British Conurbations: trends and strategies. Urban Studies, (14): 261-274.

Davies D H. 1959. Boundary study as a tool in CBD analysis: an interpretation of certain aspects of Cope Town's central business districts. Economic Geography, 35 (4): 322-345.

Davies D H. 1960. The hard core of Cape Town's central business district: an attempt at delimitation. Economic Geography, 36 (1): 53-69.

Deverteuil G. 2004. The changing landscapes of Southwest Montreal: a visual account. The Canadian Geographer, 48 (1): 76-82.

Dowall D E. 1986. Back- Office and San Francisco's Office Development Growth CAP. Working Paper No. 408. Berkeley: University of California Berkeley UC Berkeley.

Enstrom R, Netzell O. 2008. Can space syntax help us in understanding the intraurban office rent pattern? Accessibility and rents in downtown stockholm. Journal of Real Estate Finance and Economics, 36: 289-305.

Eyubolu E, Kubat A S, Ertekin O. 2007. A new urban planning approach for the regeneration of an historical area within Istanbul's central business district. Journal of Urban Design, 12 (2): 295-312.

Fernie J. 1997. Office linkages and location: an evaluation of patterns in three cities. Town Planning Review, (48): 78-89.

Filion P, Hoernig H, Bunting T, et al. 2004. The successful few: healthy downtowns of small metropolitan regions. Journal of American Planning Association, 70 (3): 328-343.

Friedmann J. 1986. The world city hypothesis. Development and Chang, 17: 69-83.

Gad G. 1985. Office location dynamics in Toronto: suburbanization and central district specialization. Urban Geography, (4): 331-351.

Gao S, Mokhtarian P L, Johnston R A. 2008. Exploring the connections among job accessibility, employment, income, and auto ownership using structural equation modeling. Ann RegSci, (42): 341-356.

Gehrig T. 1998. Cities and the geography of financial centres. CEPR Discussion Papers No. 1894 London, Centre for Economic Policy Research.

Goddard J B. 1967. Changing office location patterns within central London. Urban Studies, 4 (3): 276-185.

Goddard J B. 1968. Multivariate analyses of office location patterns in the city center: a London example. Regional Studies, (2): 643-685.

Goddard J B. 1971. Office communications and office location: a review of current research. Regional Studies, (5): 263-280.

Goddard J B. 1973. Office Linkages and Location: A Study of Communications and Spatial Patterns in Central London. Oxford: Pergamon Press: 114-115, 213.

Goddard J B. 1976. The Communication Factor in Office Decentralization. Oxford: Pergamon Press, 5-8.

Gottlieb P D. 1995. Residential amenities, firm location and economic development. Urban Studies, (32): 1413.

Gottman J. 1974. The Dynamics of large cities. Geography Journal, 140 (2): 254-261.

Gregory J. 2009. Development pressures and heritage in the perth central business district, 1950 ~ 1990. Australian Economic History Review, 49 (1): 34-51.

Gunnelin A, Soderberg B. 2003. Term structures in the office rental market in Stockholm. Journal of Real Estate Finance and Economics, (26): 241-265.

Gutierrez J, Urbano P. 1996. Accessibility in the European Union: the impact of the trans-European road network. Journal of transport Geography, 4 (1): 15-25.

Halbert L. 2004. The decentralization of intrametropolitan business services in the Paris region: patterns, interpretation, consequences. Economic Geography, 80 (4): 381-404.

Hall P. 1966. The World Cities. London: Heinemann.

Hansen W G. 1959. How accessibility shapes land-use. Journal of the american Institute of Planners, (25): 73-76.

Hartman G W. 1950. The central business district- a study in urban geography. Economic Geography, 26 (4): 237-244.

Helling A. 1998. Changing intra-metropolitan accessibility in the U S: evidence from Atlanta. Progress in Planning, 49 (2): 55-107.

Hensher D A, King J. 2001. Parking demand and responsiveness to supply, pricing and location in the Sydney central business district. Transportation Research A, 35: 177-196.

Herbert D T, Thomas C J. 1982. Urban Geography: a First Approach. London: John Willey and Sons: 200-216.

Hoogendoorn G, Visser G, Lenka M, et al. 2008. Revitalizing the bloemfontein CBD: prospects, obstacles and lost opportunities. Urban Forum, 19: 159-174.

Horwood E W, Boyce R. 1959. Studies of the Central Business District and Urban Freeway Development. Seattle: University of Washington Press.

hUallacháin Ó B, Leslie T F. 2007. Producer services in the urban core and suburbs of phoenix, Arizona. Urban Studies, 44 (8): 1581-1601.

Hymer S. 1972. The multinational corporation and the law of uneven development. In: Bhagwati J. Economics and World Order From The 1970s to The 1990s. Collier: MaeMillan: 113-140.

Ihlanfeldt K R, Raper M D. 1990. The intrametropolitan location of new office firms. Land Economics, (66): 182-198.

Ingram G K. 1998. Patterns of metropolitan development: what have we learned? Urban Studies, 35 (7): 1019-1035.

Jakobsen S E, Onsager K. 2005. Head office location: agglomeration, clusters or flow nodes? Urban Studies, 42 (9): 1517-1535.

Jin K. 2007. Discriminant impact of transit station location on office rent and land value in seoul: an application of spatial econometrics. Journal of Transport Economics and Policy, 41 (2): 219-245.

Kaufman G G. 2001. Emerging economies and international financial centers. Review of Pacific Financial Markets and Policies, (4): 365-377.

Kipnis B A. 1998. Spatial reach of office firms: case study in the metropolitan CBD of tel aviv, Israel. Geografiska Annaler, 80A (1): 17-28.

Knox P, Pinch S. 2010. Urban Social Geography-An Introduction 6th Edition. London: Pearson Education Limited: 27-40.

Kobayashi K, Okumura M. 1997. The growth of city systems with high-speed railway systems. Annals of Regional Scienec, 31: 39-56.

Koenig J G. 1980. Indicators of urban accessibility: theory and application. Transportation, (9): 145-172.

Krugman P, Venables A. 1990. Integration and the competitiveness of the peripheral industry. In: Bliss C, Macedo J. Unity with Diversity in the European Economy: The Community's Southern Frontier. Cambridge: Cambridge University Press. 56-77.

Lang R E, Foundation F M. 2000. Office sprawl: the evolving geography of business. The Brookings

Institution Survey Series, (10): 1-11.

Lang R. 2000. Office Sprawl: The Evolving Geography of Business. Washington DC: Brooking Institution.

Lee K S. 1989. The Location of Jobs in a Developing Metropolis: Patterns of Growth in Bogota and Cali, Colombia. New York: Oxford University Press.

Leslie T F, hUallacháin Ó B. 2006. Polycentric phoenix. Economic Geography, 82 (2): 167-192.

Leyshon A, Thrift N. 1997. Spatial Financial Flows and the Growth of The Modern City. International Social Science Journal, 49 (151): 41-53.

Leyshon A, Thrift N. 1997. Money/Space Geographies of Monetary Transformation. London & New York: Routledge.

Leyshon A. 1995. Geographies of money and finance. Progress in Human Geography, 19 (4), 531-543.

Leyshon A. 1998. Geographies of money and finance Ⅲ. Progress in Human Geography, 22 (3), 433-446.

Louw E. 1998. Accommodation as a location factor for office organization implications for location theory. Neth. J. of Housing and the Built Environment, 13 (4): 477-494.

Manners G. 1974. The Office in Metropolis: an opportunity for re- shaping metropolitan America. Economic Geography, (50): 93-110.

Marshall J N, Phil M. 1984. Information technology changes corporate office activity. GeoJournal, 9 (2): 171-178.

Mattingly P F. 1964. Delimitation and movement of the CBD boundaries through time: the harrisburg example. The Professional Geographer, 40: 337-347.

Mayer T. 2000. Spatial coumot competition and heterogeneous production costs across locations. Regional Science and Urban Economics, 30: 325-352.

McDonald J F, Prather P J. 1994. Suburban employment centers: the case of Chicago. Urban Studies, 31 (2): 201-218.

Meredith J, Prem C. 2001. Central business district traffic circulation study: kansas city, missouri. Institute of Transportation Engineers, 71 (2): 26-31.

Milward H. 1997. Twentieth-century retail change in the halifax central business distict. The Canadian Geographer, 41 (2): 194-201.

Moirongo B O. 2002. Urban public space patterns: human distribution and the design of sustainable city centers with reference to Nairobi CBD. Urban Design (International), 7: 205-216.

Mulgan G. 1991. Communication and Control: Networks and the New Economics of Communication. Oxford: Polity Press.

Mundy B, Kilpatrick J A. 2000. Factors influencing CBD land prices. Real Estate Issues, 39-49.

Murphy R E, Vance Jr J E. 1954a. Delimiting the CBD. Economic Geography, 30 (3): 189-222.

Murphy R E, Vance Jr J E. 1954b. A comparative study of nine central business districts. Economic Geography, 30 (4): 301-336.

Murphy R E, Vance Jr J E. 1955. Internal structure of the CBD. Economic Geography, 31 (1): 21-46.

Murphy R E, Vance Jr J E. 1972. The Central Business District: A Study in Urban Geography. London: Longman.

Nagai K, Kondo Y, Ohta M. 2000. An hedonic analysis of the rental office market in the Tokyo central business district: 1985 ~ 1994 fiscal year. The Japanese Economic Review, 51 (1): 130-154.

Nahm K B. 1999. Downtown office location dynamics and transformation of central Seoul, Korea. Korea Geo Journal, 49 (3): 289-299.

Ohuallachain B. 1984. Linkages and direct foreign investment in the united states. Economic geography, 60: 51-238.

Ozus E. 2009. Determinants of office rents in the Istanbul Metropolitan area. European Planning Studies, 17 (4): 621-633.

O'Neill P M, Guirk P M. 2003. Reconfiguring the CBD: work and discourses of design in Sydney's office space. Urban Studies, 40 (9): 1751-1767.

Öven V A, Pekdemir D. 2006. Office rent determinants utilizing factor analysis—a case study for Istanbul. Journal of Real Estate Finance and Economics, (33): 51-73.

Padilla C. 2009. Exploring urban retailing and CBD revitalization strategies. International Journal of Retail & Distribution Management, 37 (1): 7-23.

Parker D R. 1992. Analysis of the relative importance of security of income as a determinant of the capitalization rate for CBD office investment property in Sydney. Journal of Property Research, 9 (3): 185-198.

Pivo G. 1990. The net of mixed beads- suburban office development in six metropolitan regions. American Planners Association Journal, 1990 (56): 457-469.

Pones J P. 2003. Industrial clusters and peripheral areas. Environment and Planning A, 2003, 35: 2053-2068.

Pooler J A. 1995. The use of spatial separation in the measurement of transportation accessibility. Transportation Research Part A, 29 (6): 421-427.

Porteous D J. 1995. The Geography of Finance: Spatial Dimensions of Intermediary Behaviour. Aldershot: Avebury.

Poter M E. 1998. Clusters and new economics competition. Harvard Business Review, (12): 45-52.

Pred A. 1973. The growth and development of systems of cities in advanced economies. Lund Studies in Geography, 38: 9-82.

Pred A. 1973. Urbanization, domestic planning problems and Swedish geographic research. Progress in Geography, 35, 115-143.

Pred A. 1976. The Interurban transmission of growth in advanced economies: empirical findings versus regional planning assumptions. Regional Studies, 1976 (10): 151-173.

Rannals J. 1956. The Core of the City, A Pilot Study of Changing Land Uses in Central Business Districts. New York: Columbia University Press.

Rhee H. 2008. Home-based telecommuting and commuting behavior. Journal of Urban Economics, 63: 198-216.

Riguelle F, Thomas I, Verhetsel A. 2007. Measuring urban polycentrism: a European case study and its implications. Journal of Economic Geography, 7 (2): 193-215.

Rosenburg L, Watkins C. 1999. Longitudinal monitoring of housing renewal in the urban core: reflections on the experience of glasgow's merchant city. Urban Studies, 36 (11): 1973-1996.

Sasaki K. 1991. An empirical analysis of the space rent and land rent within a central business district. Environment and Planning A, 23: 139-146.

Sassen S. 2001. The Global City: New York, London, Tokyo. Princeton: Princeton University Press.

Scott P. 1959. The Australian CBD. Economic Geography, 35 (4): 290-314.

Shearmur R, Alvergne C. 2001. Intra metropolitan patterns of high-order business service location: a comparative study of seventeen sectors in Ile-de-France. Urban Studies, 39 (7): 1143-1163.

Shen Q. 1998. Spatial technologies, accessibility, and the social construction of urban space. Comput. Environ. and Urban Systems, 22 (5): 447-464.

Sivitanidou R. 1995. Urban spatial variations in office-commercial rents: the role of spatial amenities and commercial zoning. Journal of Urban Economics, 38: 23-49.

Sivitanidou R. 1997. Are center access advantages weakening? the case of office-commercial markets. Journal of Urban Economics, 42: 79-97.

Steinmann F A. 2009. The use of retail development in the revitalization of central business district. Economic Development Journal, 8 (2): 14-22.

Stewart J Q, Warntz W. 1958. Macrogeography and social science. Geographical Review. 48 (2): 167-184.

Swanson H A. 2004. The influence of central business district employment and parking supply on parking rates. Institute of Transportation Engineers, 74 (8): 28-30.

Sýkora L. 2007. Office development and post-communist city formation: The case of Prague. In: Stanilov K. The Post-Socialist City Urban Form and Spoue Transformations in Central and Eastern Europe after Socialism Dordrecht: Springer: 117-145.

Tauchen H, Witte A D. 1983. Increased costs of office building operation and construction: effects on the costs of office space and the equilibrium distribution of offices. Land Economics, 59 (3): 324-336.

Taylor P J. 2004. World City Network-A Global urban analysis. London: Routledge.

Thomas C J, Bromley D F. 2000. City-center revitalization: problems of fragmentation and fear in the evening and night-time city. Urban Studies, 37 (8): 1403-1429.

Thorngren B. 1970. How do contract systems affect regional development. Environment and Planning, 2: 409-427.

Thorngren B. 1973. Communications studies for government office dispersal in Sweden. In: Bannon M J, Office location and regional development. Dubin: An Foras Forbatha.

Tomlinson R. 1999. From exclusion to inclusion: rethinking johannesburg's central city. Environment and Planning A, 31: 1655-1678.

Tornqvist G. 1973. Contract requirements and travel facilities: contract models of Sweden and regional development alternatives in the future. In: Pred A. Tornqinst G. Systems of Cities and Information Flows, lund studies in Geography. series B, No. 38. Royal University of Lund, Sweden.

TornqvistG. 1968. Flows of information and the location of economic activities. Geografiska Annaler, 50: 99-107.

Tornqvist. G. 1970. Contract systems and regional development. Lund Studies in Geography, Series B, No. 35. Royal University of Lund, Sweden 35.

Ven J, Westzaan M. 1991. Amsterdam inside out? conversion of office space into condominiums in the historic city centre of Amsterdam. Neth. J. of Housing and the Built Environment, 6 (4): 287-306.

Voith R. 1998. Parking, transit, and employment in a central business district. Journal of Urban Economics, 44: 43-58.

Ward D. 1966. The industrial revolution and the emergence of Boston's central business District. Economic Geography, 42 (4): 152-171.

Webb J R, Tse R Y C. 2000. Regional comparison of office prices and rentals in China: evidence from Shanghai, Guangzhoul and Shenzhen. Journal of Real Estate Portfolio Management, 6 (2): 141-151.

Webb R B, Fisher J D. 1996. Development of an effective rent (lease) index for the Chicago CBD. Journal of Urban Economics, 39: 1-19.

Wiley J A, Benefield J D, Johnson K H. 2008. Green design and the market for commercial office space. Journal of Real Estate Finance and Economics. 41 (2): 228-243.

Wu F. 1999. Intrametropolitan FDI firm location in Guangzhou, China Annals of Regional Science, 33 (3): 535-555.

Zhao X B, Smith C J, Sit K. 2002. China's WTO Accession and its impact on spatial restructuring of Financial centers in Mainland China and Hong Kong. http://www. hkbu. edu. bk/- curs/No. 4 (2002) .

附　　录

公司区位选择影响因子问卷调查（2009 年）

　　您好！本问卷调查任务来自国家自然科学基金资助项目，其目的是为研究中国城市经济活动空间结构理论提供实证研究案例，并为北京城市办公活动空间规划提供理论和实践。本次调查是对影响公司区位选择的因素研究提供定量依据。为使调查数据具有代表性和真实性，我们从同行业企业中抽取了部分符合要求的公司，贵公司是其中一家。您的参与对我们非常重要。本调查绝不涉及公司机密，对私人资料部分采取不记名的方式并且按照《统计法》的要求绝不外泄。

北京联合大学应用文理学院
国家自然科学基金《北京城市办公业的空间格局演变及其动力机制研究》
课题组

调查人：　　　　　　　　　　　调查时间：**2009** 年　　　月　　　日

公司地址代码：

问卷编号：

Item 1：公司基本情况调查

1. 您所在公司的位置：＿＿＿＿＿＿大厦（写字楼名称）＿＿＿＿＿＿层

　　地址：北京市＿＿＿＿＿＿区（县）＿＿＿＿＿＿街道＿＿＿＿＿＿号

　　邮编：

2. 您所在公司隶属的行业

　　A. 交通运输、仓储和邮政业　　　　B. 信息传输、计算机服务和软件业

　　C. 批发和零售业　　　　　　　　　D. 住宿和餐饮业

　　E. 金融业　　　　　　　　　　　　F. 房地产业

　　G. 水利、环境和公共设施管理业

　　H. 居民服务和其他服务业　　　　　I. 卫生、社会保障和社会福利业

　　J. 文化、体育和娱乐业　　　　　　K. 其他＿＿＿＿＿＿＿＿＿＿

3. 您所在公司的规模

 A. 50 人以下　　　　　　B. 50 ~ 100 人　　　　　　C. 100 ~ 200 人

 D. 200 ~ 300 人　　　　　E. 300 ~ 500 人　　　　　　F. 500 人以上

4. 您所在公司的性质

 A. 国有控股　　　B. 外资独资（欧美、韩日、我国港澳台地区、其他国家）

 C. 合资（中—欧美、中—韩日、内地—港台）　　　　　D. 民营

Item 2：公司现状位置满意度调查

5. 您对公司目前所在的办公地点总体感觉是

 A. 很满意　　　B. 满意　　　　C. 一般　　　D. 较不满意　　　E. 很不满意

6. 您对公司周围总体绿化环境的感觉是

 A. 很好　　　　B. 较好　　　　C. 一般　　　D. 较差　　　　　E. 很差

7. 您对公司周边总体交通状况的感觉是

 A. 很好　　　　B. 较好　　　　C. 一般　　　D. 较差　　　　　E. 很差

8. 您对公司周边商业配套设施状况的感觉是

 A. 很好　　　　B. 较好　　　　C. 一般　　　D. 较差　　　　　E. 很差

Item 3：公司所在位置便利程度调查

9. 您的住址是_____区_____街道（或）_____小区

10. 您每天上班选择什么样的交通方式？（选择相应方式后请继续回答方框中相
 应的题目）

  A. 自己开车上班→ | 10-1 您认为公司所在的办公楼附近停车方便吗？
A. 很方便　B. 较方便　C. 一般　D. 不太方便　E. 很不方便 |
  B. 通过公共交通上班→ | 10-2 您认为乘坐公交或地铁来上班方便吗？
A. 很方便　B. 较方便　C. 一般　D. 不太方便　E. 很不方便 |

  C. 步行或骑自行车

  D. 出租车

11. 您从住处到目前的办公地点需要的时间是

 A. 30 分钟以内　　　　　　　　　　　B. 30 分钟 ~ 1 个小时

 C. 1 个小时 ~ 1.5 个小时　　　　　　　D. 1.5 个小时 ~ 2 个小时

 E. 2 个小时以上

12. 公司所在的办公楼内网络设施条件（　　），网络类型（　　）

 A. 非常方便　B. 比较方便　　C. 一般　　　D. 不太方便　　　E. 很不方便

 A. 局域网　　　B. 广域网

13. 公司目前的办公地点，同北京市内其他客户公司的联系
    A. 很方便　　B. 较方便　　　C. 一般　　D. 较差　　　　E. 很差

14. 公司目前的办公地点，同北京市以外的业务公司联系
    A. 很方便　　B. 较方便　　　C. 一般　　D. 较差　　　　E. 很差

15. 公司目前的办公地点，同政府部门特别是上级主管部门的联系
    A. 很方便　　B. 较方便　　　C. 一般　　D. 不太方便　　E. 很不方便

16. 公司目前的办公地点，对贵公司招收新员工来讲
    A. 很方便　　B. 较方便　　　C. 一般　　D. 不太方便　　E. 很不方便

Item 4：公司空间区位联系强度调查

17. 您在北京市最常进行业务联系的地方位于
    _____区（县）_____街道_____号（或）_____大厦
    （写字楼的名称）

18. 您最常进行业务联系的所在公司隶属的行业
    A. 交通运输、仓储和邮政业　　B. 信息传输、计算机服务和软件业
    C. 批发和零售业　　　　　　　D. 住宿和餐饮业
    E. 金融业　　F. 房地产业　　　G. 水利、环境和公共设施管理业
    H. 居民服务和其他服务业　　　I. 卫生、社会保障和社会福利业
    J. 文化、体育和娱乐业　　　　K. 其他_____

19. 您从您现在的办公地点到您最常进行业务联系的地方所用的时间是
    A. 10 分钟以内　　　　　　　　B. 10 分钟~30 分钟
    C. 30 分钟~1 个小时　　　　　 D. 1 个小时~1.5 个小时
    E. 1.5 个小时以上

20. 您每周外出办公的次数是
    A. 无　　　　B. 1~2 次/周　　C. 3~5 次/周　　　　D. 6~10 次/周
    E. 10 次/周以上

21. 您在完成一次业务联系时通常停留的时间是
    A. 30 分钟以内　　　　　　　　B. 30 分钟~1 个小时
    C. 1 个小时~1.5 个小时　　　　D. 1.5 个小时~2 个小时
    E. 2 个小时以上

（非郊区）Item 5：公司区位选择影响因素

22. 您所在公司搬迁过吗？　A. 是　　B. 没有（直接填写 23 题）
    22-1　原公司地址_____区（县）_____街道_____号（或）

_____大厦（写字楼的名称）

22-2　搬迁的原因在于

A. 租金上涨　　　　　　　　B. 需要增加办公面积

C. 老板个人原因　　　　　　D. 其他_____

23. 您认为影响公司办公地点选择的主要因素是：_____

请按选择最多 6 个您认为最主要的影响因素

①租金合适

②靠近市中心区

③靠近公司主体客户群

④靠近公司主要业务联系伙伴

⑤写字楼所代表的等级、声誉和地位

⑥周边环境条件好

⑦有足够的空间便于公司扩大规模

⑧过去就在这个地区办公，有感情

⑨离家近，不用开车

⑩公共交通，特别是轨道交通很方便

如果有您认为更重要的因素，请补充：_____

（郊区）Item 6：办公郊区化调查

24. 您所在公司搬迁过吗？ A. 有 B. 没有（直接填写 26 题）

原 公 司 地 址 _____ 区 （县） _____ 街道 _____ 号 （或）

_____大厦（写字楼的名称）

25. 请您对影响郊区办公区位选择因子进行重要性排序：

请按选择最多 6 个您认为最主要的影响因素

①租金

②安全性

③居住条件

④人力资源（招收员工是否方便）

⑤交通方便程度及停车场、公交站等交通设施

⑥政策因素（办公园区、科技园区政策优惠等）

⑦办公地点及周边环境条件

⑧通信网络的便捷程度

⑨充足的办公空间面积

⑩接近公司总部

⑪接近机场及物流配送中心

⑫周边的餐饮与购物情况

⑬公司领导个人喜好

如果有您认为更重要的因素，请补充：＿＿＿＿＿＿＿＿＿＿＿＿

26. 您知道办公园区（office park）吗？ A. 知道　　　B. 不知道（结束调查）

27. 您对规划建设的办公园区更看重的是其

    A. 租金优惠　　　　B. 设施配套　　　　C. 园区环境

    D. 物业管理　　　　E. 接近客户　　　　F. 接近业务伙伴

28. 如果您的公司从城区迁移到郊区，您会选择在办公园区内办公吗？

    A. 非常愿意，理由是＿＿＿＿＿＿＿＿＿＿＿＿＿＿＿

    B. 不愿意，理由是＿＿＿＿＿＿＿＿＿＿＿＿＿＿＿

    C. 无所谓

被调查者个人信息

1. 您的性别：A. 男　　　　B. 女

2. 您的年龄：A. 25 岁以下　　　B. 26～30 岁　　　C. 31～40 岁　　　D. 41～50 岁
    E. 50 岁以上

3. 您目前的职位 A. 秘书　　B. 职员　　C. 助理　　D. 部门主管　　E. 经理
    F. 其他＿＿＿＿＿＿

公司区位选择影响因子问卷调查（2010 年）

    您好！本次调查任务来自国家自然科学基金资助项目，目的是为公司区位选择研究提供定量依据。本次调查绝不涉及公司机密，对私人资料部分采取不记名的方式并且按照《统计法》的要求绝不外泄。

北京联合大学应用文理学院

国家自然科学基金《北京城市办公业的空间格局演变及其动力机制研究》

课题组

调查人：　　　　　　　　　　　　　调查时间：**2010 年 6 月**　　　日

问卷编号：　　　　　　　　　　　　调查地点：

Item 1：公司基本情况调查

1. 您所在公司的位置：＿＿＿＿＿大厦（写字楼名称）＿＿＿＿＿层＿＿＿＿＿室

地址：北京市_____区（县）_____街道_____号

邮编：

2. 您所在公司隶属的行业

    A. 交通运输、仓储和邮政业　　　　　　B. 信息传输、计算机服务和软件业

    C. 批发和零售业　　　　　　　　　　　D. 住宿和餐饮业

    E. 金融业（银行、证券、保险、财务公司）　　F. 房地产业

    G. 水利、环境和公共设施管理业

    H. 居民服务和其他服务业　　　　　　　I. 卫生、社会保障和社会福利业

    J. 文化、体育和娱乐业　　　　　　　　K. 其他_____

3. 您所在公司的规模

    A. 10 人以下　　　B. 10 ~ 29 人　　　C. 30 ~ 49 人　　　D. 50 ~ 99 人

    E. 100 ~ 299 人　　F. 300 人以上

4. 您所在公司的性质

    A. 国有　　　　　B. 外商独资　　　C. 港澳台资　　　D. 合资

    E. 私企　　　　　F. 股份　　　　　G. 其他

Item 2：公司区位变动情况调查

5. 您所在公司办公地点是否发生过变迁？

    A. 是（进入第 6 题）　　　　　　　　B. 否（直接进入 Item 3）

6. 搬迁次数

    A. 1 次　　　　　　B. 2 次　　　　　C. 3 次及以上

7. 最近一次搬迁前的位置

    地址：_____市_____区（县）_____街道_____号

    _____大厦

8. 您对搬迁前后办公场所的感受是（多选择）

    A. 室内空间变大（小）　　　　　　　　B. 租金便宜（贵）

    C. 与客户联系更方便（不便）　　　　　D. 周边环境更舒适（嘈杂）

    E. 交通出行更便捷（不便）　　　　　　F. 其他_____

9. 促使公司搬迁的主要原因是（多选择）

    A. 租金　　　　　　B. 业务变化　　　C. 拆迁及市政建设

    D. 主要客户搬迁　　　　　　　　　　　E. 北京市产业功能布局牵动

    F. 领导个人原因　　　　　　　　　　　G. 其他_____

Item 3：公司所在位置便利程度调查

10. 您的住址是_____区_____街道（或）_____小区

11. 您每天上班选择的交通方式是
    A. 自己开车   B. 乘坐公交车   C. 乘坐地铁/城铁
    D. 乘坐单位班车   E. 乘坐出租车   F. 骑自行车
    G. 步行

12. 您从住处到目前的办公地点路上需要花费的时间是
    A. 30 分钟以内   B. 30 分钟 ~ 1 个小时
    C. 1 个小时 ~ 1. 5 个小时   D. 1. 5 个小时 ~ 2 个小时
    E. 2 个小时以上

13. 公司所在的办公楼内网络设施条件
    A. 非常方便   B. 比较方便   C. 一般   D. 不太方便
    E. 很不方便

14. 公司目前的办公地点同市内其他客户公司的联系
    A. 很方便   B. 较方便   C. 一般   D. 较差
    E. 很差

15. 公司目前的办公地点同市外其他客户公司的联系
    A. 很方便   B. 较方便   C. 一般   D. 较差
    E. 很差

16. 公司目前的办公地点同政府主管部门的联系
    A. 很方便   B. 较方便   C. 一般   D. 不太方便
    E. 很不方便

17. 公司目前的办公地点对贵公司招收新员工来讲
    A. 很方便   B. 较方便   C. 一般   D. 不太方便
    E. 很不方便

Item 4：公司空间区位联系强度调查

18. 您经常进行业务联系的方式是（选择 A、B 后跳至 20 题）
    A. 电话   B. 电子邮件   C. 面对面   D. 其他_____

19. 您每周外出办公的次数是
    A. 1 ~ 2 次/周   B. 3 ~ 5 次/周   C. 6 ~ 10 次/周   D. 10 次/周以上

20. 您在北京市内进行业务联系相对频繁的办公地点位于
    _____区（县）_____街道_____号（或）_____大厦
    (写字楼的名称)

21. 您经常进行业务联系的公司的隶属行业是
    A. 交通运输、仓储和邮政业   B. 信息传输、计算机服务和软件业

C. 批发和零售业　　　　　　　　　D. 住宿和餐饮业

E. 金融业（银行、证券、保险、财务公司）　　　F. 房地产业

G. 水利、环境和公共设施管理业　　H. 居民服务和其他服务业

I. 卫生、社会保障和社会福利业　　J. 文化、体育和娱乐业

K. 其他_____

22. 您从现在的办公地点到经常进行业务联系的地点路上花费的时间是

A. 10 分钟以内　　B. 10 分钟 ~ 30 分钟　　C. 30 分钟 ~ 1 个小时

D. 1 个小时 ~ 1.5 个小时　　　　E. 1.5 个小时以上

23. 您完成一次业务联系所花费的时间是

A. 30 分钟以内　　B. 30 分钟 ~ 1 个小时　　C. 1 个小时 ~ 1.5 个小时

D. 1.5 个小时 ~ 2 个小时　　　　E. 2 个小时以上

Item 5：公司区位选择个人偏好

24. 您个人对公司办公场所选择的偏好是：

最多选择 5 个您认为最主要的因素，并依次排序为

①靠近市中心区

②靠近公司主体客户群

③靠近公司主要业务联系伙伴

④写字楼所代表的等级、声誉和地位

⑤有足够的空间便于公司扩大规模

⑥周边商业和绿化条件好

⑦公共交通，特别是轨道交通很方便

⑧周边文化设施多，氛围好

⑨个人感情和偏好

⑩国家及北京市相关政策影响小（或有激励作用）（如房地产相关政策/产业
功能调整及布局政策等）

如果有您认为更重要的因素，请补充：_____

被调查者个人信息

1. 您的性别：A. 男　　　　B. 女

2. 您的年龄：A. 25 岁以下　　B. 26 ~ 30 岁　　C. 31 ~ 40 岁　　D. 41 ~ 50 岁

E. 50 岁以上

3. 您目前的职位：A. 秘书　　B. 职员　　C. 助理　　D. 部门主管　　E. 经理

F. 其他_____

政务性办公机构迁移访谈提纲

（一）列出了7项有可能影响其区位变化的因子，分别是：

（1）上级指示原因或其他行政因子，即上级的行政要求或其他行政原因。

（2）机构自身的因子。如职能、办公范围变化（和其他单位合并或分解），所以需要改变原有的位置的规模（扩大或缩小）。

（3）集聚或从众因子。如一些机构搬到了某个集聚区内，办公的灵活性增强或机构集聚在一起形成了一定的氛围，有利于行政办公。

（4）经济因子。由于经济的原因导致位置的变动。

（5）环境因子。周边环境因素（包括交通、地理位置等因素）的影响。

（6）原由位置另有用途因子。如原来的位置拆迁或改成商业用途等。

（7）其他因子。

在访谈中，受访人可挑选出一个或几个他认为影响所在政务性办公机构区位演变的因子并加以说明。

（二）受访人可根据所在机构有过位置的变动，选出变动过的位置哪个是最好的并说明因子，分别是：

（1）周边环境好。

（2）地理位置及交通好。

（3）与其他密切联系的机构距离近。

（4）距离市中心或经济中心近。

（5）其他因子。

（三）受访人根据访谈内容，说明他认为的影响政务性办公机构区位变化最主要的因子是什么，可参考第一题的答案。

商务性办公区位迁移因素访谈提纲

经营战略和市场因素		
资源需求因素	人力资源（员工招收）	
	信息获取	
	办公面积需求	
	创新技术	
	联系需求	与客户的联系
		与政府部门的联系
		与企业上级主管部门的联系
		公司合并

经营战略和市场因素		
区位重要性的衰退因素	通信、网络的完善	
	集聚的不经济	租金成本
		交通成本（通勤时间）
企业声誉	写字楼等级及声誉	
区位选择因素		
经济要素	租金成本	
	交易成本	
	迁移成本	
商务环境	业务联系	与客户业务联系
		与上级主管部门的业务联系
		与政府部门的业务联系
	基础设施	酒店、饭店、商务会所
	人力资源	劳动力
		高技术人才与高级管理者
交通情况	对外交通	机场、铁路
	城市交通	可达性
		员工通勤便捷性
		交通拥堵情况
生活环境	高品质住宅	住区环境
		住区人群
	文化	文化娱乐
		文化多样性
	教育环境	员工的继续教育
		中小学校的教学质量（子女）
	安全性	社会安全、犯罪
		卫生条件
	自然环境	绿化、公园、空气质量等